2020年第一届
河北省“建勘杯”职业技能竞赛
BIM正向设计
获奖作品集萃

河北省工程勘察设计咨询协会
河北大成建筑设计咨询有限公司 主编

天津大学出版社
TIANJIN UNIVERSITY PRESS

前　言

随着BIM（Building Information Modeling，建筑信息模型）技术的发展，基于BIM技术的正向设计成为勘察设计行业未来发展的方向。在河北省工程勘察设计咨询协会承办的2020年全省建设行业“建勘杯”职业技能竞赛中，BIM正向设计成为一个亮点，参赛人数之多，平均年龄之小，昭示着河北勘察设计行业蓬勃发展的未来。

在本次职业技能竞赛中，年轻设计师们通过理论测试和技能操作，展现出自身较扎实的理论功底和较熟练的BIM正向设计能力。经过激烈角逐和业内专家评定，获得一、二、三等奖的30组选手脱颖而出，受到河北省住房和城乡建设厅、河北省人力资源和社会保障厅、河北省总工会、中国共青团河北省委的联合表彰。

相同的时间，相同的题目；不同的思路，不同的精彩。本书汇集了30组选手在短短6个小时内运用BIM技术创造的智慧结晶。不过，受时间、场地等条件限制，有的作品在建筑方案创意和造型处理上还不够完美，有的作品在结构布局、工程量统计等技术上尚待完善。我们希望通过这本“作品集萃”，给予这批有追求的青年设计师肯定与鼓励，激励他们应用和挑战新技术的信心与热情，推进我省勘察设计行业高质量发展。

感谢为本书出版辛勤付出的所有参编单位、参编人员和各界朋友！我们相信，在不久的将来，这批年轻的设计师将成为我省乃至全国建筑设计舞台上的佼佼者，为建设数字化、信息化、现代化美丽中国创造更加辉煌的业绩。

编委会

2021年7月

编委会

目录 CONTENTS

一等奖

二等奖

三等奖

河北省『建勘杯』职业技能竞赛

BIM正向设计获奖作品集萃

一 等 奖

建筑：史锦月

结构：张淑灏

参赛单位： 北方工程设计研究院有限公司

● 作品介绍

本项目从草图设计至导出全部设计成果都是利用 BIM 三维建模软件完成，可以说这次项目设计初步实现了 BIM 创立伊始的目标，即设计信息参数化、方案优化、协同作业、计算与模型相结合，实现了自动出图的愿景。

在方案创作过程中，我们的设计思路直接呈现在 BIM 三维空间中，通过三维模型直接出图（包括平立剖图纸、门窗表、装修表、设计说明等），减少了缺漏，提高了设计质量。

此外，项目所涉及的建筑和结构专业内容都落实到三维空间中，实现建筑专业与结构专业的高度协调，降低专业协调次数，提高会签率，加快设计进度。

● 交通组织设计

本项目为河北某居住区内扩建的一座小型社区卫生院。新建建筑的西侧为原有建筑，北侧有一处水体。在充分利用土地资源与创造多种活动空间的原则下，本方案将急诊入口设置在南侧，面向场地设主要出入口，方便救护车进出。新建社区卫生院距离西侧现有建筑物 15 m，满足防火间距要求，并留出内部道路的空间，在西侧设置卫生院输液入口和医护入口。三种人流互不交叉，流线清晰简洁。

在社区卫生院北侧设置二层室外露台，为观赏场地内水景的人员提供良好的视线场所，增加了患者和医务工作者活动空间的多样性，为整个场地注入了新的活力。

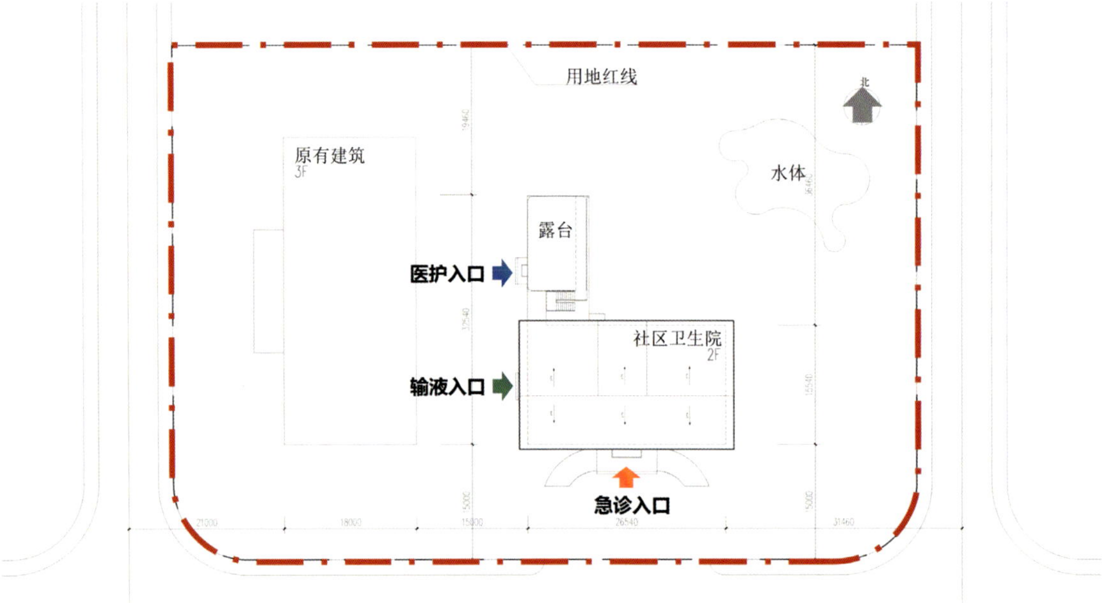

● 建筑功能分区

在建筑物一层平面设置了三个建筑物出入口，分别为输液观察区、急诊治疗区以及医护办公区的独立出入口。

各使用功能之间动静分区明确，方便使用，同时各功能区块既能独立便捷高效使用，又能避免彼此相互干扰。

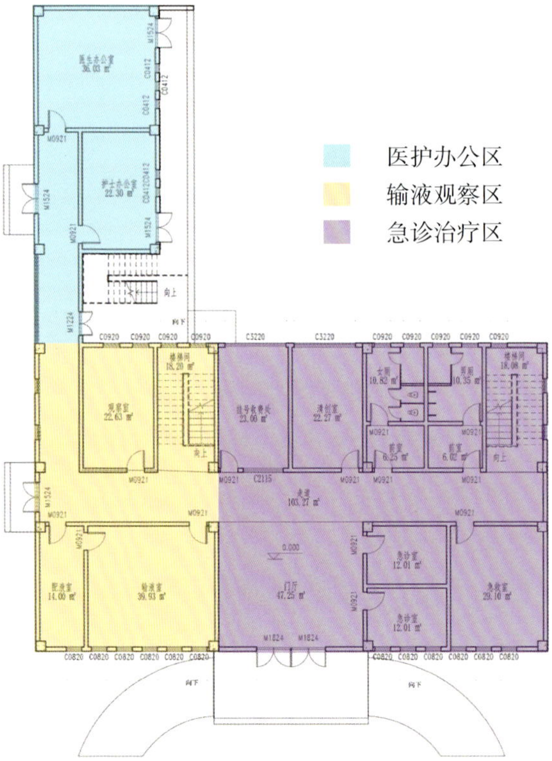

二层平面功能较为简单，围绕中心病房区布置单人病房 8 间（其中南向 6 间、北向 2 间），东西两端设置了医护值班区和医生治疗处理区。分区明确，核心突出。为患者提供了便捷的居住、治疗与护理的环境，流线清晰便利。

• 结构设计合理性

该建筑物采用钢筋混凝土框架结构，设计使用年限为 50 年，为乙类建筑，抗震等级为二级。建筑主体为地上两层，局部一层，层高均为 3.6 m，室内外高差为 0.5 m。

结构材料：C30 混凝土、HRB400 级钢筋。

结构选型：依据房间的使用功能、面积大小及结构体系等要求，进行结构体系布置，梁柱截面协调，整体简单规则，传力明确，体系清晰。

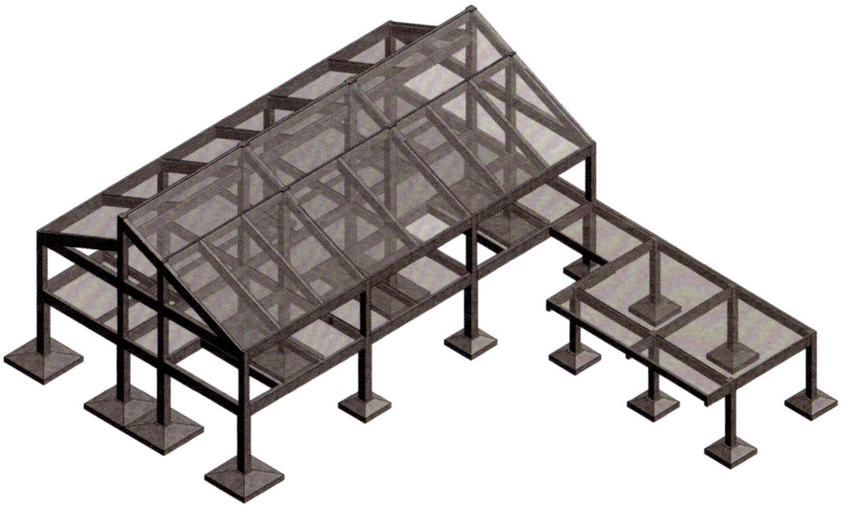

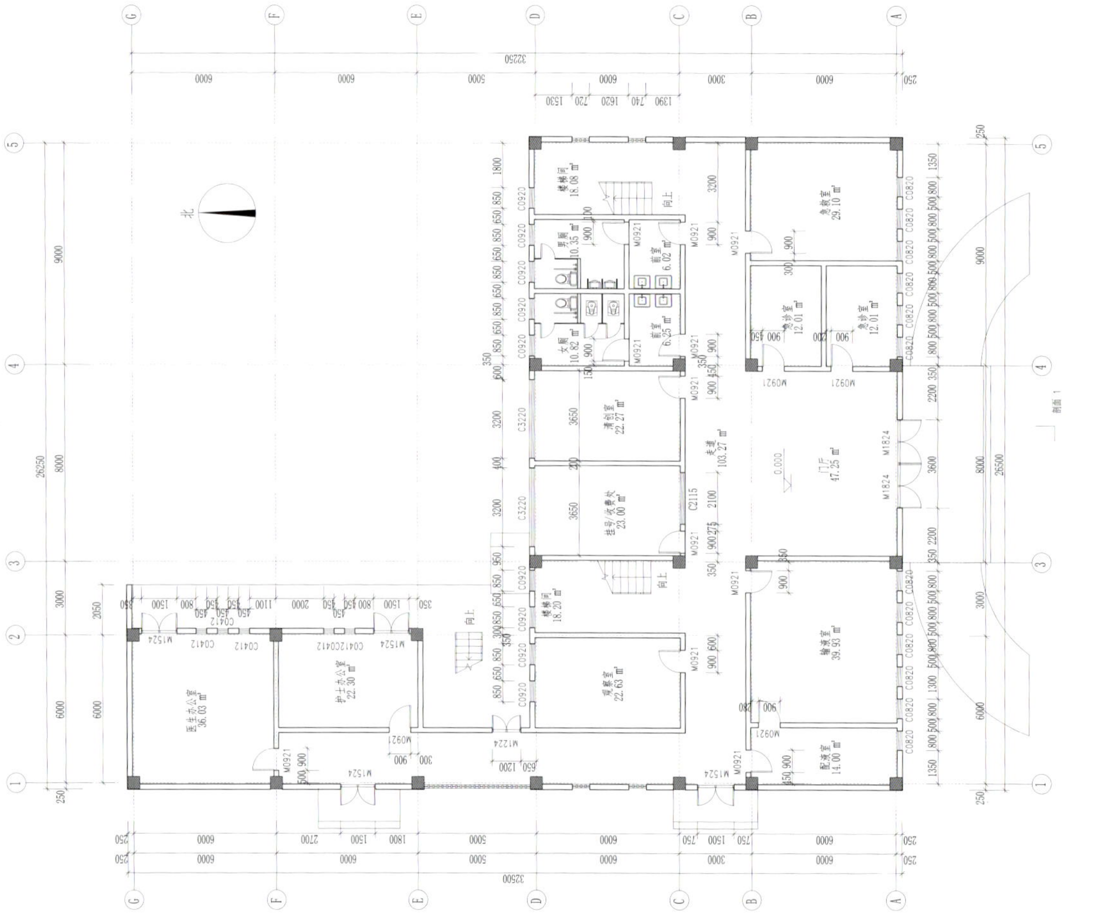

一层平面图

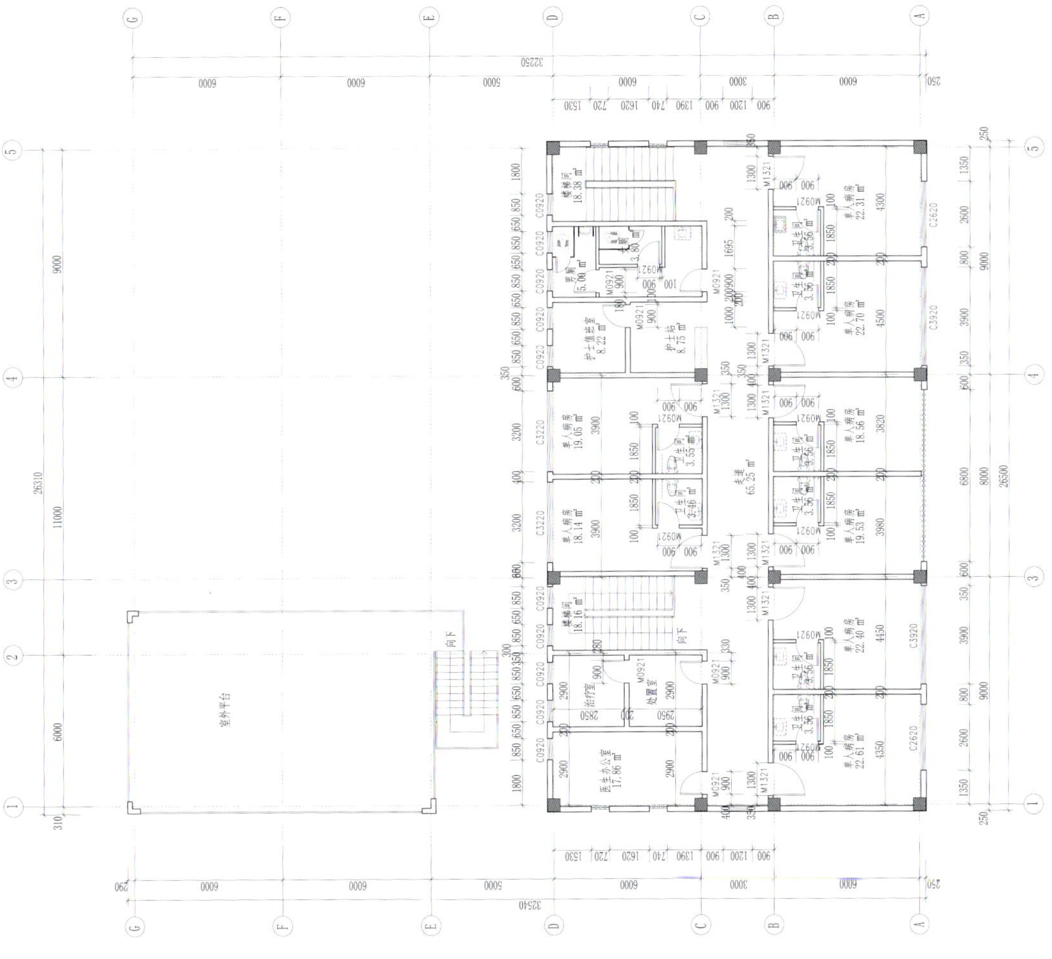

二层平面图

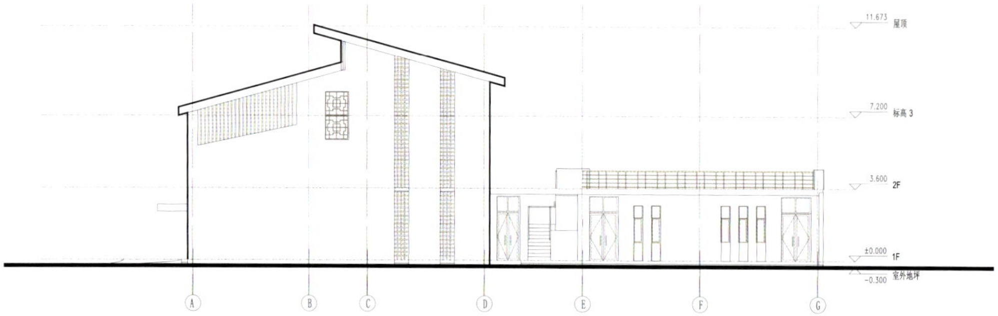

东立面图

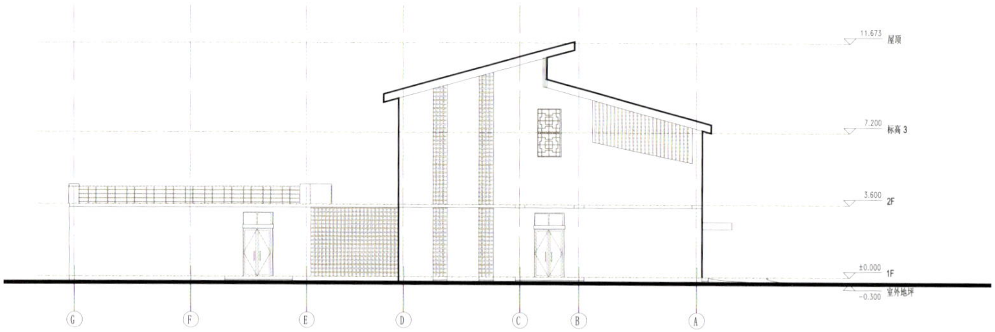

西立面图

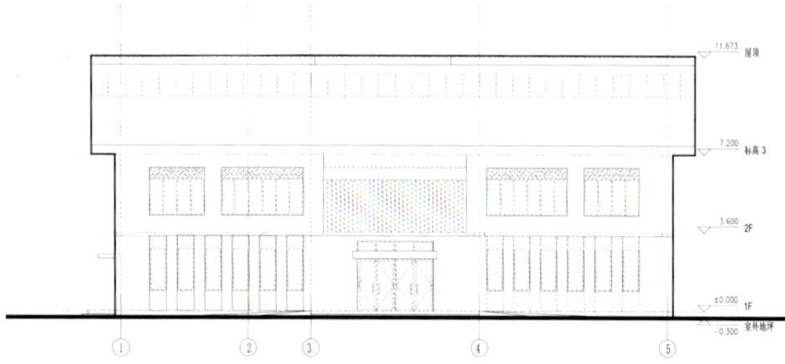

南立面图

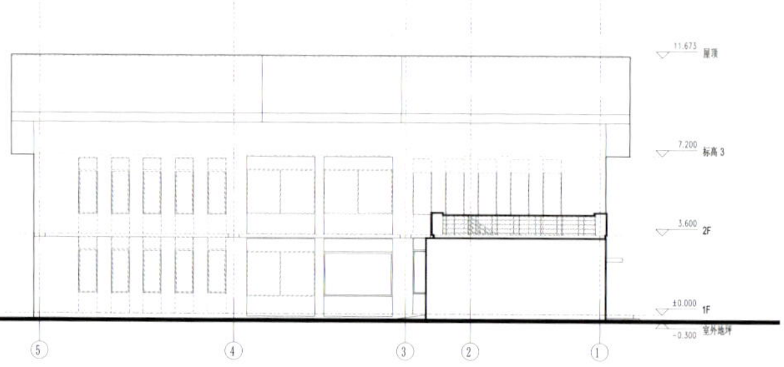

北立面图

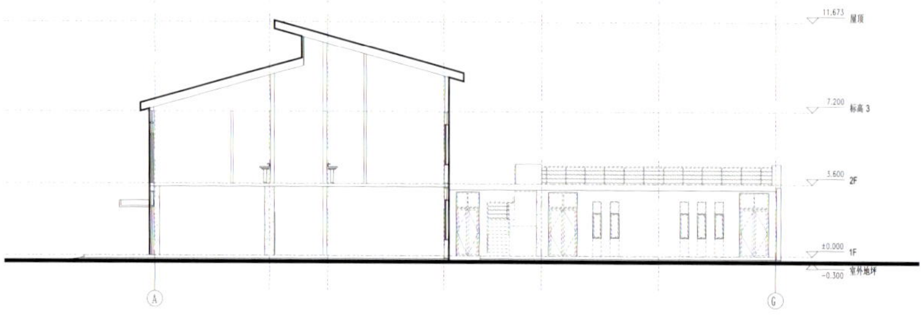

1-1 剖面图

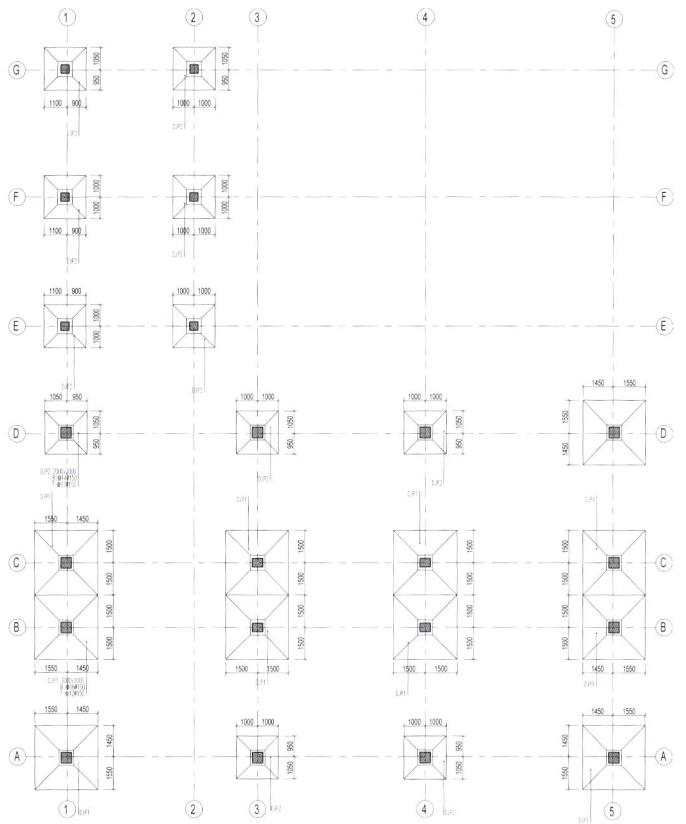

基础配筋图

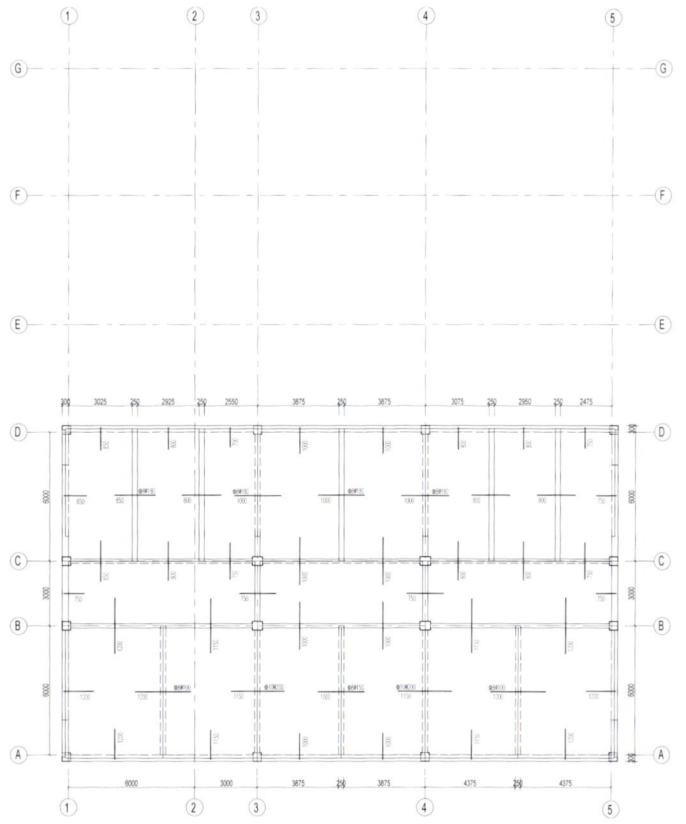

7.200 m 板平法施工图

● 特色

综合考虑基地现状，本方案力求在有限的用地条件下打造丰富的景观资源，努力提高基地内水体的利用率，营造不同的庭院景观。

设计注重建筑的空间多样性体验。在建筑物西北处设置一屋顶平台，为观赏水景的人员提供了有效的空间，同时也增加了立体空间的交流与体验。

在社区卫生院北侧设置二层室外露台，为观赏场地内水景的人员提供良好的场所，增加了患者和医务工作者活动空间的多样性，为整个场地注入了新的活力。

● 总结

有幸代表公司参加第一届河北省“建勘杯”职业技能竞赛，能够与诸多高水平 BIM 设计师同台竞技，我们感到十分荣幸。在比赛中，我们深刻体会到河北省各设计单位在 BIM 设计上的超高水平和超前应用意识。

在设计阶段，行业目前一般还停留在“后 BIM”的状态，主要利用 BIM 三维可视化特点，还原已经完成的施工图图纸，通过模型的三维特点，查验设计中的空间物理冲突，再针对对这些冲突或缺陷的反馈，由设计团队进行弥补，从而提升设计质量。本次竞赛推广的 BIM 正向设计思路，是相对于逆向设计而言的，即核心设计工作在 BIM 的工作框架下完成，以 BIM 的思维和工作方式进行设计工作，尤其是专业内协同和专业间协同。BIM 模型承载了完整的设计信息，通过模型完成设计阶段的各项应用。全专业设计图纸来源于同一个模型，保证图纸与模型数据的关联性和实时互动性，避免不同专业图纸的视图效果不同的问题。

在比赛过程中，我们发现自己在实际操作的过程中还需要继续扎实技术，对漫游等技术点的掌握还不够完善，仍需不断提高技术水平。作为参赛者，我们充分体会到了本次比赛推广 BIM 正向设计的良苦用心。作为 BIM 设计人员，我们要认真总结在比赛中的经验和不足，不断积累设计经验，积极推广 BIM 正向设计，利用先进技术，秉承创新精神，提高设计质量，打造优质项目。

建筑：高仕通

结构：王轶娴

参赛单位：河北拓朴建筑设计有限公司

• 作品介绍

本项目使用 BIM 进行全过程一体化正向设计。

利用 BIM 的协调性搭建土建模型，使建筑与结构的模型同步搭建，同时解决问题，缩短设计时间；利用 BIM 的可视化特点进行方案对比，不同方案切换简单，可以简捷、直观地对方案进行选定；在概念方案阶段初步完善模型后，利用鸿业乐建软件进行规范校验，完善建筑、结构模型细部构造；在完善后的模型基础上，进行平立剖图、详图大样、设计说明等绘制，完成明细表统计工作；利用 BIM 的优化性，针对土建专业进行整体化设计，优化建筑、结构协调度，减少专业协调次数，高效把控项目设计质量，提高设计的完成度和精细度。

● 交通组织设计

本建筑为社区卫生院，地上二层，建筑尺寸为长 32 m、宽 15 m，层高为 3.6 m，由急诊区、办公区、输液区、病房区、医护工作区构成，承担社区内患者治疗和保健工作。

建筑的四周设有环形消防通道，道路与广场相结合，满足交通疏散要求。

交通采用人车分流，避免人流与车流交叉干扰，做到内外有别，塑造丰富的空间环境。

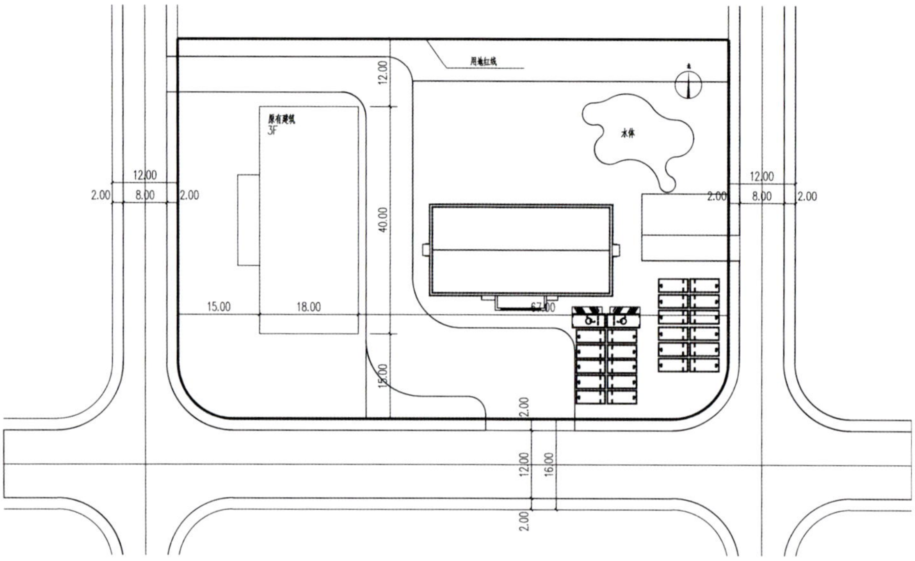

● 建筑功能分区

一层建筑平面功能分区明确。门厅和走廊区域的南侧为办公区和输液区，工作人员可以迅速到达；北侧为急诊区，包含清创室、急诊室，方便患者快速到达。

一层设置三个出入口：西侧的疏散口、东侧的污物通道、南侧的主入口。主入口两侧设有无障碍坡道，方便特殊人员使用。

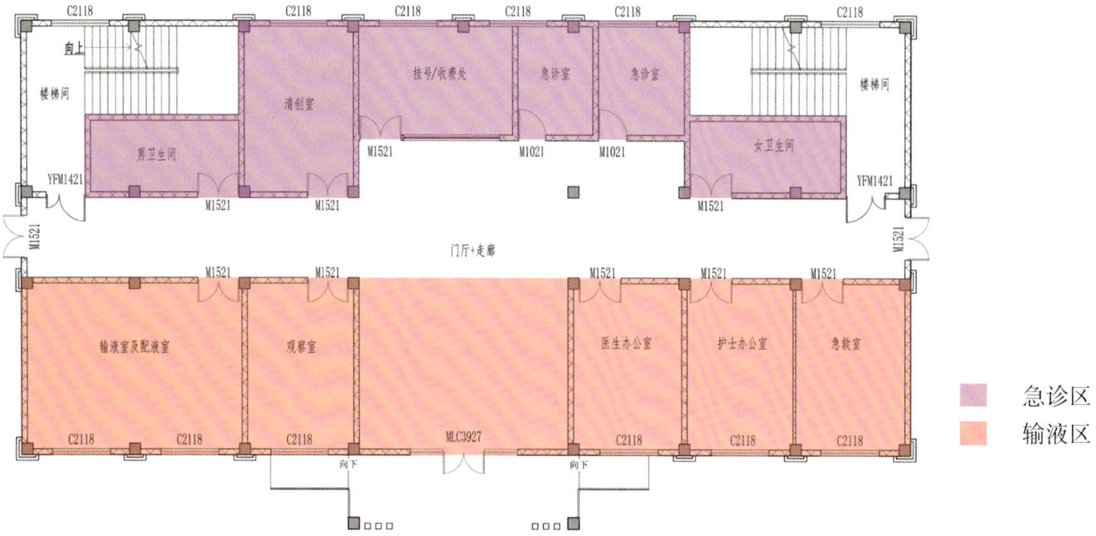

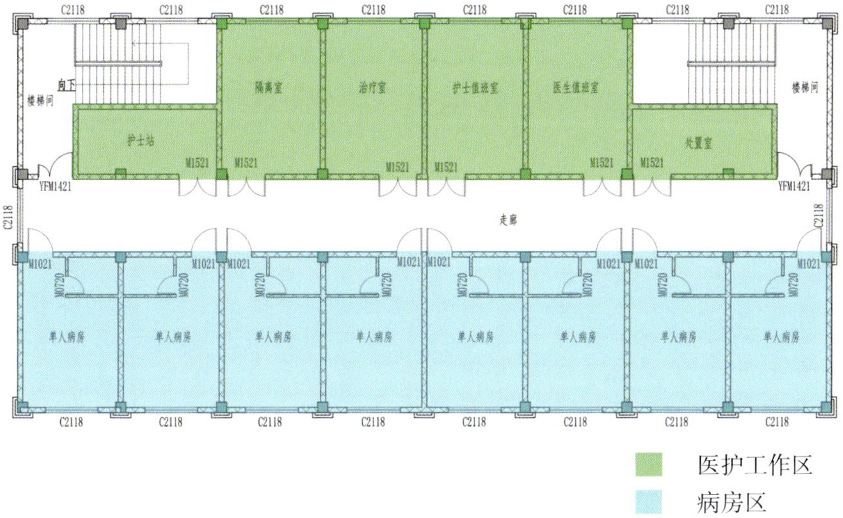

二层建筑平面布置动静分区明确。病房区与医护工作区适当分隔，既互不干扰，又有适当的联系，保证患者的独立空间不受打扰。

南侧为病房区。病房内设有独立卫生间，病房朝南以保证日常采光需求。北侧为医护工作区，便于医护人员及时对患者进行检查与治疗。

• 结构设计合理性

结构设计方案：项目采用混凝土框架结构体系；建筑层高为 3.6 m，总高度为 7.2 m，结构重要性系数为 1.1，结构安全等级为一级，结构设计使用年限为 50 年，抗震设防类别为重点设防类（乙类），抗震等级为二级。

结构布置：考虑建筑的功能要求，采用适合功能房间的柱网布置，确定合理的框架柱截面；框架梁以及次梁的布置也充分考虑房间的分区和隔墙布置，梁高的取值在考虑跨度的同时也兼顾了房屋净高的需求；楼板采用与梁板整体浇筑的现浇结构形式，适合建筑的功能要求，整体性良好。

受力体系说明：本建筑为重点设防类建筑，要求较高，因此采用现浇框架整体结构；在满足建筑使用功能的前提下，设计充分考虑结构安全性的要求，整体布置规则对称，梁柱布置合理，受力传力明确，建筑整体具有很好的抗震性能。

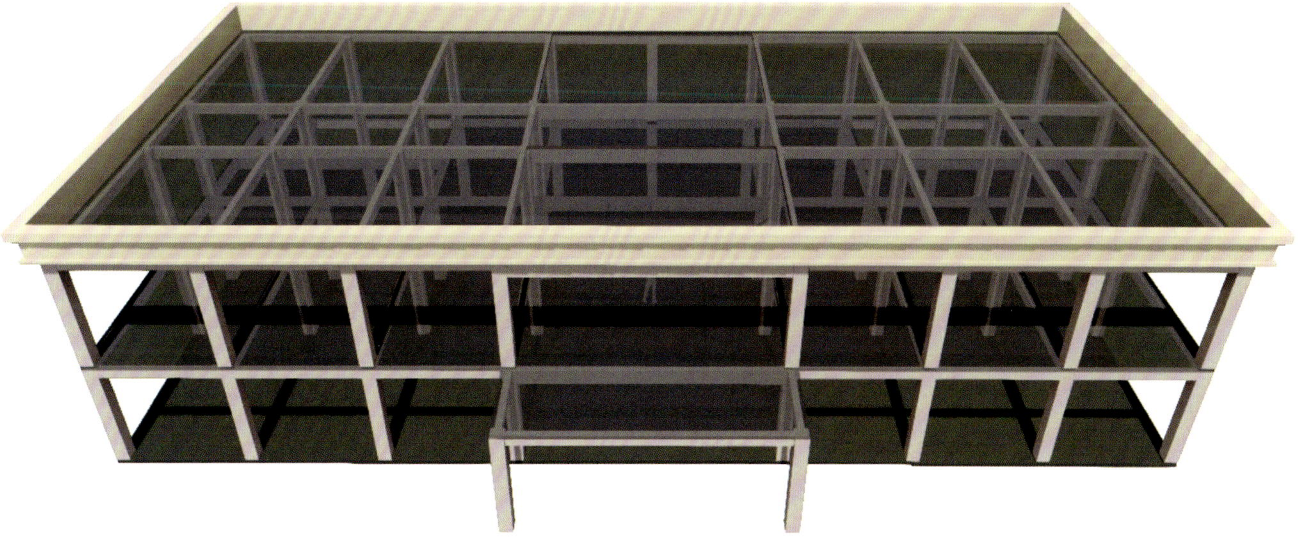

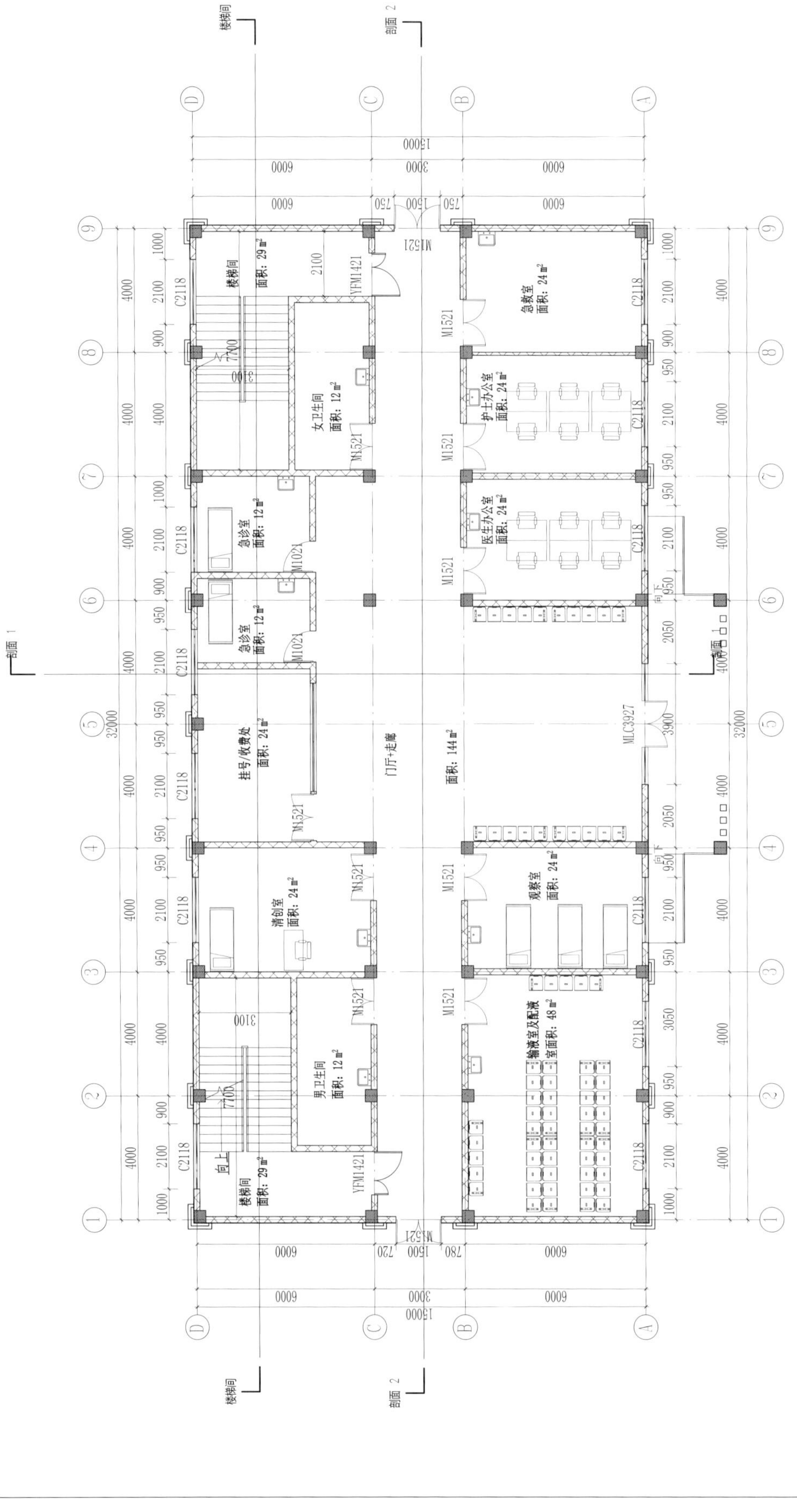
楼梯间
女卫生间
急诊室
挂号/收费处
清创室
男卫生间
门厅+走廊
急救室
护士办公室
医生办公室
观察室
输液室及配液室
剖面 1
剖面 2

一层平面图

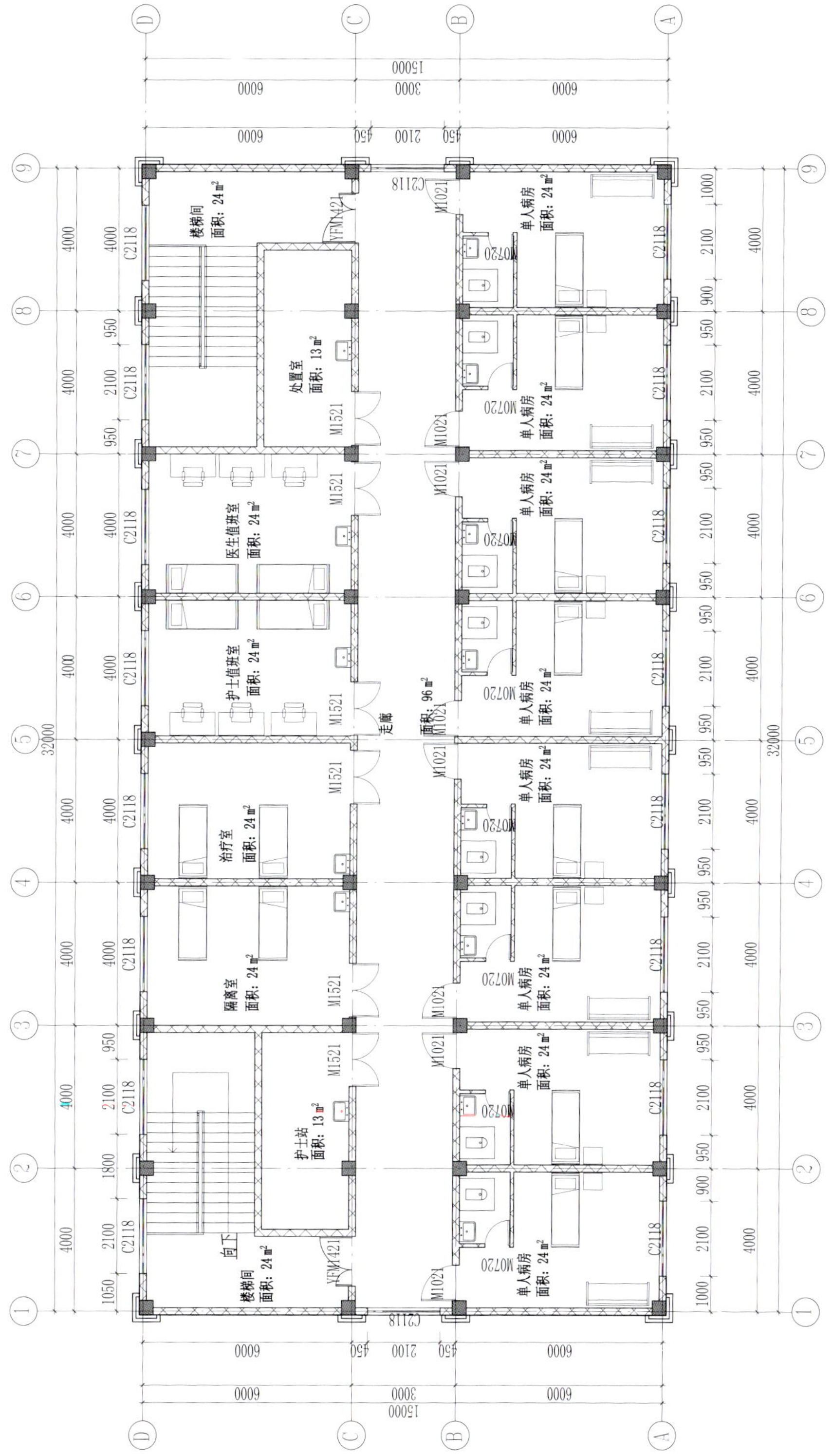
楼梯间
面积：24㎡
处置室
面积：13㎡
医生值班室
面积：24㎡
护士值班室
面积：24㎡
治疗室
面积：24㎡
隔离室
面积：24㎡
护士站
面积：13㎡
走廊
面积：96㎡
单人病房
面积：24㎡
15000
32000

二层平面图

南立面图

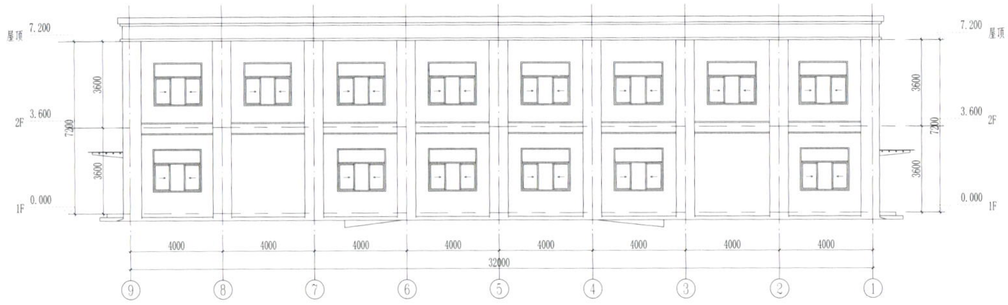

北立面图

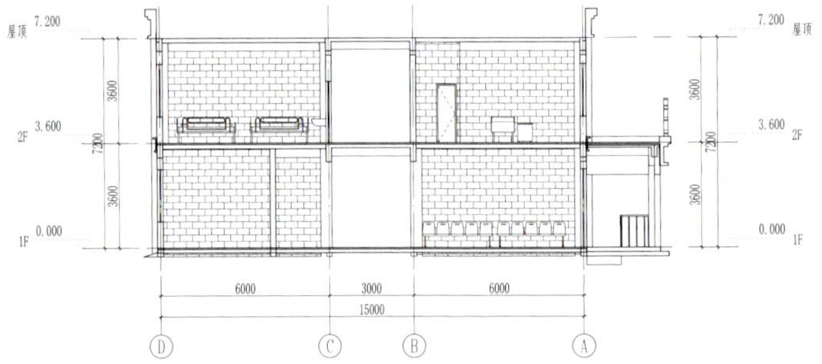

1–1 剖面图

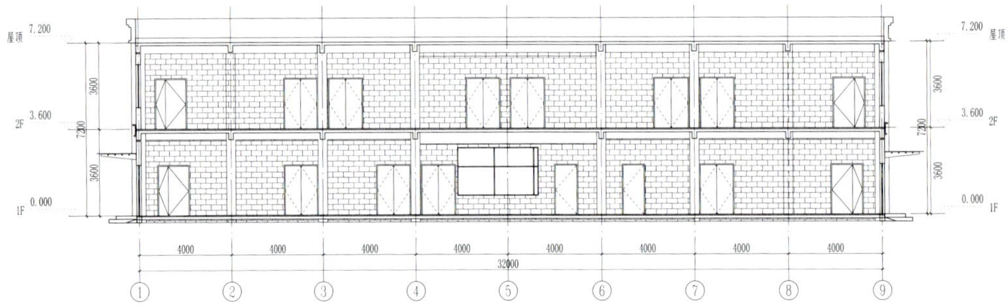

2–2 剖面图

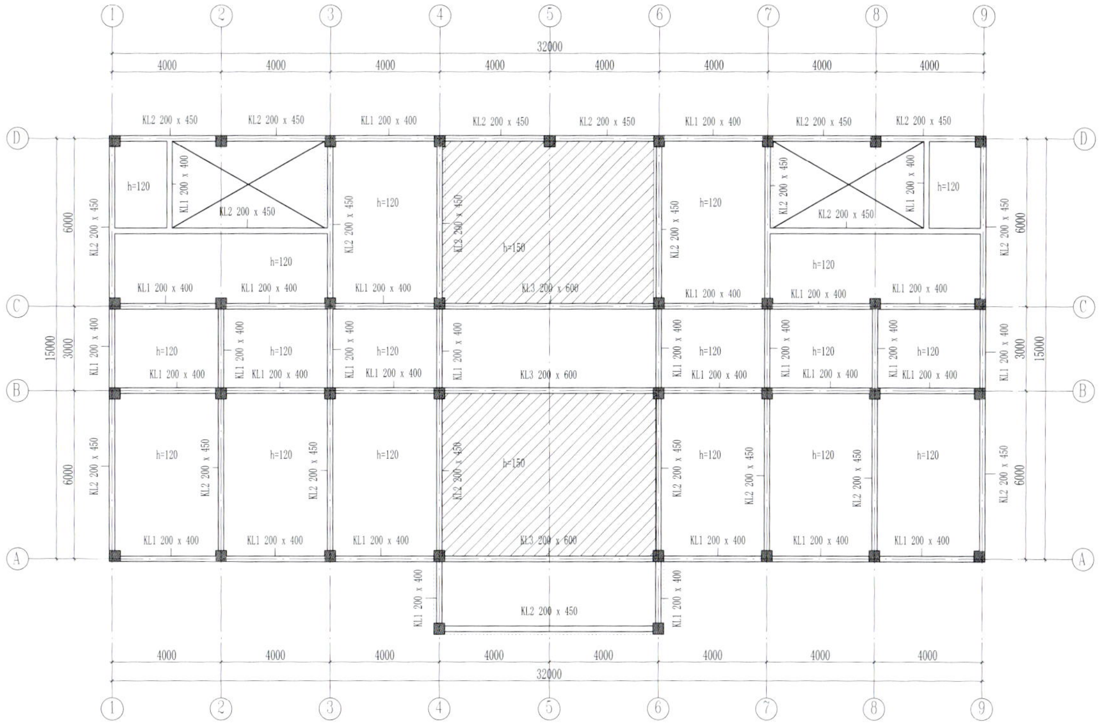

3.550 m 结构模板图

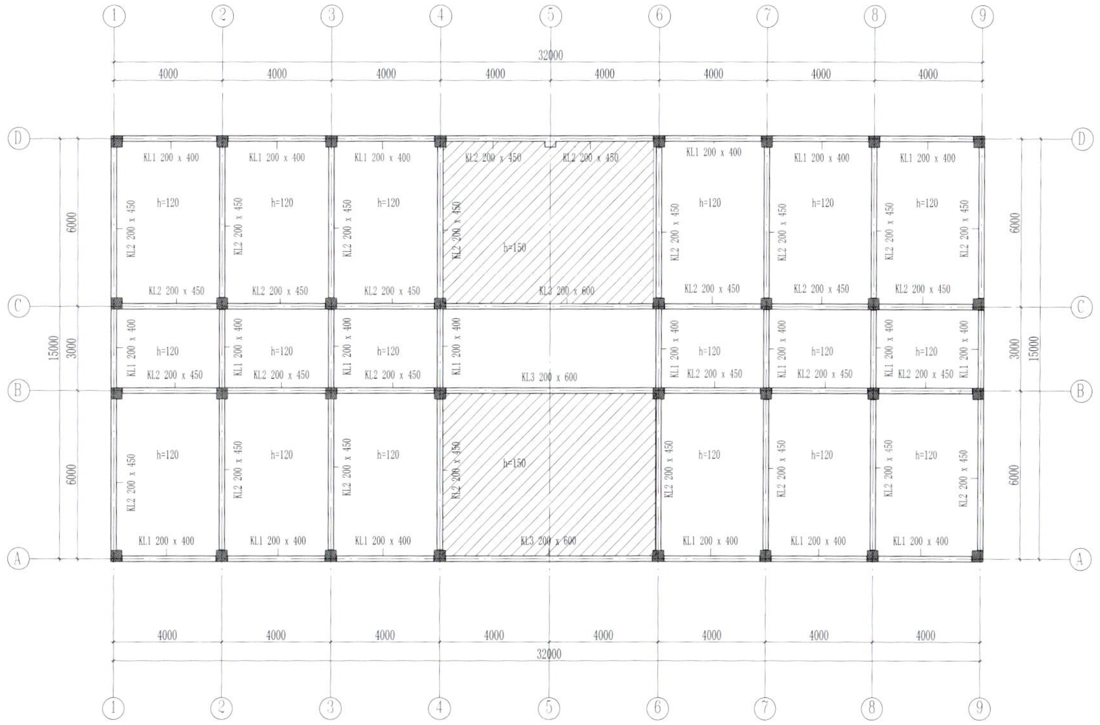

7.200 m 结构模板图

● 特色

一层设置三个出入口。

西侧为疏散口，东侧为污物通道，南侧为主入口。主入口两侧设有无障碍坡道，方便特殊人群使用。东西两侧设次出入口，方便医护人员及患者直接上二楼，减少大堂人流，避免交叉感染。

柱角和挑檐的设计，让建筑更具灵动性。

● 总结

第一届河北省“建勘杯”职业技能竞赛已经结束，我们有幸代表公司参加了此次技能竞赛。本次比赛使我们受益良多，我们看到了本省 BIM 正向设计的发展和各单位建筑师高超的技术水平。

在本次比赛中，我们的成绩超出了赛前预计的名次，这主要得益于赛前的充分准备。我公司大力支持我们参加此次赛事，多次组织建筑和结构注册工程师对参赛人员进行培训；通过建筑师考试试题、中国图学学会 BIM 三级考试试题等进行多轮模拟考试，组织大家相互学习，总结经验。除此之外，通过比赛我们也发现了自身的不足之处，比如通过竞赛笔试我们发现自身对很多理论性问题掌握得不扎实，在实操测试中平面布置和立面都还可以更加合理，成果的输出可以更加美观，所以时间的合理安排及设计的基本功都还需要提高。

作为年轻的 BIM 建筑、结构设计人员，我们要认真总结此次比赛的收获与不足，在今后的工作中积累 BIM 正向设计经验，为下次 BIM 技能竞赛提前做好准备，争取再创优异的成绩。

建筑：栗树凯

结构：王成望

参赛单位：北方工程设计研究院有限公司

• 作品介绍

我们在第一届河北省“建勘杯”职业技能竞赛中利用 BIM 正向设计完成了某社区卫生院的设计。BIM 正向设计不同于传统的二维 CAD 设计，它是直接进行三维表达。一方面，BIM 模型集成了项目的各种信息，借助三维模型能够快速地进行可视化表达，设计人员可以对方案空间关系有一个直观的感受；另一方面，在建筑信息模型构建过程中，方案也在不断地深化成施工图，随着项目的深化，施工图图纸也自动生成了。BIM 三维建模软件能够根据 BIM 模型自动生成建筑的平立剖图、详图大样等图纸，并快速完成标注，自动生成门、窗、墙等明细表，并完成统计工作；能够快速完成结构的基础、梁、板等图纸的生成，并自动生成梁、柱等明细表，完成统计工作。

最后，BIM 模型还可用于碰撞检查，减少设计中的错漏碰缺。

● 交通组织设计

本项目依托原有建筑扩建二层社区卫生院一栋，场地东侧、西侧和南侧三面临城市道路。其中，西侧道路设置场地原有建筑出入口，因此只能在东侧和南侧设置社区卫生院出入口，南侧道路较宽，因此设置了人行出入口，东侧道路较窄，设置了行车出入口，东侧出入口附近设置了机动车停车场。南侧人行入口正对社区卫生院的主出入口，方便患者就诊。两处入口中心距道路红线交叉点均大于 30 m，满足设计要求。

沿社区卫生院四周设置环形车道，一方面满足消防要求，另一方面满足建筑不同出入口的功能需求。

新建社区卫生院和原有建筑南侧取齐，共同围合出一个私密性较强的内庭院。内院结合景观湖面设置，很好地利用景观资源。同时二层东北侧设置室外露台，最大限度地利用景观资源。

建筑布置为南北向，主要房间（如病房）为南向，满足采光要求。

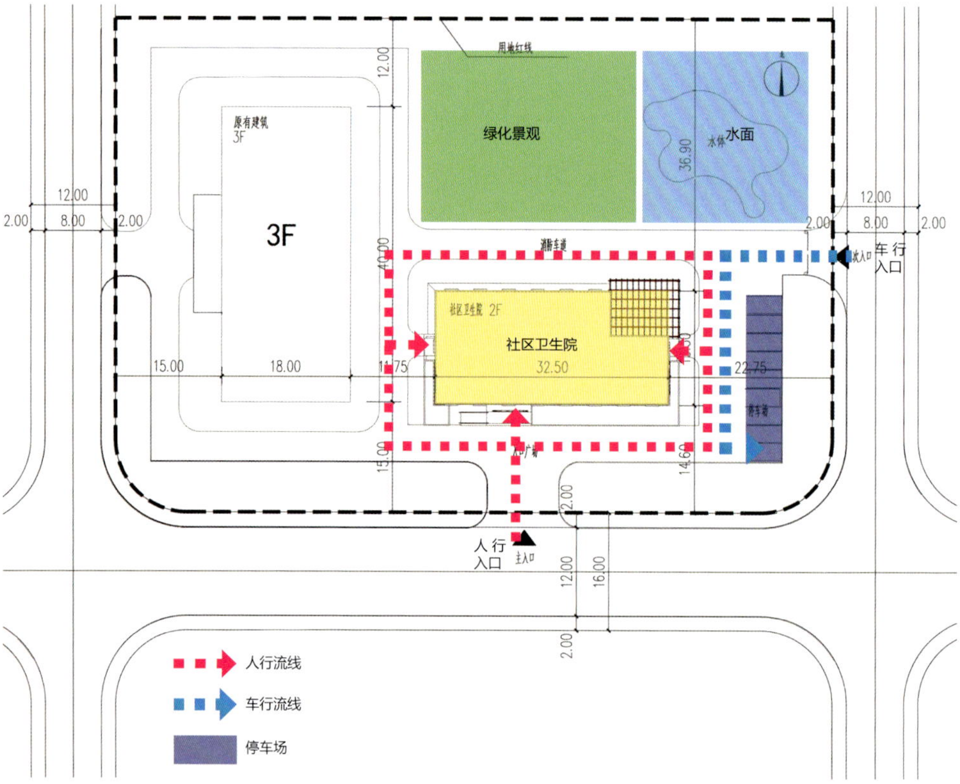

● 建筑功能分区

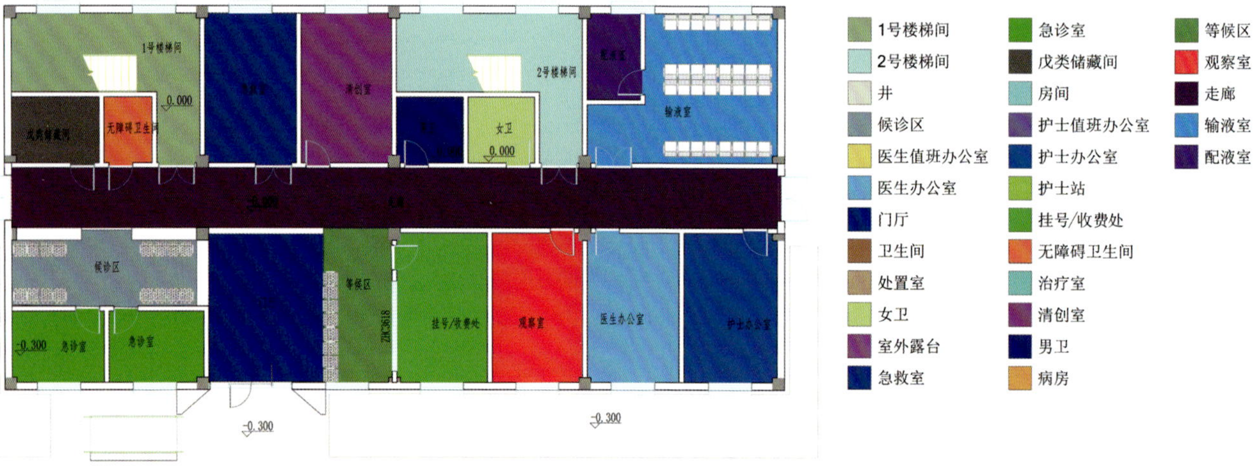

本项目一层建筑平面功能分区明确，布置合理。主入口东侧区域围绕门厅区域设置了急诊室、急救室、清创室等需要迅速、便捷地到达的区域，便于对患者迅速开展救治。

东侧区域设置输液室、观察室以及医护办公室等对时间要求不太紧迫的区域。

首层设置三个出入口，西侧为疏散口，东侧为污物通道，二层病房区污物通过 2 号楼梯间右侧进出。

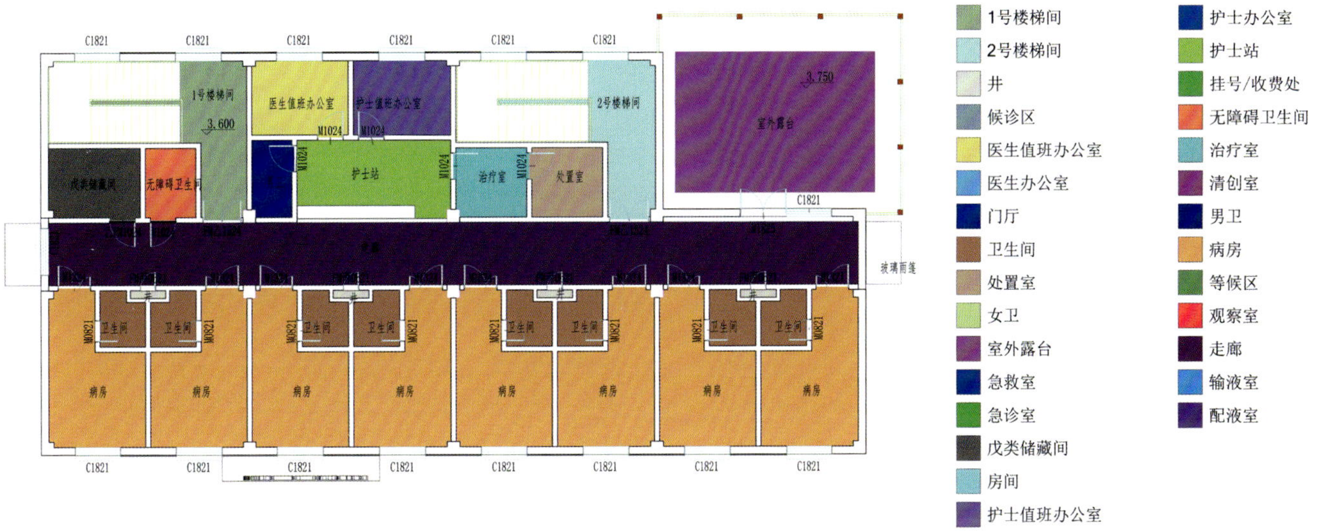

二层南侧房间全部为病房，满足采光通风要求，北侧中部设护士站及医护工作区域，便于医护人员迅速对患者进行护理。东北角结合水面景观设置了室外露台，满足人们休闲放松及观景的需要。西侧楼梯为患者楼梯，直通门厅，东侧楼梯为污物楼梯。

● 结构设计合理性

本建筑满足建筑功能要求及其他专业功能和使用要求，满足我国现行规范、标准及规程要求，保证建筑物的安全、经济、合理，使结构体系受力明确、传力直接，且有利于抗震。

本工程采用的基础形式为独立基础。地基采用天然地基，地基承载力特征值 f_{spk}=120 kPa。

根据建筑使用功能及平面布局、立面设计、建筑物高度、层高等，各建筑单体均采用现浇钢筋混凝土框架结构。建筑的楼、屋盖均采用普通现浇梁板体系。

本项目各建筑物计算简图、受力体系与采用的计算程序相适应，结构合理，有较好的综合抗震能力。本工程设计满足规范要求，并充分体现了概念设计的特性。设计安全可靠，经济合理。

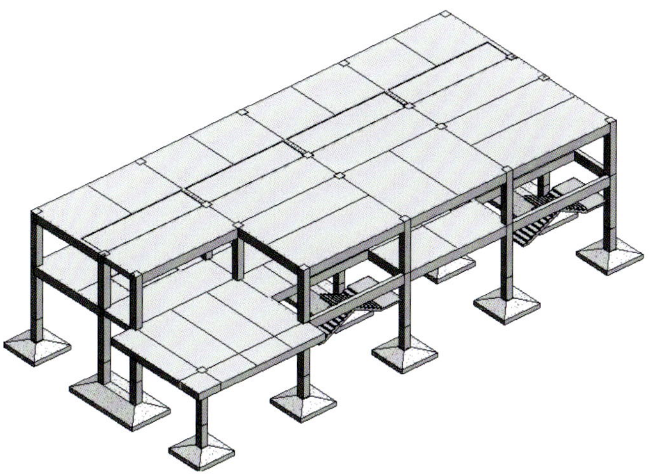

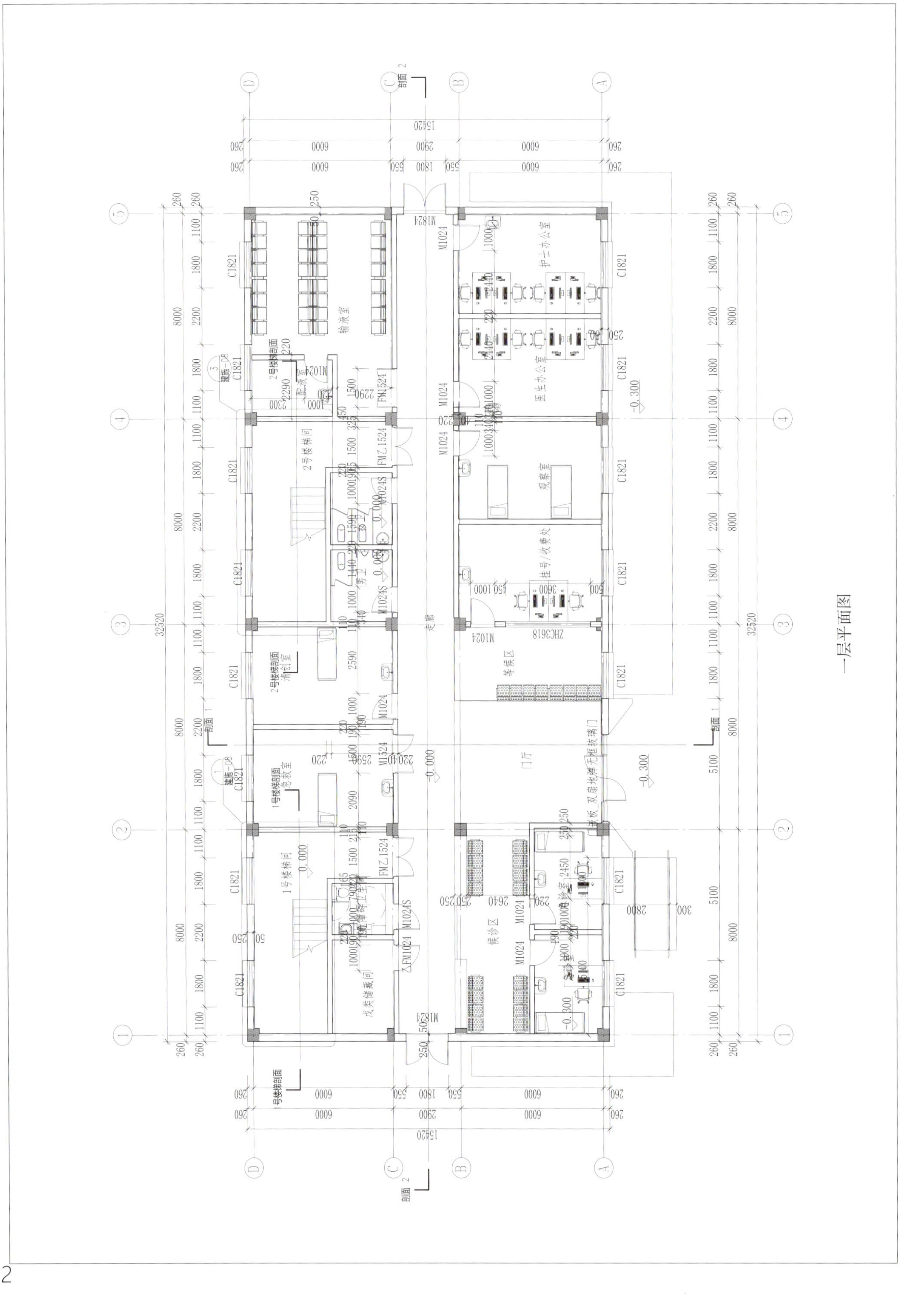
一层平面图
输液室
护士办公室
医生办公室
观察室
挂号/收费处
等候区
门厅
候诊区
2号楼梯间
1号楼梯间
走廊

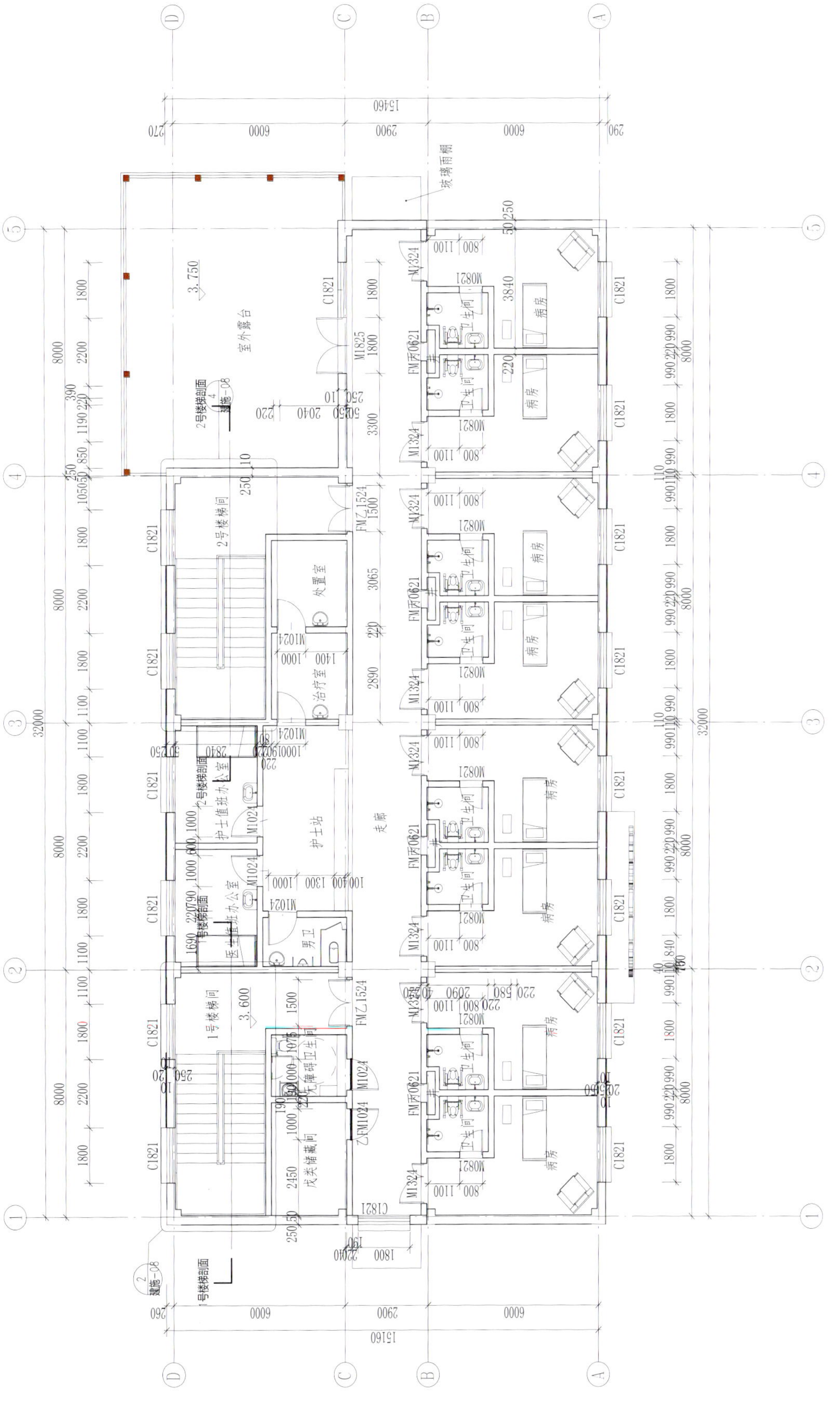

二层平面图

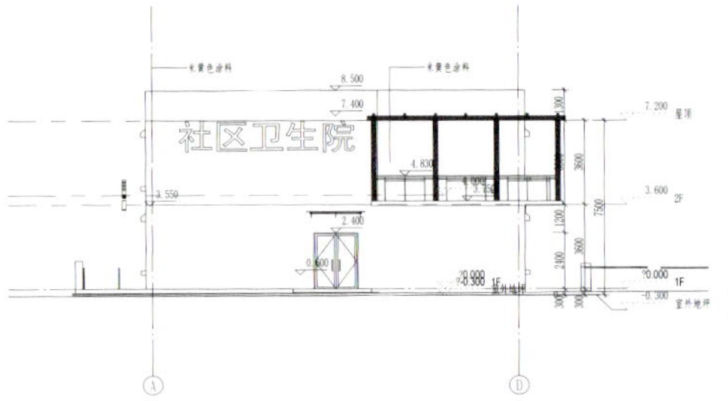

东立面图

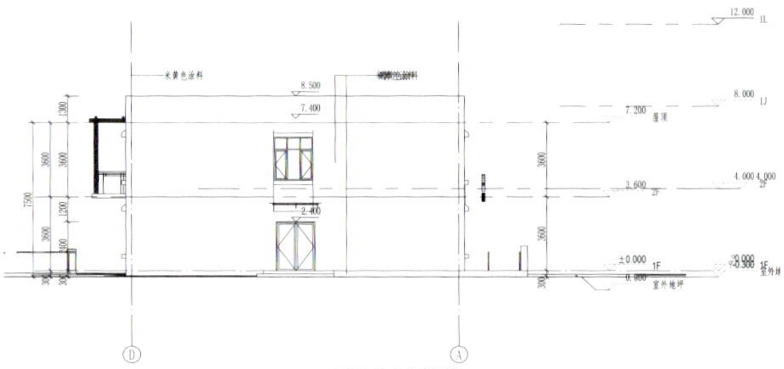

西立面图

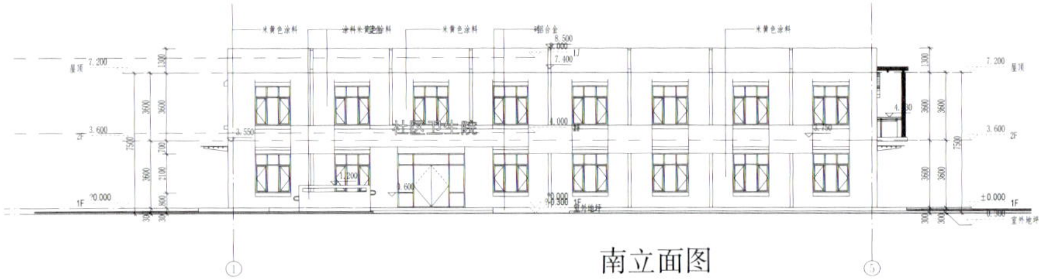

南立面图

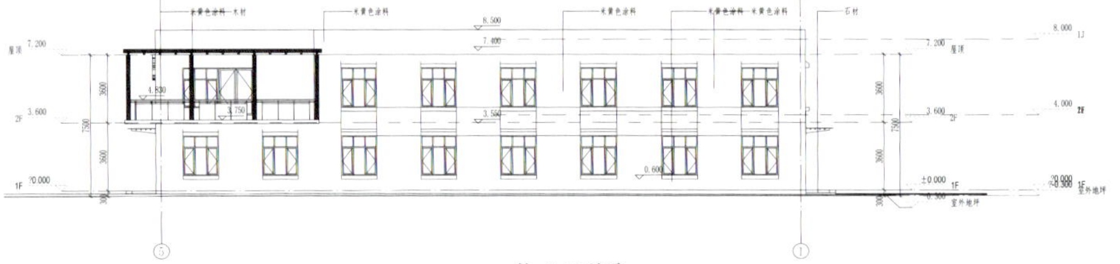

北立面图

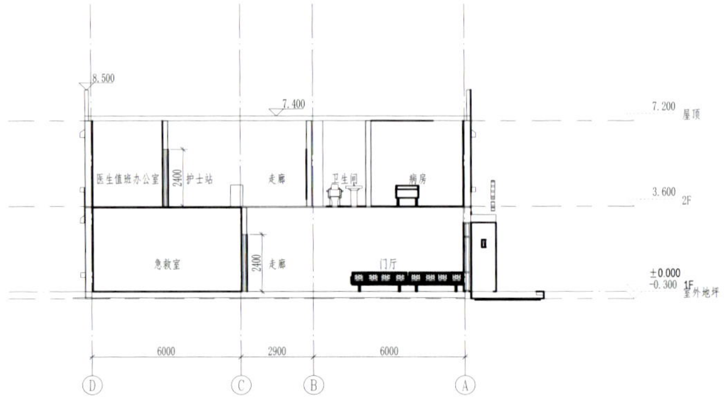

1-1 剖面图

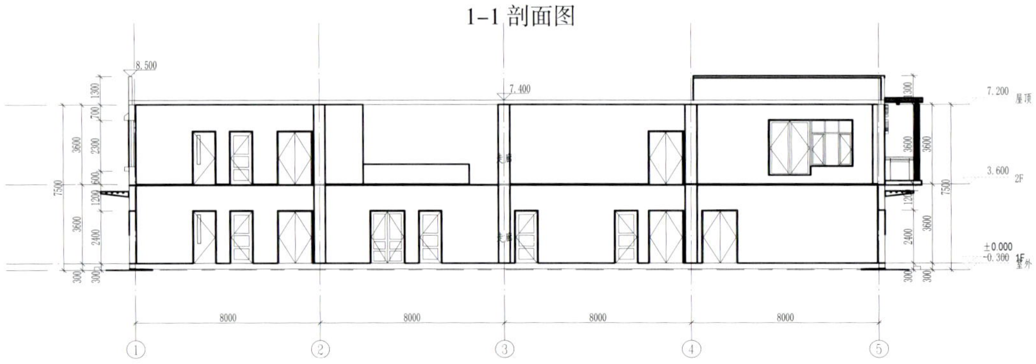

2-2 剖面图

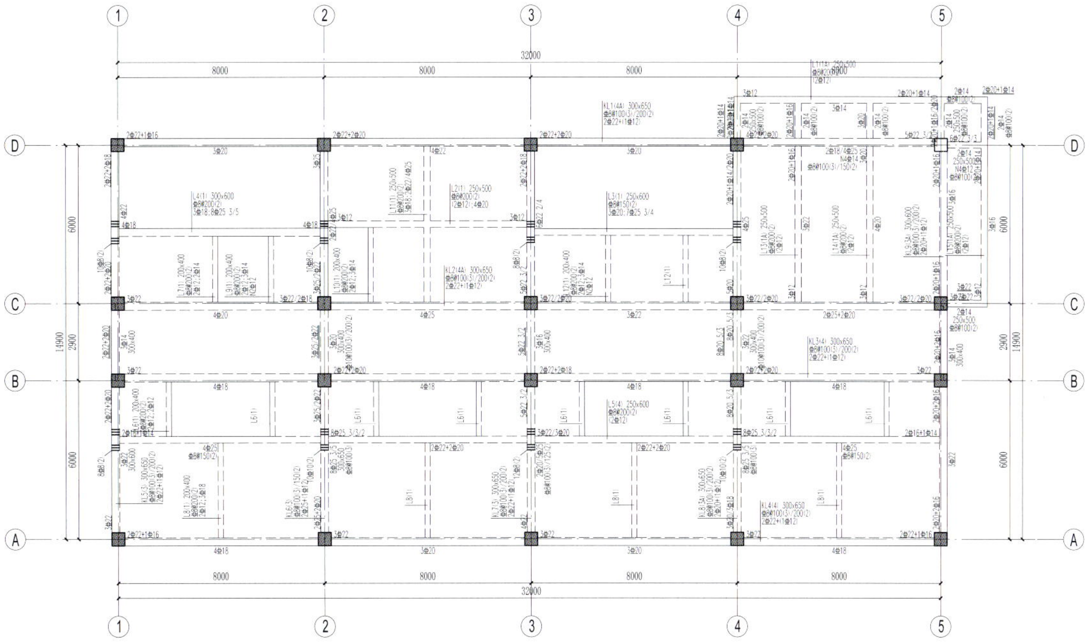

7.200 m 梁平法施工图

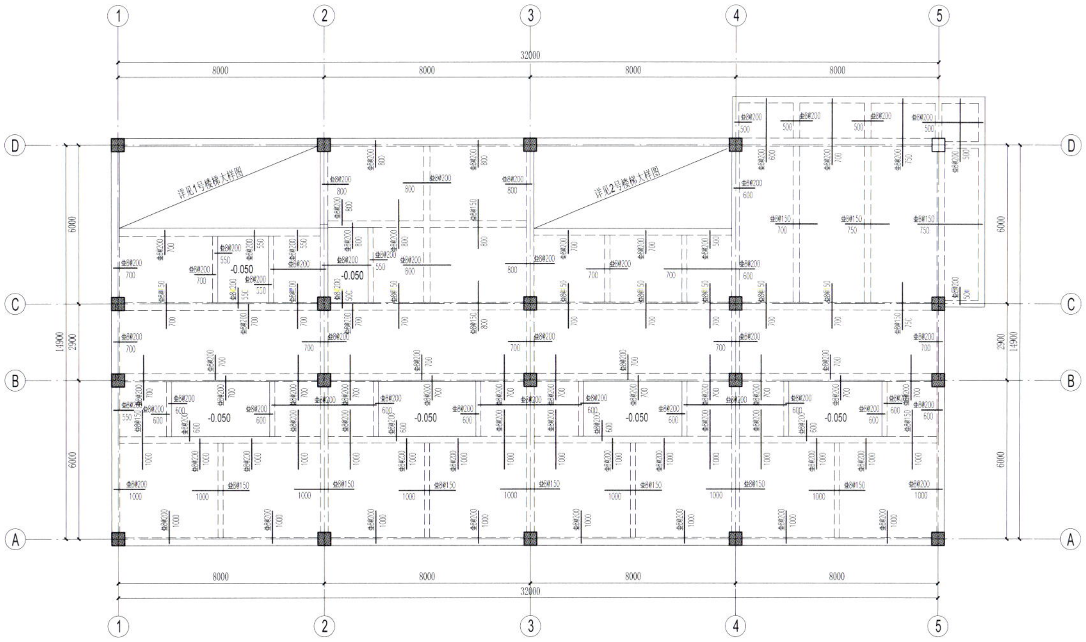

7.200 m 板平法施工图

● 特色

二层病房区域东北角结合室外景观湖设置了室外露台，能够为患者提供休闲观景的场所，将建筑功能和场地景观完美结合起来。同时，一层东南角设置输液室，也能更好地利用景观。

本建筑南北向布置，二楼病房区将病房全部布置在南侧，能够为患者提供充足的光照。

● 总结

BIM 正向设计是区别于传统 CAD 二维设计的三维设计方法，不光是模型的三维，更重要的是建筑信息在模型中的表达，而设计的相关图纸均由 BIM 模型直接生成，因此对于设计人来说，BIM 正向设计更是一种思维方式的转变，需要施工图设计人员具备三维空间的想象和表达能力。

在 BIM 正向设计软件现阶段还不能完全支撑正向设计的情况下，如何在六小时内更好地完成本次设计，这对我们设计师的综合能力提出了很高的要求。我公司数字院 BIM 中心团队近几年在 BIM 正向设计项目中总结形成了一整套各专业 BIM 正向设计应用手册、实施流程，并积累了满足设计要求的标准构件库等技术资料。在此基础上，结合本次参赛选手的具体情况我公司有针对性地为其开展培训，从软硬件协同、技术实操、设计协同流程等方面进行了为期一个月的脱产内训。

建筑：唐召宁

结构：杨 琪

参赛单位：河北建工集团工程设计研究总院

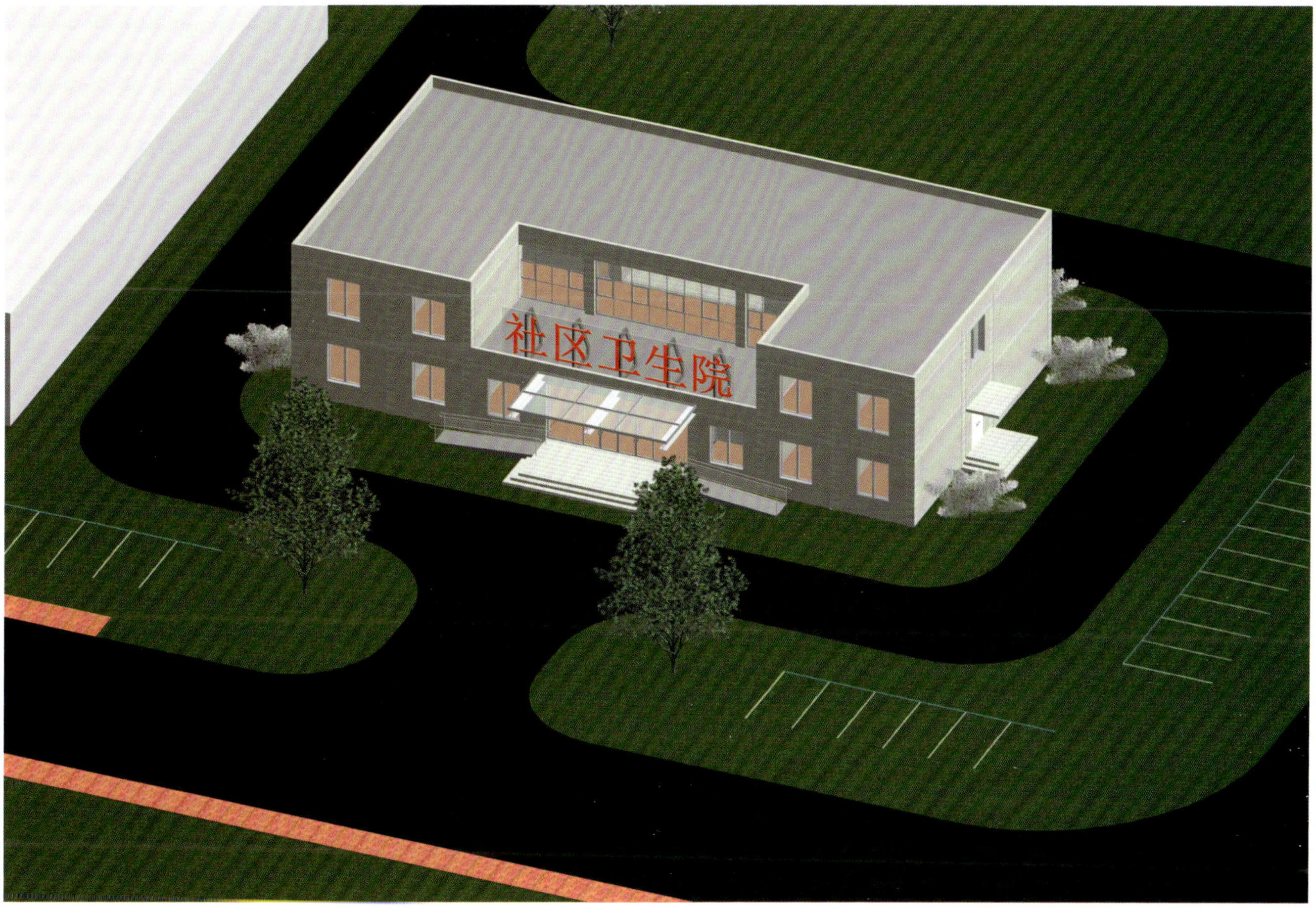

● 作品介绍

不同于以往的“翻模”图纸形式，本项目利用 BIM 技术进行正向设计。从方案阶段开始，借助可视化的方案 BIM 模型，直观、有效地对方案进行选定；在概念方案模型上完成建筑、结构专业施工图设计。

进行空间净高检测优化：基于施工图阶段的建筑、结构 BIM 模型，对建筑物内部竖向空间进行检测分析，在满足建筑使用功能和规范要求的前提下，进一步优化净高。

开展碰撞问题排查、规范校验等应用：在施工图出图阶段完善建筑、结构模型细部构造，进行平立剖图、详图大样、设计说明等图纸和具体设计内容绘制，完成明细表统计工作。

● 交通组织设计

项目拟扩建一小型社区卫生院。建筑总层数为二层，局部一层，基地内水体及原有建筑保留。建筑后退道路红线大于 8 m，退让用地界线大于 5 m，满足消防要求。

项目主入口和车行入口分别设立在两条马路上，入口中心距道路红线交叉点均大于 30 m，满足设计要求。

在项目主出入口与车行出入口处设置停车场，规范车辆停放；在社区卫生院后侧靠近水体的地方设置养身公园，为患者在疗养身体时放松身心，治愈心灵。

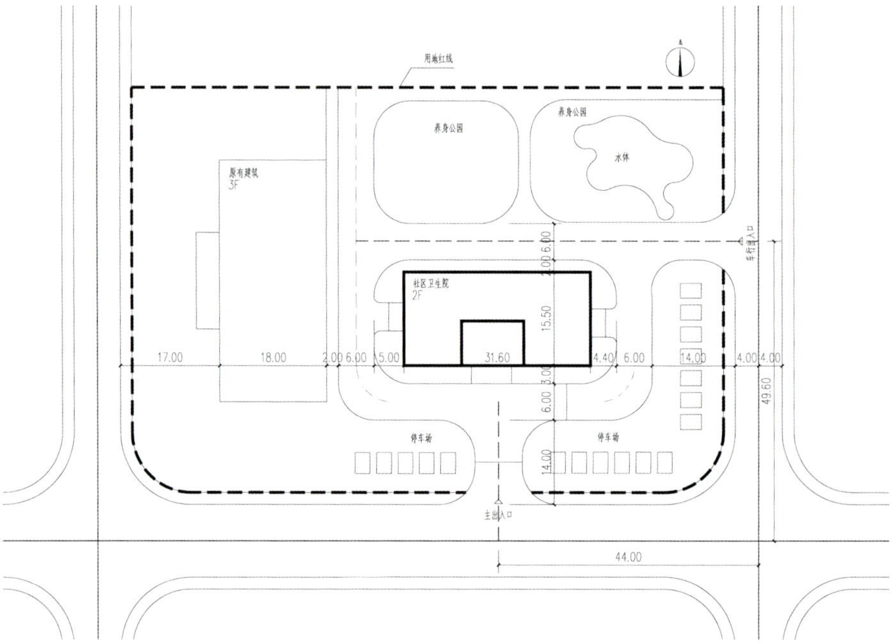

● 建筑功能分区

主出入口处的停车场有以下特点：大门两侧植物配置以自然式种植为主，运用具有秩序感的树阵，强化入口轴线感，突出简洁明了的视觉感受，满足社区卫生院出入口的标识性、引导性及观赏性要求。

项目按照建筑设计“适用、安全、经济、美观”的基本原则，综合考虑结构的安全度、建筑物耐火等级、防火设计以及建筑物的耐久年限，划分各个房间的使用功能，使其达到最大利用率。

本建筑共设置三个出入口、两部楼梯，楼梯间为封闭楼梯间，走廊到出入口的最大距离均未超过 22 m，符合防火设计规范。

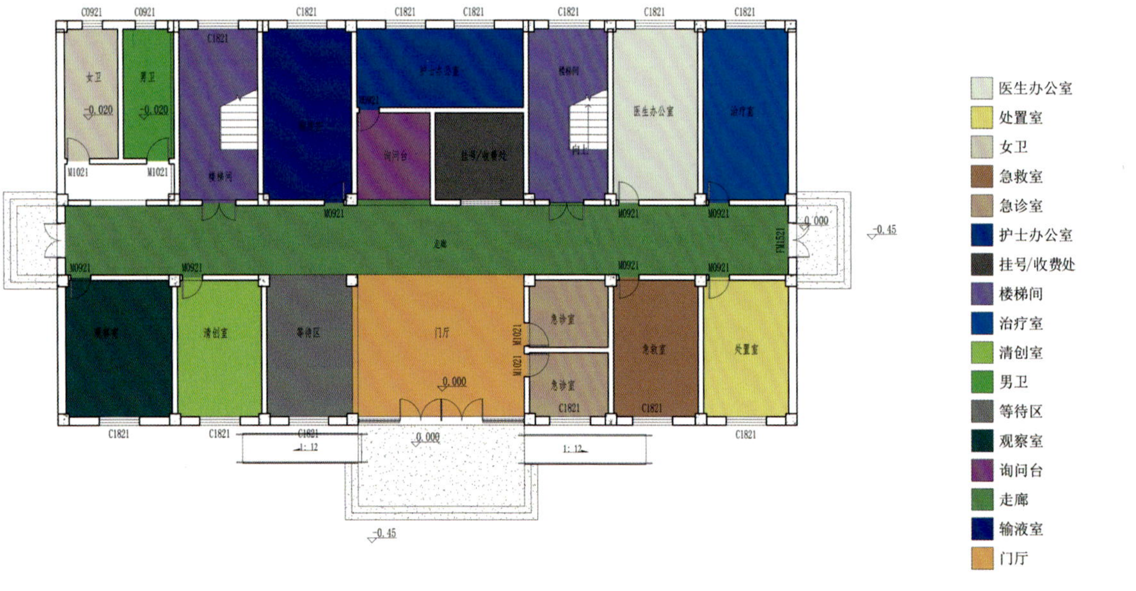

一层建筑主入口右侧布置急诊室、急救室、处置室与治疗室等，满足紧急治疗的需求，结合东侧出入口形成合理的动线；西侧为辅助治疗区，西侧出入口结合房间功能及卫生设施，可以满足日常医务需求；一层整体平面布置分区明确，形成“急”“缓”结合的医疗环境。

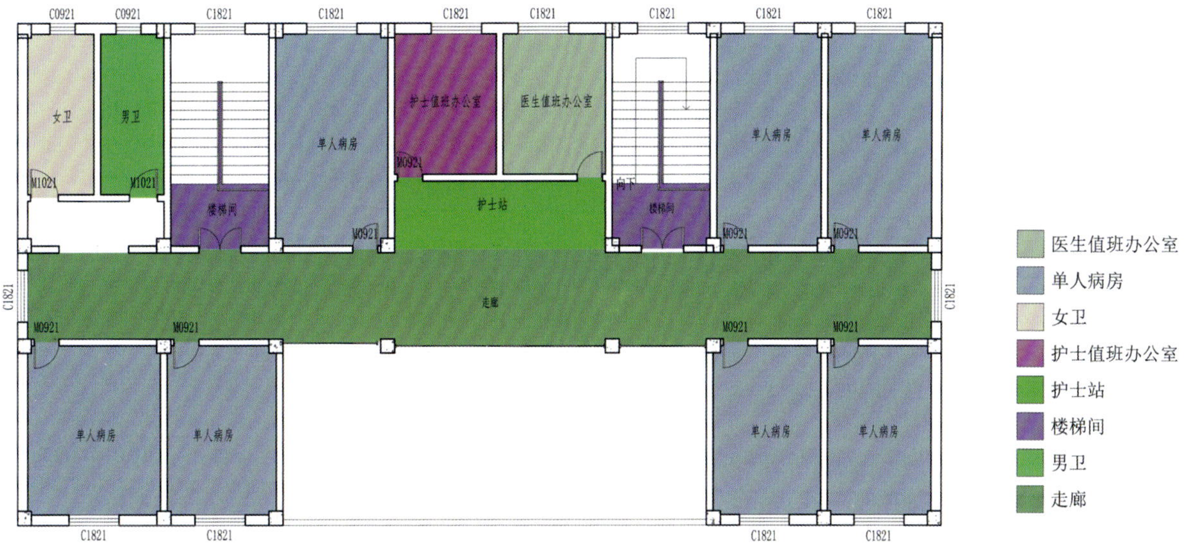

二层房间分区按照美观、适用的原则，根据房间功能及面积确定轴网尺寸，在满足正常使用的前提下开放二层平台，满足个性化设计及北侧病房采光问题。

● 结构设计合理性

建筑物主体高度 为 7.2 m，地上两层，层高为 3.6 m。结构安全等级为一级，设计使用年限为 50 年。室内地面设计标高为 ± 0.00 m，室内外高差为 0.45 m。整体采用钢筋混凝土框架结构，楼板采用现浇板。结构材料为 C30 混凝土，HRB400 钢筋 。根据建筑物的使用功能，本建筑为乙类建筑，抗震等级为二级。

框架结构体系是利用梁柱组成的由纵横两个方向的框架形成的结构体系。它同时承受竖向荷载和水平荷载。其主要优点是建筑平面布置灵活，可形成较大的建筑空间，建筑立面处理比较方便，故确定结构形式为柱下独立基础，钢筋混凝土框架结构。

根据房间使用功能及面积确定柱网尺寸。在满足正常使用前提下，开放二层平台，满足个性化设计及阴面病房采光问题。项目的主体为东西向布置，中间位置布设大厅及询问台，走廊为东西向布置，柱网左右对称，有利于结构安全。

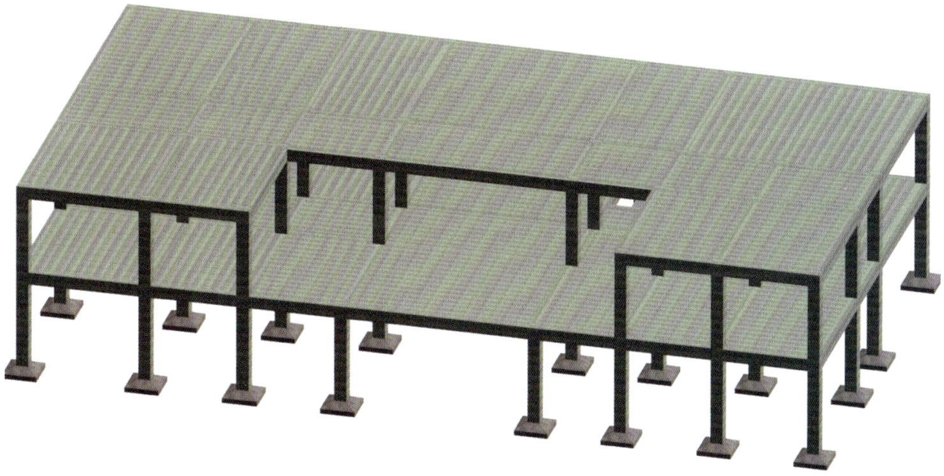

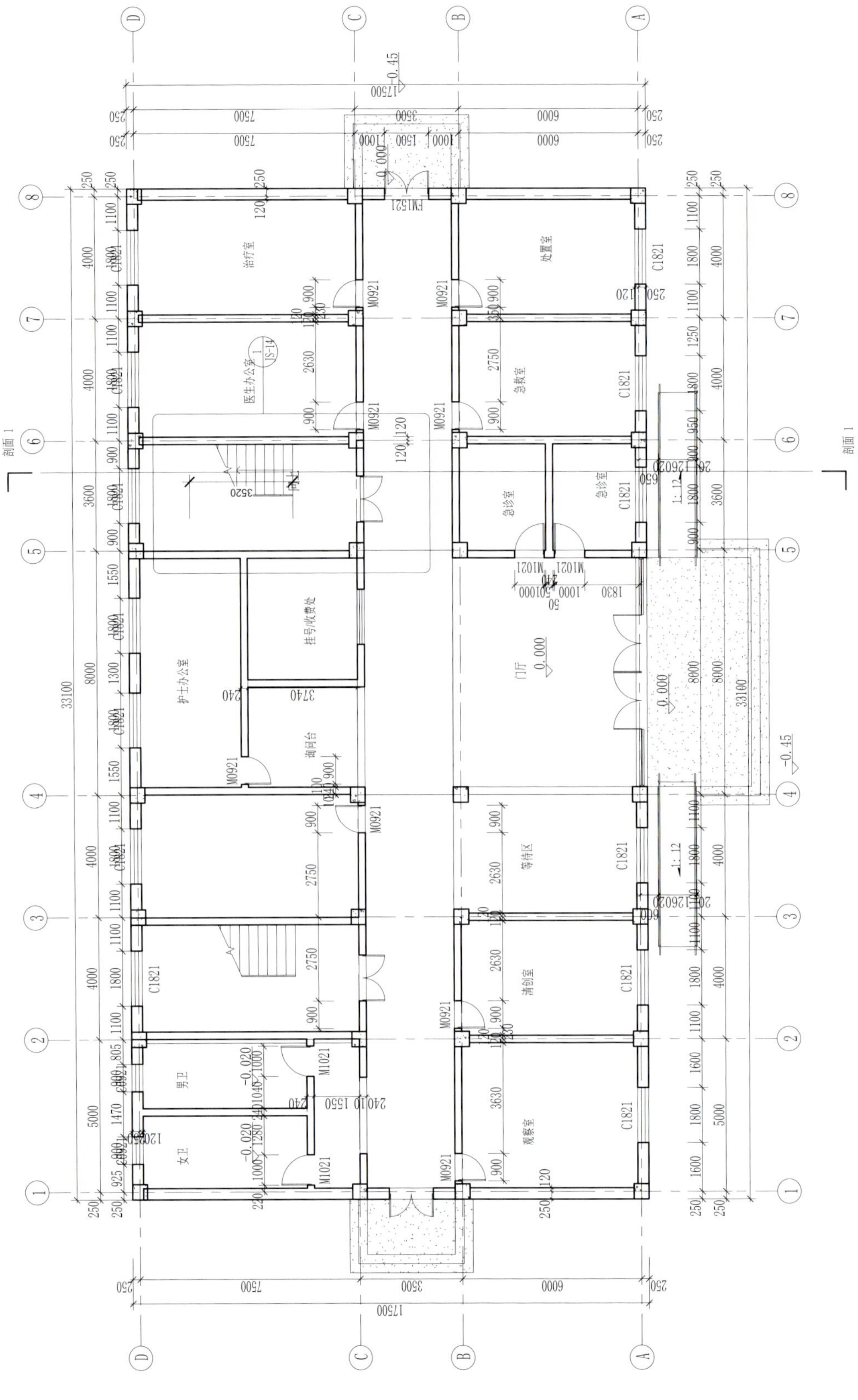

一层平面图

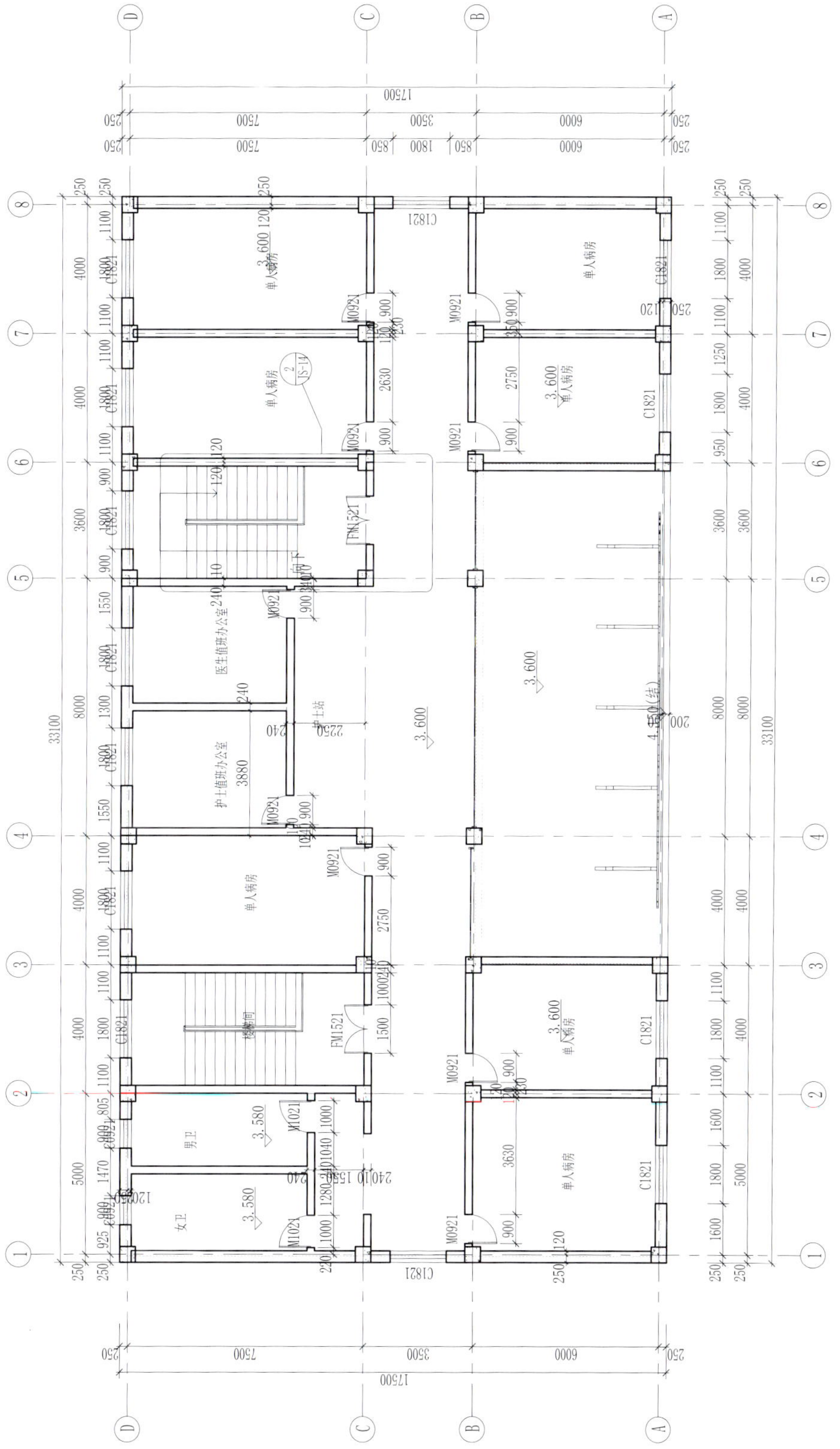

二层平面图

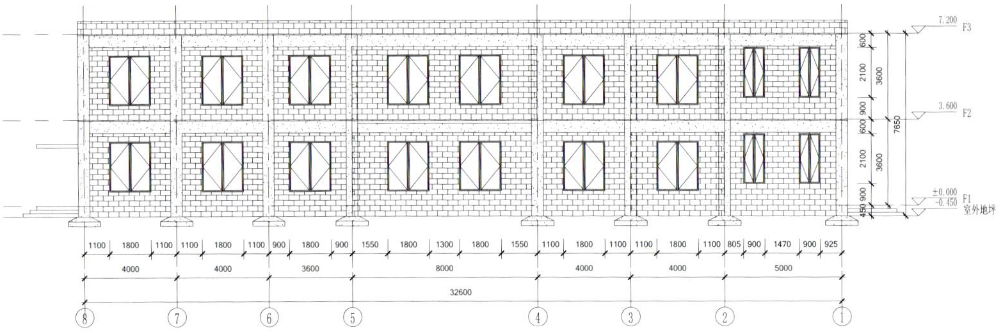

北立面图

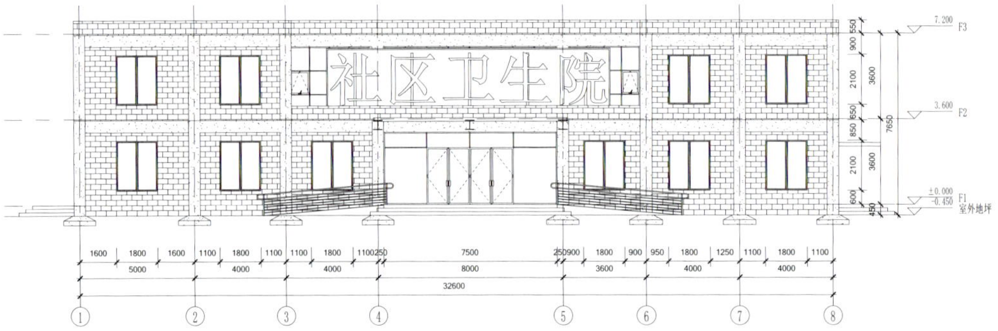

南立面图

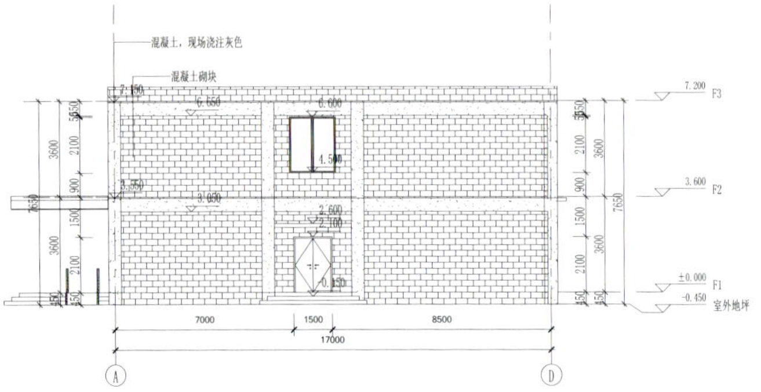

东立面图

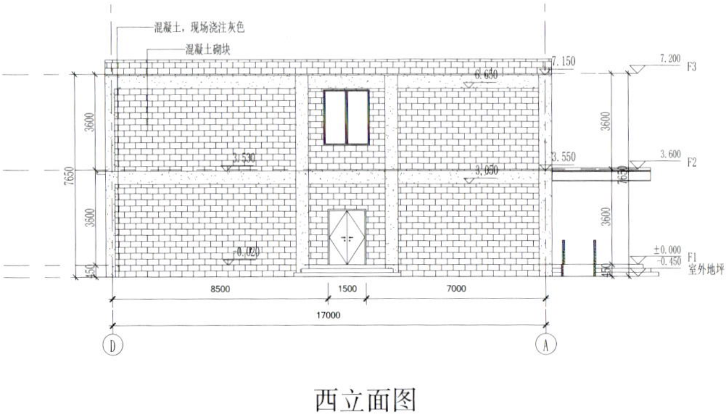

西立面图

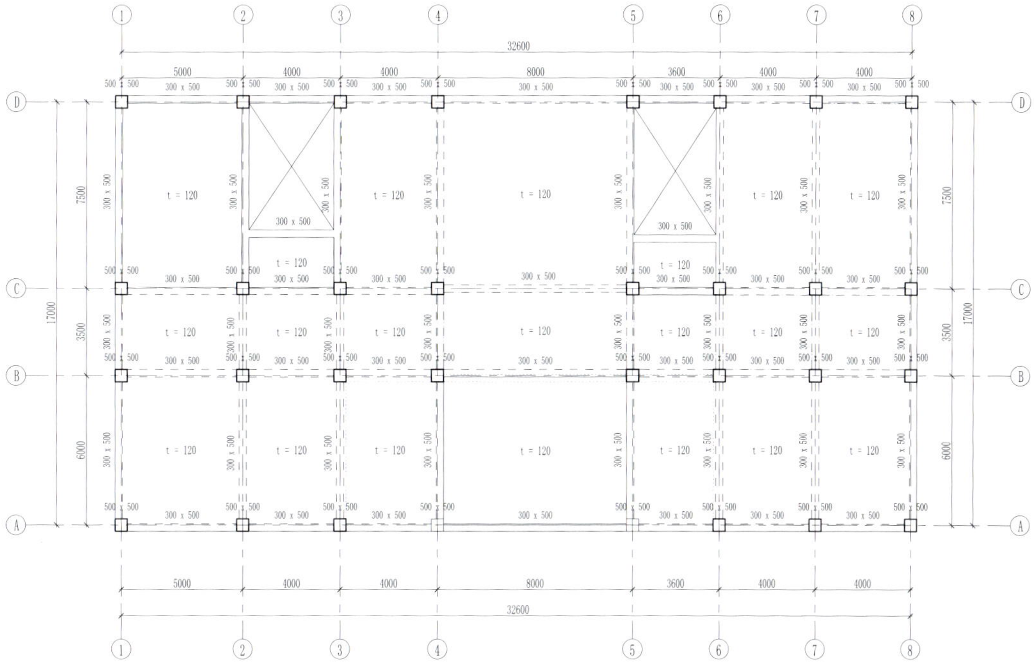

3.550 m 结构模板图

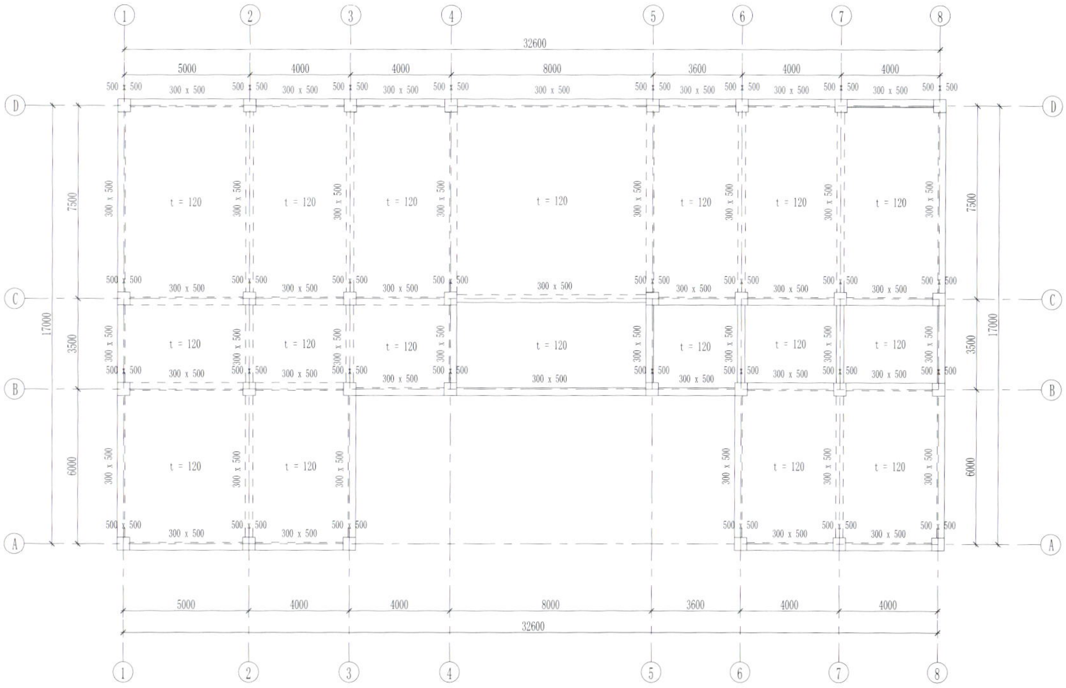

7.200 m 结构模板图

● 特色

二层平台的设置满足个性化设计及北侧病房采光需求。

● 总结

BIM 正向设计需要将设计工作的核心放在 BIM 框架下，以 BIM 的思维和工作方式进行专业内协同和专业间协同，相关设计信息通过 BIM 模型承载，通过模型完成设计阶段的逐项应用。

应多利用 Revit 插件提高工作效率。利用 Revit 强大的联动功能，实现平面图、立面图、剖面图以及明细表之间的双向关联，缩短设计工期。

BIM 正向设计能够节省成本，减少设计变更，缩短工程周期。

建筑：陈　新

结构：崔梦飞

参赛单位：河北建筑设计研究院有限责任公司

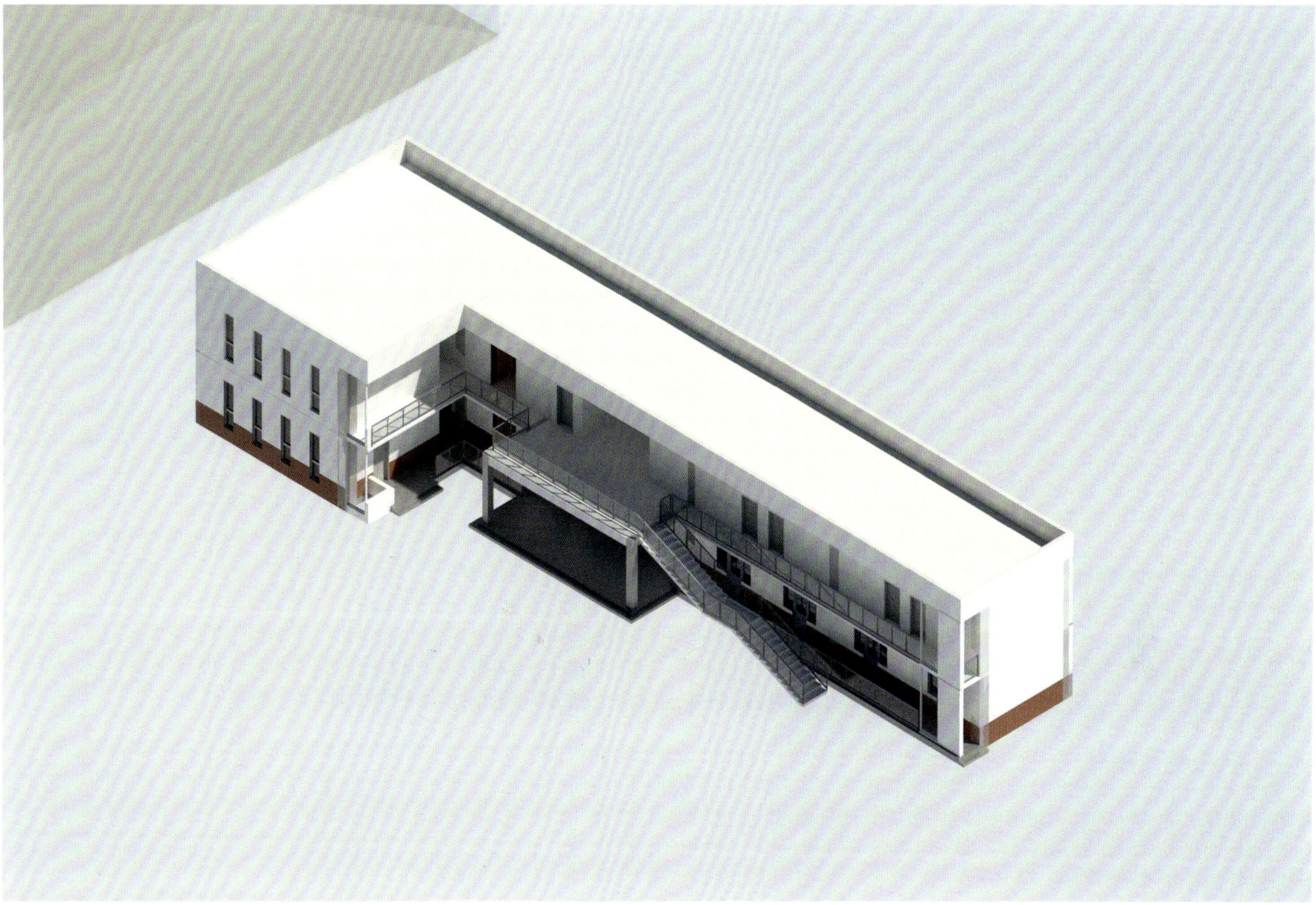

• 作品介绍

本项目利用 BIM 技术进行正向设计，将以往线条式的构件以一种三维的立体实物图形的形式展示在人们的面前。

方案阶段由草图开始，一小时后直接进入 Revit 软件定型。整个过程都是可视化的，正向设计的结果不仅可以用效果图展示及生成报表，更重要的是，整个项目的正向设计、建造、运营过程中的沟通、讨论、决策都在可视化的状态下进行。

建筑的功能比较简单，难度就在一次成型，不可修改，一是因为利用 Revit 软件更改模型相对费时，二是涉及多个专业同时设计，可能需要同时修改。

● 交通组织设计

场地内拟建一小型社区卫生院，共二层，保留基地内原有建筑和水体。

本建筑后退道路红线大于 8 m，退让用地界线大于 5 m，满足消防要求。入口分别设立在两条路上，满足设计要求。

在项目靠近场地出入口处设置停车场，规范车辆停放；在社区卫生院后侧靠近水体的地方设置活动场地。

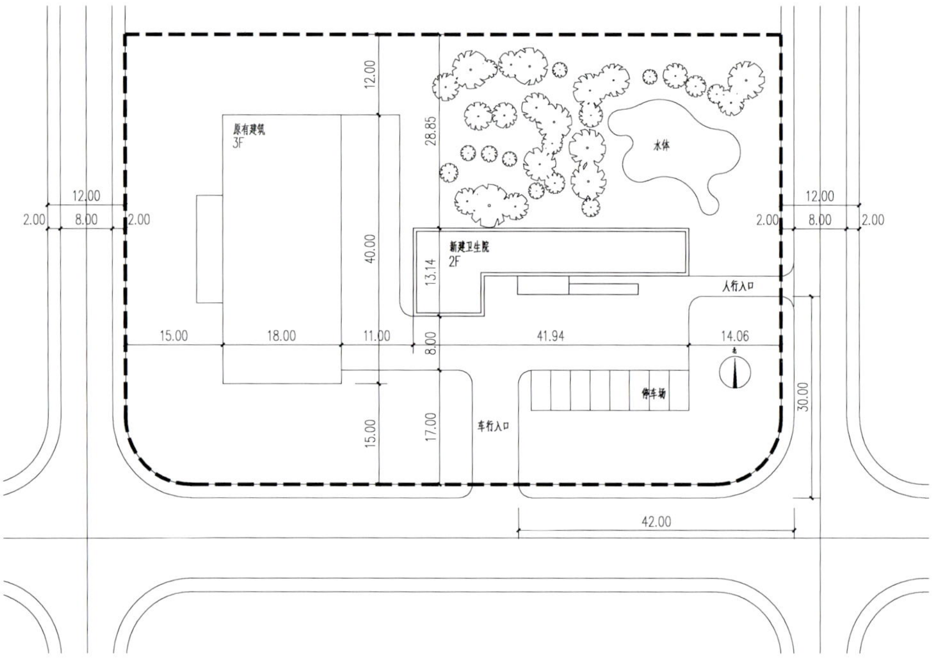

● 建筑功能分区

一层建筑平面布置比较舒展，便于空间展开和衔接，与内庭院直接相连的区域为急诊室、急救室、门厅、挂号 / 收费处等，稍远处布置观察室、护士办公室、医生办公室、输液室（含配液室）、卫生间等必要设施。

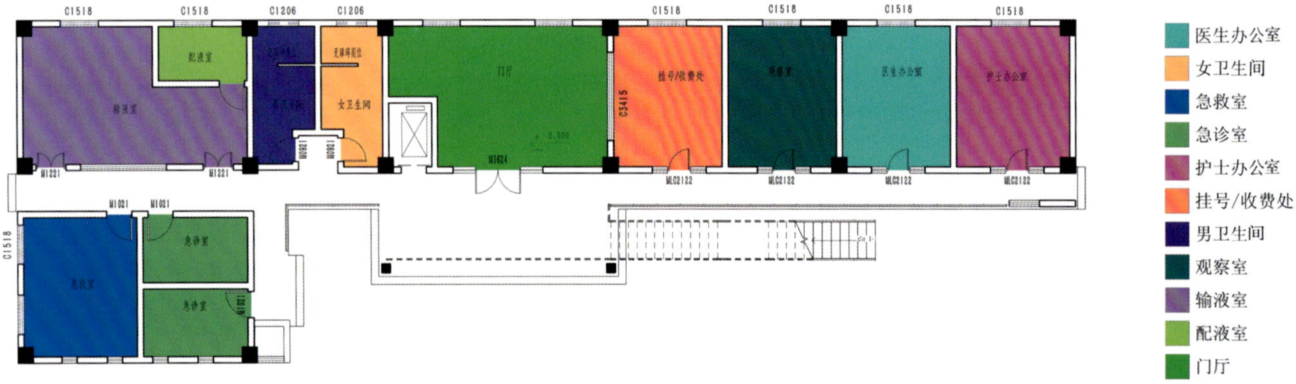

二层建筑平面布置分区明确，功能合理，主要房间全部为病房，满足采光通风要求，医护工作区域设置在整个楼层的中段，便于医护人员迅速对病人进行护理。

南侧设置室外观景廊，能够满足人们休闲放松及观景的需要。大楼梯既满足功能的需要，也是造型的点睛之笔，为整体建筑增加了活力。

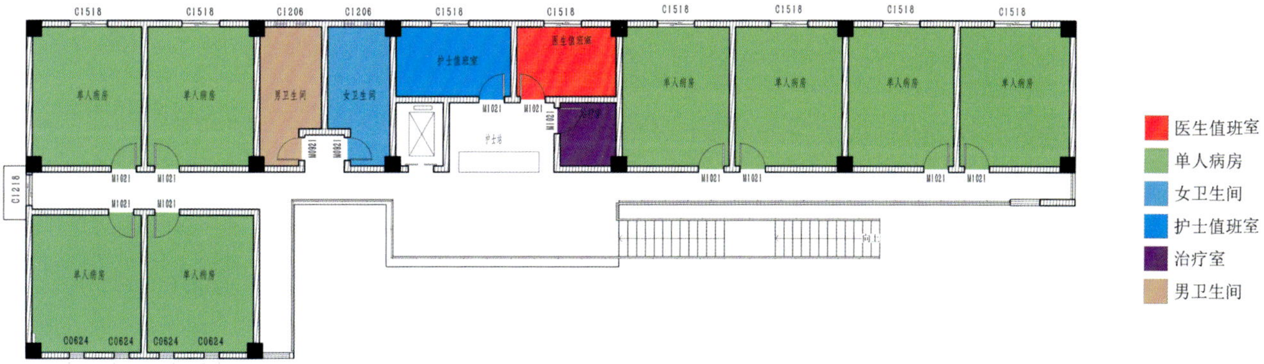

● 结构设计合理性

建筑物主体高度为 7.2 m，为地上两层，层高为 3.6 m。结构安全等级为一级，设计使用年限为 50 年。室内地面设计标高为 ± 0.00 m，室内外高差为 0.3 m。项目采用钢筋混凝土框架结构，楼板采用现浇板。根据建筑物的使用功能，本建筑为乙类建筑，抗震等级为二级。

结构材料：C30 混凝土 ,HRB400 钢筋 。

结构选型：本工程采用梁柱全现浇框架结构，楼、屋盖为现浇混凝土板。本工程柱网布置时考虑房间的使用功能、面积大小以及结构对柱子截面尺寸的要求，采用进深 9 m 和 5.4 m 两种规格，柱网结构简单规则。

本工程注重概念设计，重视结构的选型和平、立面布置的规则性，加强构造措施，保证结构的整体抗震性能，使整个结构具有必要的承载能力、刚度和延性。

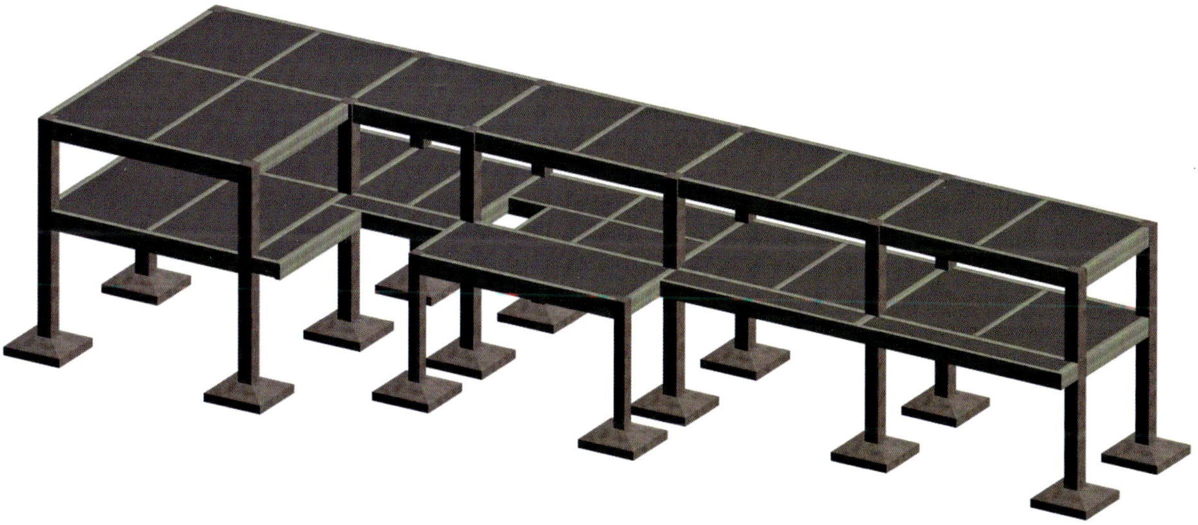

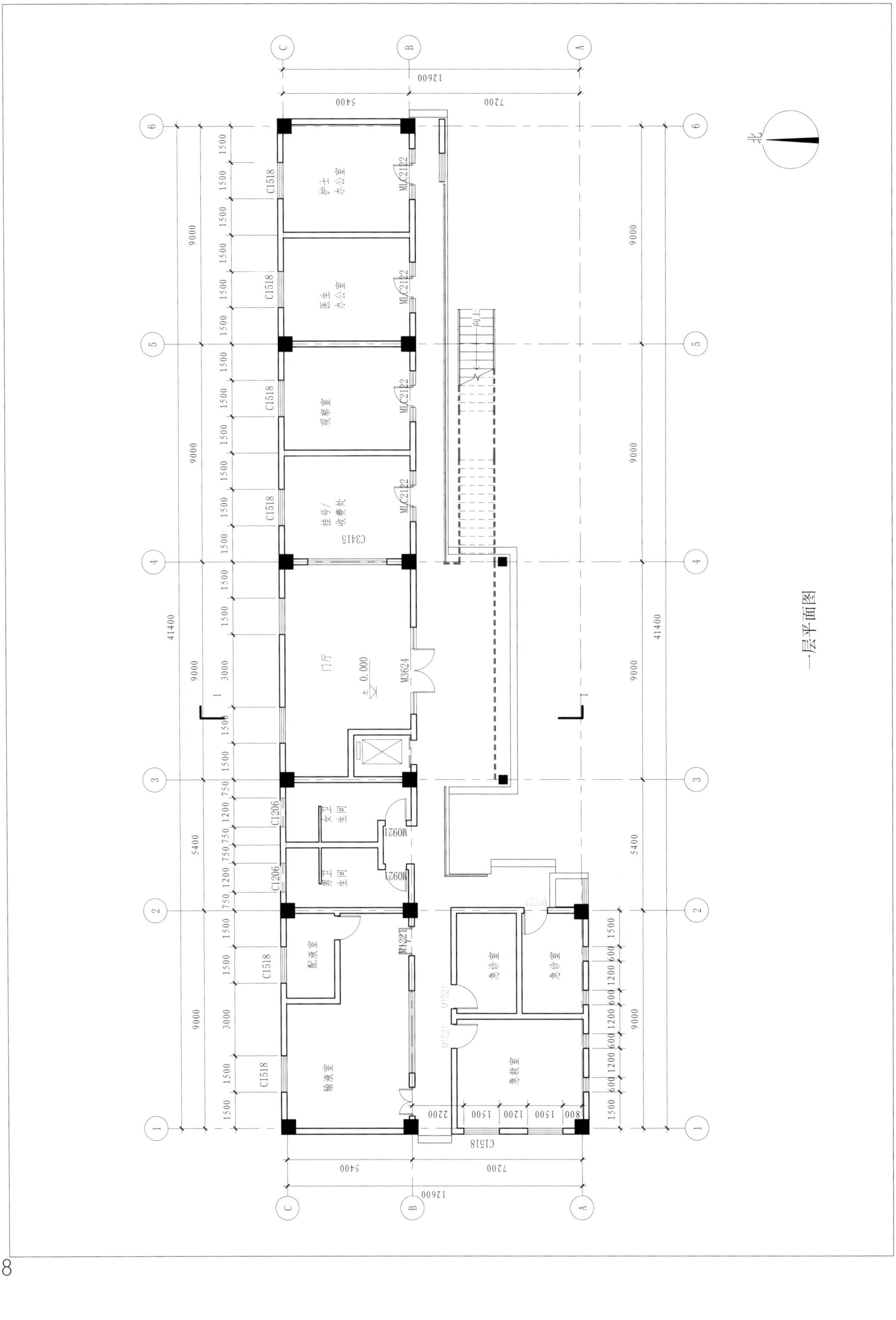
一层平面图
护士办公室
医生办公室
观察室
挂号/收费处
门厅
女卫生间
男卫生间
配液室
输液室
急诊室
急诊室
急救室
北

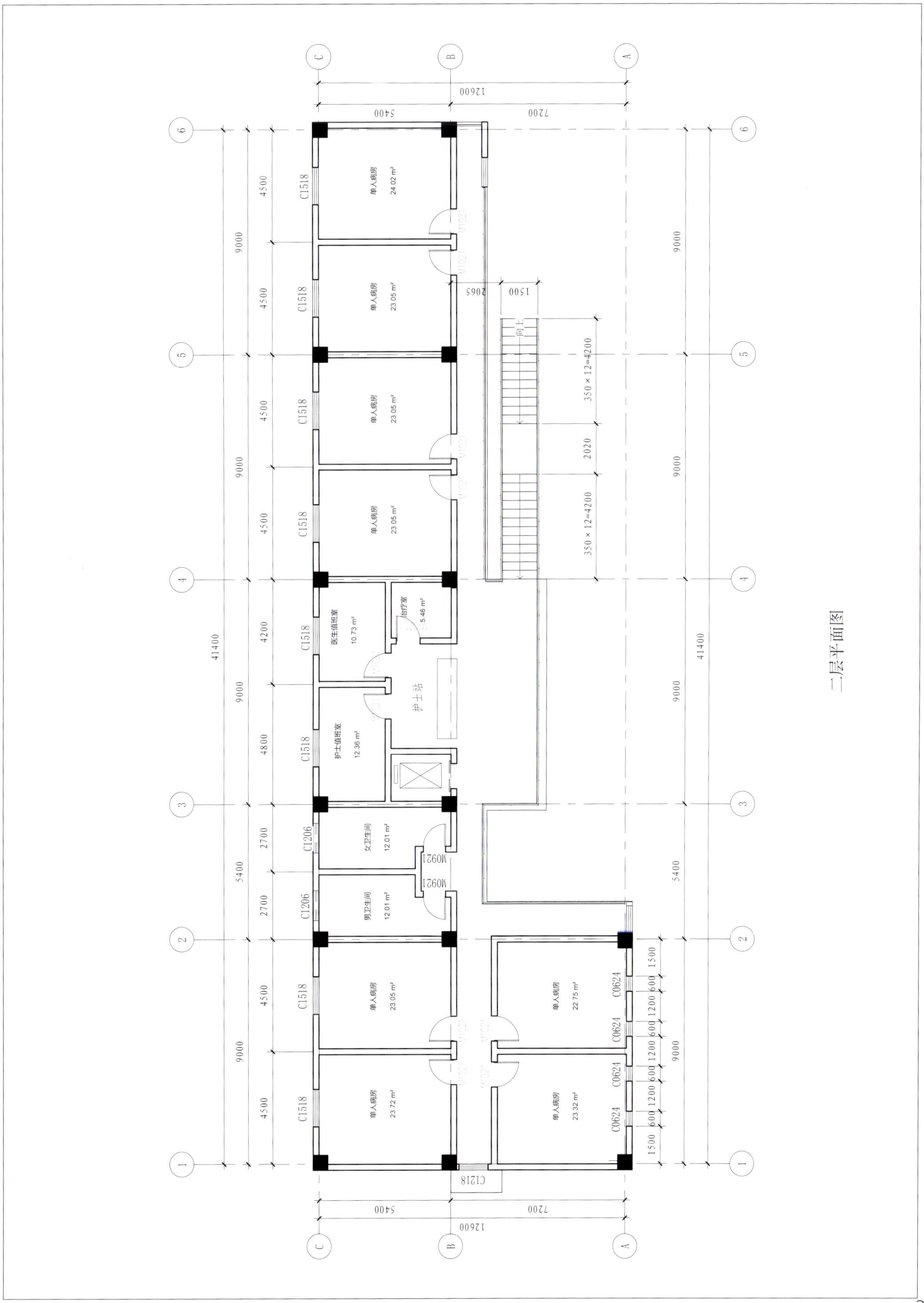

二层平面图

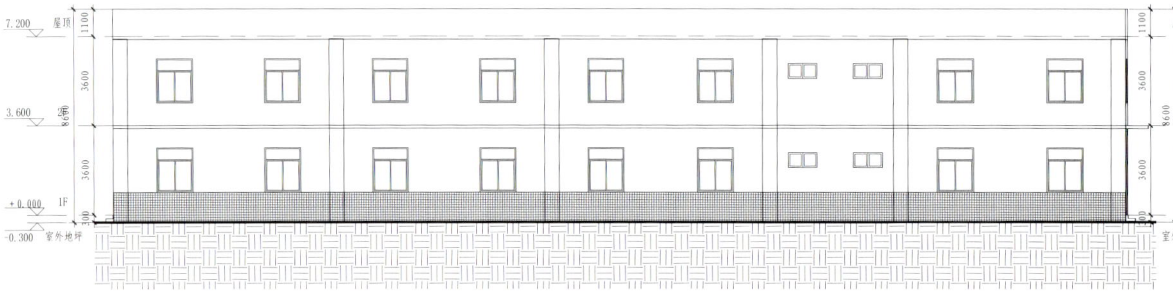

北立面图

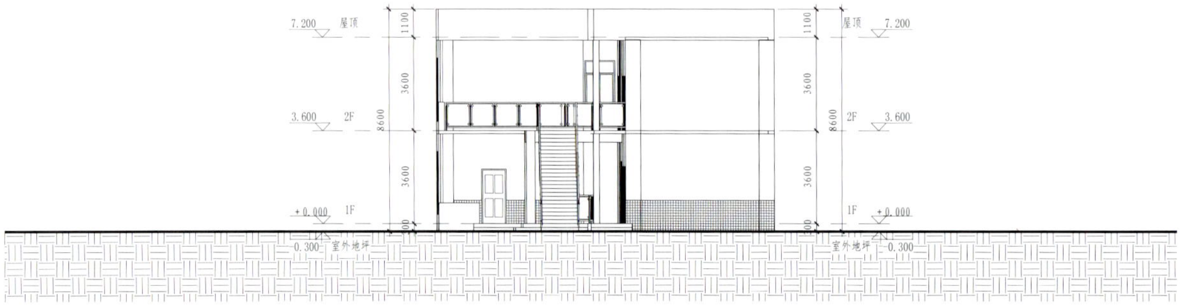

东立面图

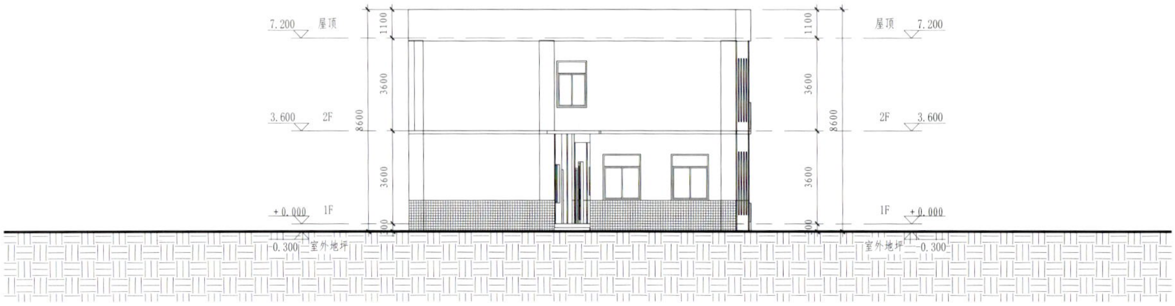

西立面图

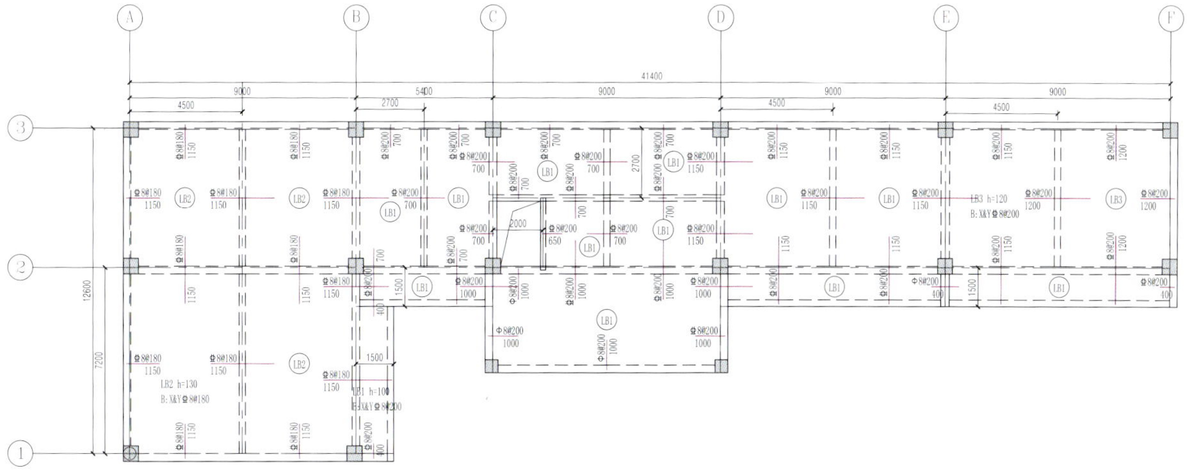

3.550 m 板平法施工图

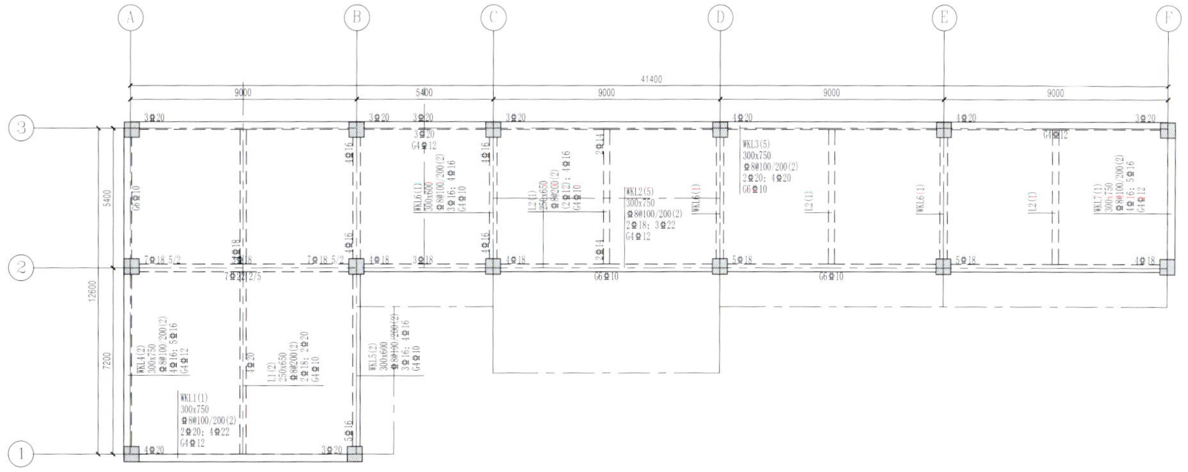

7.200 m 梁平法施工图

● 特色

景观大楼梯和二层室外露台最大限度利用了景观资源，为建筑整体增加了活力，使得整个建筑立面成为流动的画面。

● 总结

BIM 正向设计是大势所趋，这毋庸置疑。但 BIM 是否适合在方案阶段介入，Revit 软件是否是完成 BIM 模型的最好工具，这值得讨论。

对于六小时方案而言，Revit 并不是特别好用的创作工具，因为它太具体、太确定了。方案创作需要的是在一团迷雾中抽丝剥茧、寻找答案，这个摸索的过程可能用纸笔或者 Sketchup 软件更合适一些。

方案设计最需要的应该是 BIM 的模拟性，比如节能、疏散、日照等，从而增加方案落地的可能。

河北省『建勘杯』职业技能竞赛

BIM正向设计获奖作品集萃

二　等　奖

建筑：王婉璐

结构：牛 璨

参赛单位：北方工程设计研究院有限公司

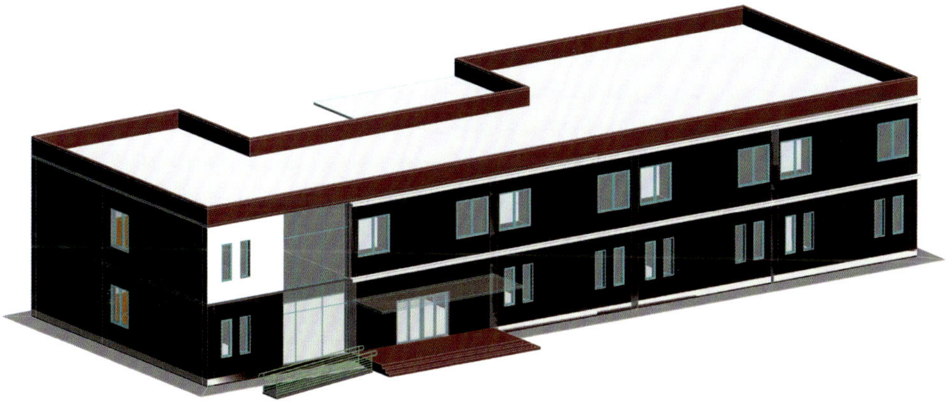

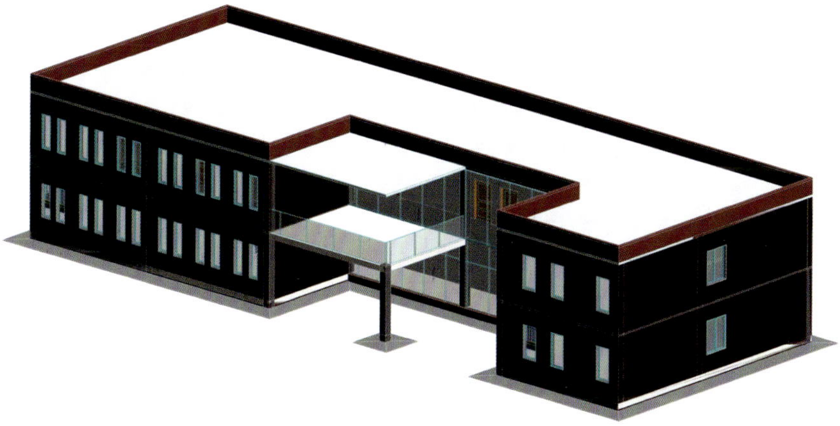

• 作品介绍

本项目从方案阶段开始，由建筑专业利用现有设计资料进行方案可视化，充分展现 BIM 三维可视化建模的优点。结构专业与建筑专业同步进行，对一些细节、大样、节点在方案初期便完成配合，解决了施工图设计在后期易产生冲突的问题。同时，利用 BIM 可视化的特点，在设计的各个阶段较好地向甲方传达建筑意图，使设计方案更加直观形象。在后期设计时，各个专业可实现在线协同配合，避免了各专业管线碰撞、尺寸偏差等施工问题。

● 交通组织设计

场地人流主入口设于南侧，车行入口设于东侧，距道路中心线大于 30 m，避免了车行出入口对城市道路交通的不利影响。场地内设环形消防车道及小型停车场，可满足社区卫生院医患的停车需求。

建筑主出入口设于南侧，次入口设于东侧，建筑分别于东西两侧设两部疏散楼梯，满足现行国家相关规范对于疏散距离的要求。

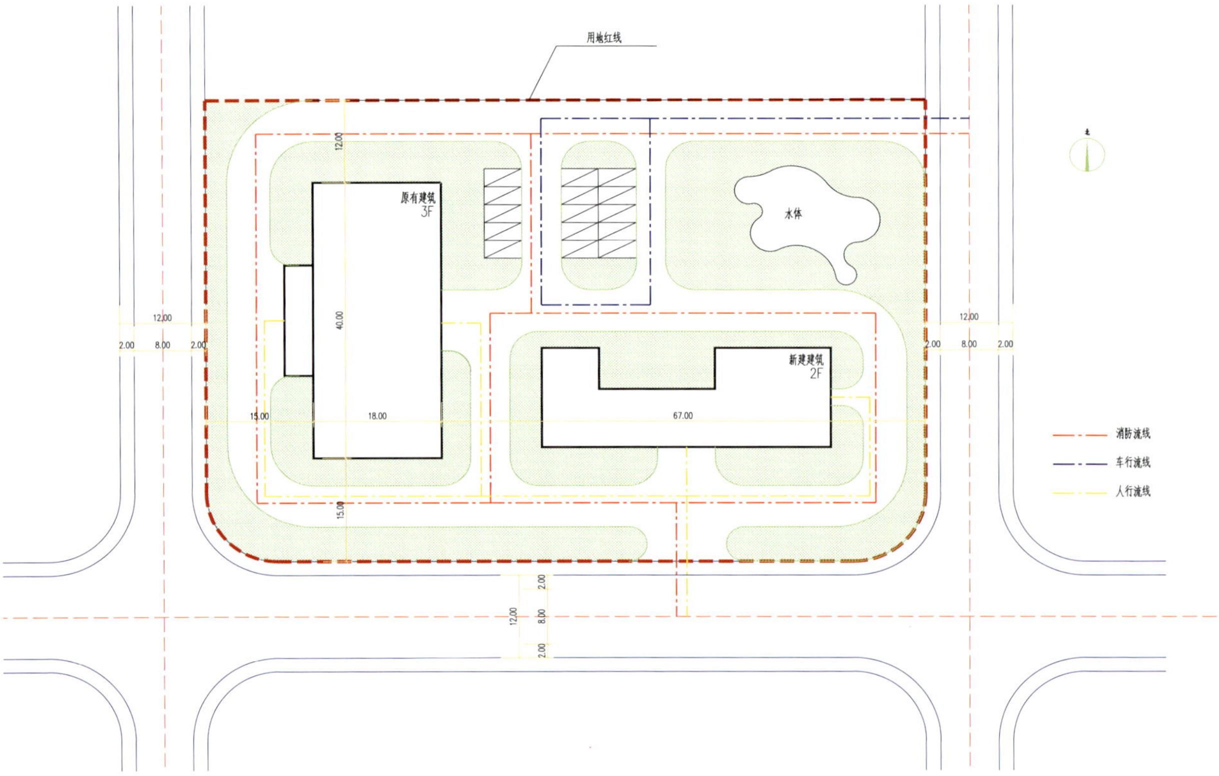

● 建筑功能分区

一层主出入口门厅位于南侧，为就诊人员出入口；次出入口位于东侧，为医护人员出入口，人流路线明确，避免产生交叉。门厅西侧为挂号收费区，东侧为急救急诊区，满足就诊人群的基本需求。北侧为日照朝向不利方向，布置两部楼梯和男女卫生间（含无障碍厕位）。

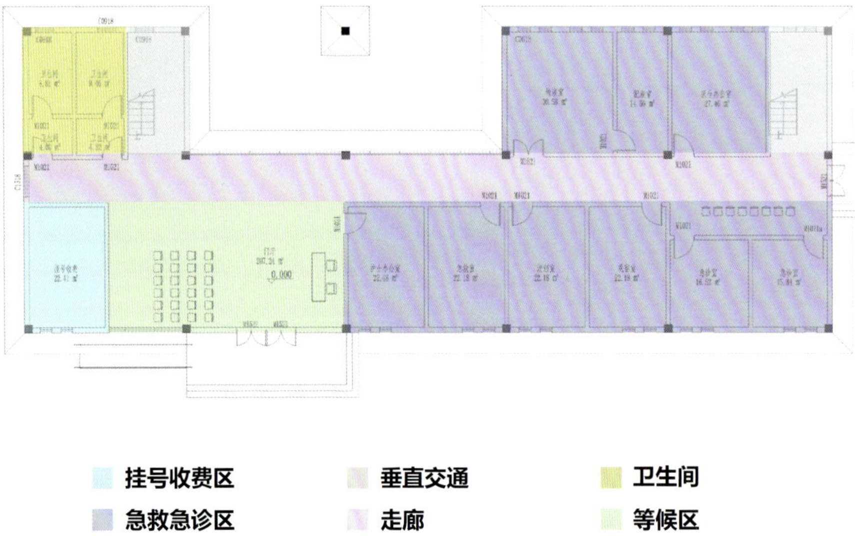

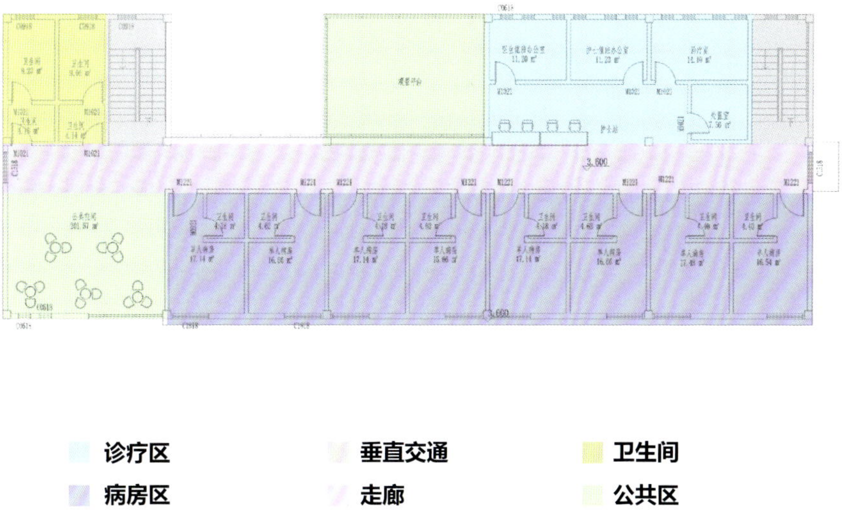

二层布置八间单人病房，均为南侧朝向，护士站等医护用房位于东北角，形成一个完整的护理单元，护士站可观察到全部病房。北侧有一室外观景平台，可远眺建筑北侧的自然水景，西南角有公共休闲区，有利于病患的身心恢复，体现人性化的关怀。

• 结构设计合理性

本项目选址在 7 度区，地震分组第二组，设计基本加速度 0.1 *g*, 采用现浇混凝上框架结构，基础采用柱下独立基础及墙下条形基础，采用 PKPMV 5.1 软件进行计算，同时采用 BIMSpace 软件与建筑进行协同设计。

结构设计方案：本建筑物结构的设计使用年限为 50 年，安全等级为二级，重要系数为 1.0；本建筑物结构嵌固端位于基础顶部；本项目为一小型社区卫生院，长为 40 m，宽为 14.4 m，局部体型收进；建筑总层数为二层，采用现浇混凝土框架结构，混凝土强度等级为 C30，钢筋强度等级为 HRB400；框架结构空间分隔灵活，自重轻，节省材料，具有较灵活地配合建筑平面布置的优点，利于安排需要较大空间的建筑结构；本项目为卫生院，房间布置灵活，层数较低，框架结构较为适用。

结构布置和受力体系说明：结构承受的作用包括竖向荷载、水平荷载；竖向荷载包括结构自重及楼（屋）面活荷载，一般为分布荷载、集中荷载，水平荷载为风荷载、地震作用；设计采用纵、横向框架承重；从整个计算结构分析，采用的计算机程序与计算模型协调，数据符合规范要求，各层剪力分布合理，符合力学原理，整个结构竖向刚度均匀，无刚度突变。

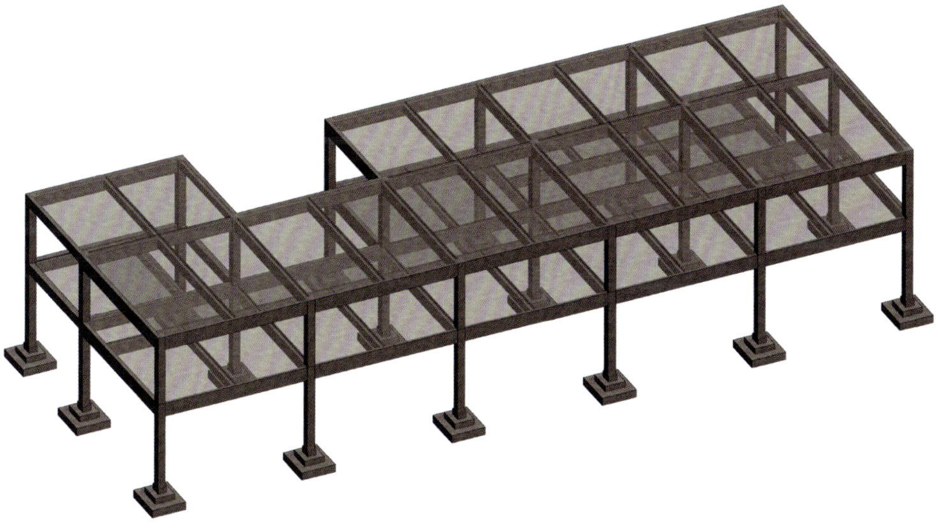

楼面板恒荷载采用 2.0 kN/m^2（不包括板自重）计算。一层顶活荷载：单人病房采用 2.0 kN/m^2，护士站、医生值班室、护士值班室等采用 2.0 kN/m^2，走廊采用 2.5 kN/m^2。屋面活荷载（不上人屋面）按 0.5 kN/m^2 计，雨篷按 0.5 kN/m^2 计。填充墙加砌混凝土砌块（双面粉刷）采用 3.7 kN/m^2，栏杆顶部水平荷载采用 1 kN/m^2。

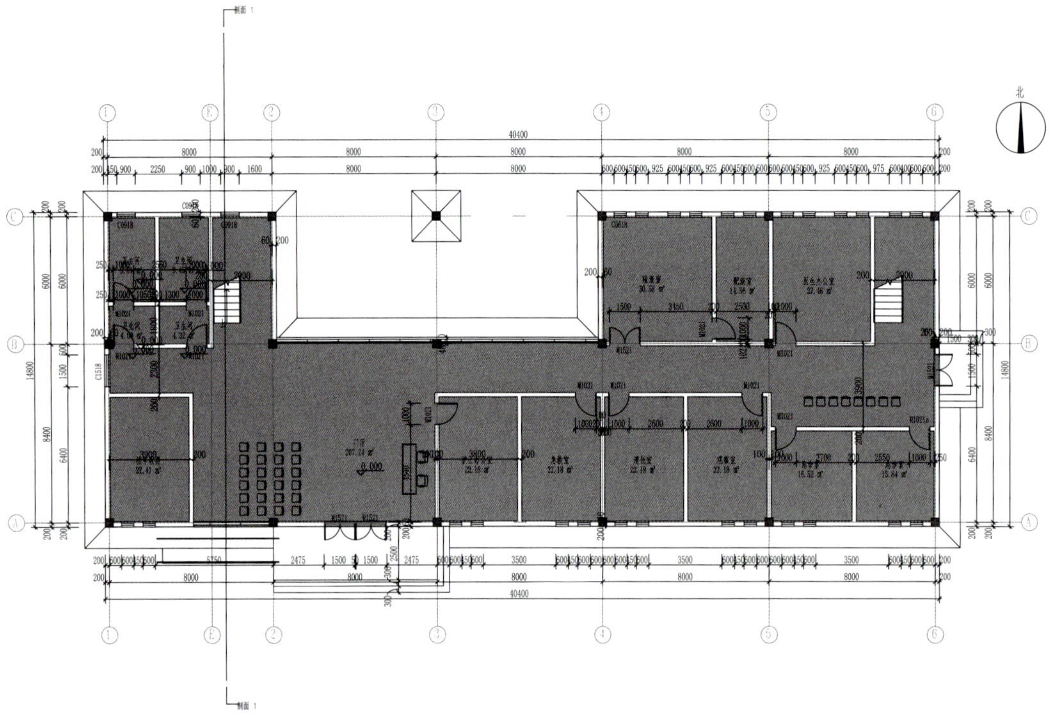

一层平面图

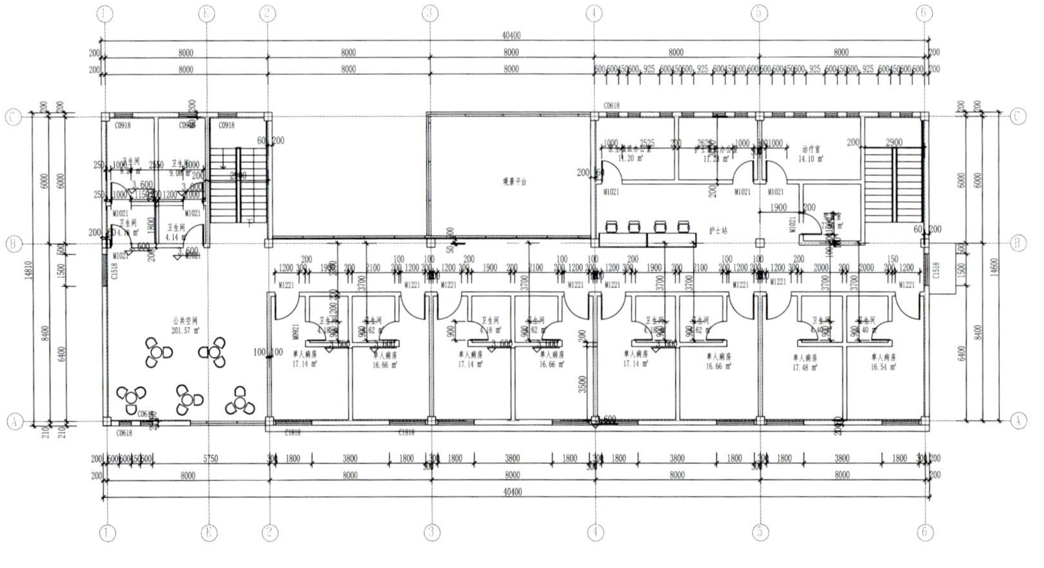

二层平面图

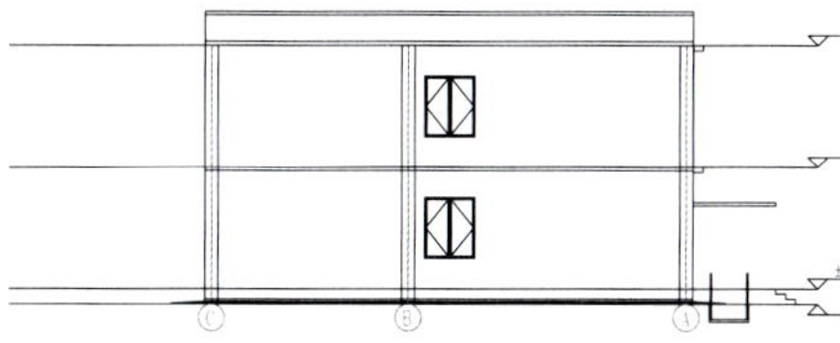

西立面图

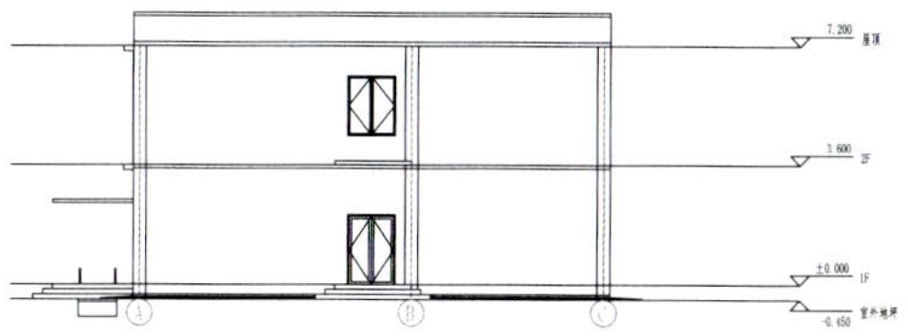

东立面图

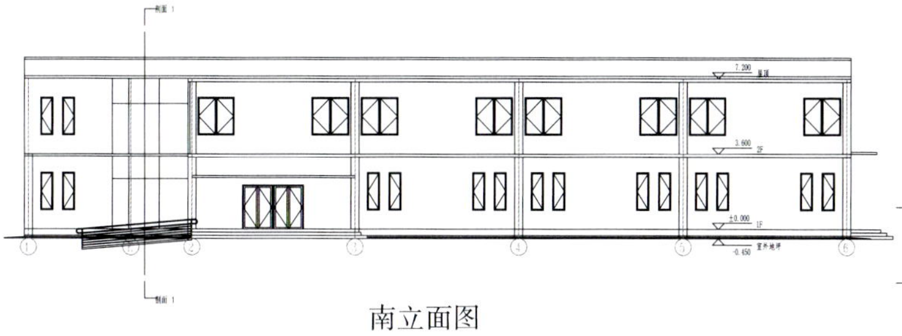

南立面图

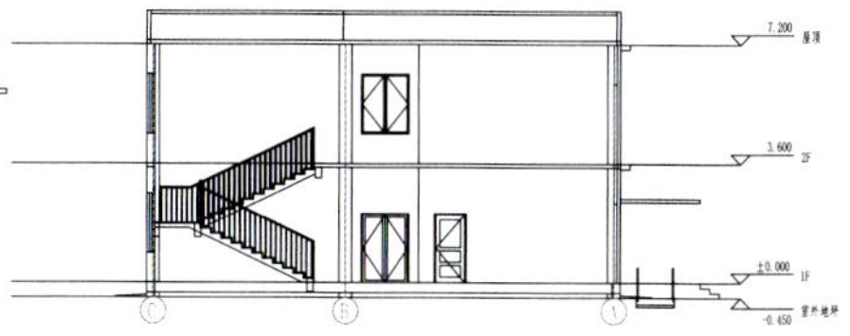

1-1 剖面图

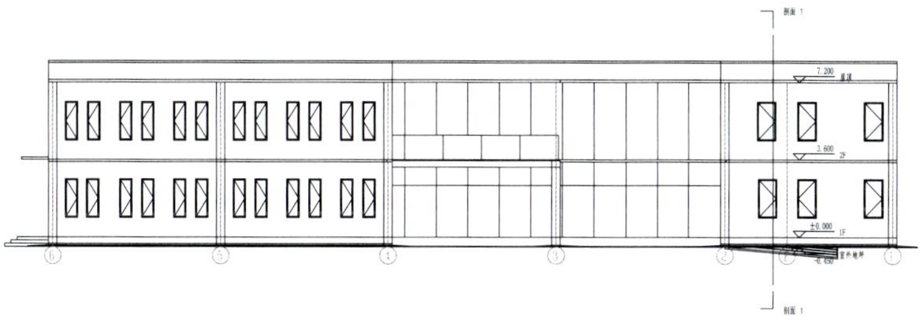

北立面图

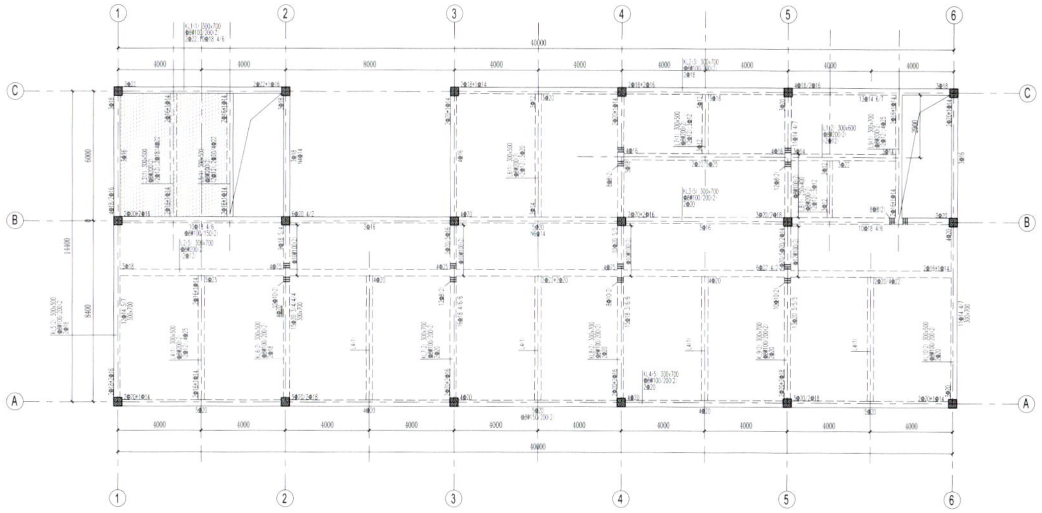

3.550 m 梁平法施工图

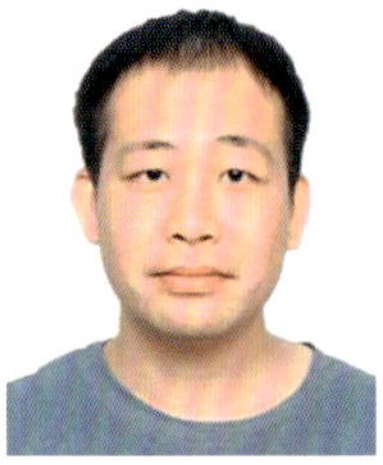

参赛单位：唐山市规划建筑设计研究院

建筑：杨　飞

结构：齐雪妍

● 作品介绍

本项目利用 BIM 技术进行正向设计。

方案阶段借助 BIM 软件进行可视化的方案模拟，包括模拟现有场地条件，合理组织道路交通，建筑功能分区规划及各功能房间布置，外立面效果展示等，更加直观地对方案进行展示。

在概念方案模型上完成建筑、结构专业施工图设计，确认无规范性错误并对细节进行推敲，完善设计方案。

施工图出图阶段：在 BIM 软件中进行平立剖图、详图大样、设计说明等图纸设计内容绘制，对建筑、结构模型细部构造进行完善，补充明细表工程量统计。

● 交通组织设计

总图交通组织展示：按照要求，设置两个出入口，以老楼正对的路为主要出入口，新建社区卫生院平行于院区主要道路并且将主出入口开向主要道路，在基地主要道路出入口处布置停车位；在新老楼之间设计次要出入口，基地道路呈“L”形布置，方便新老楼之间联系；在新楼的主出入口处，设计机动车停靠平台，二层设计雨篷。

交通组织说明：建筑单体以门厅为主要出入口，通过水平走廊联系平面功能，以两侧楼梯和中间的电梯为主要竖向交通，方便上、下楼层联系；首层两侧开疏散门，满足防火要求。

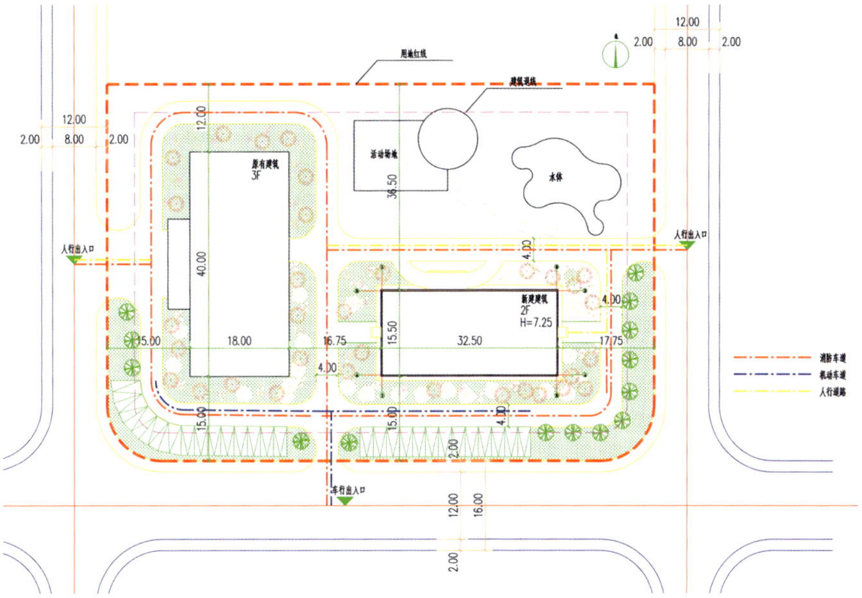

● 建筑功能分区

一层主要分为两大区域，西侧靠近老楼部分为医护办公区，东侧为急诊区域，两区之间通过疏散门分隔开。北侧偏中部的门厅为主要入口，布置挂号收费处和电梯，方便水平和竖向交通的展开。楼梯设置在建筑两侧，满足建筑疏散要求 。

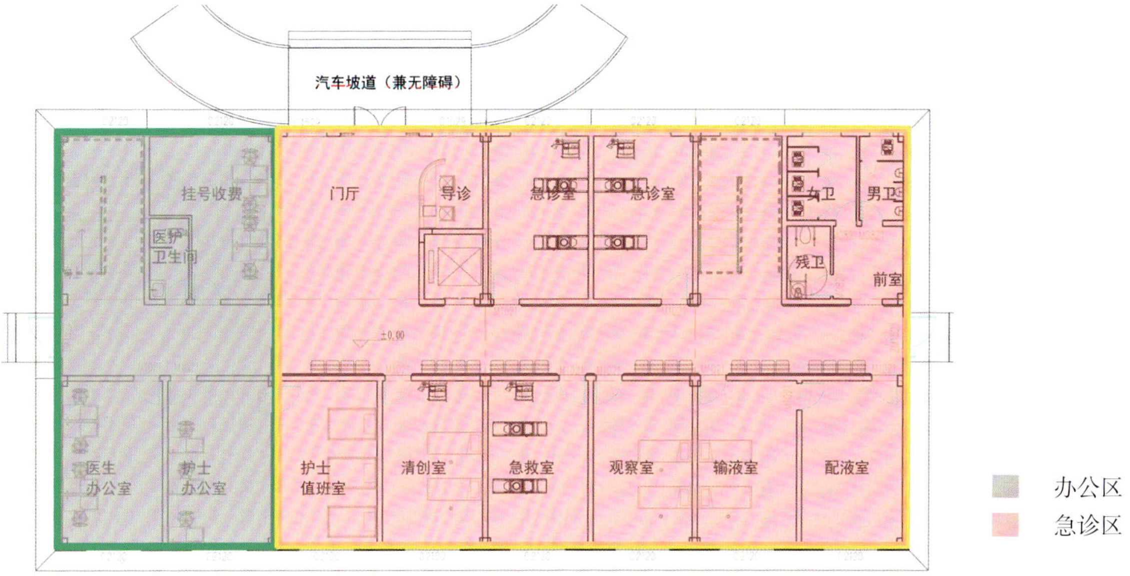

二层分为南侧的病房区和北侧的医护区，以中间的走廊为分界线，保证了病房有良好的采光。

单人病房开间为 4 m，进深为 6 m，在入口处布置卫生间，满足要求。

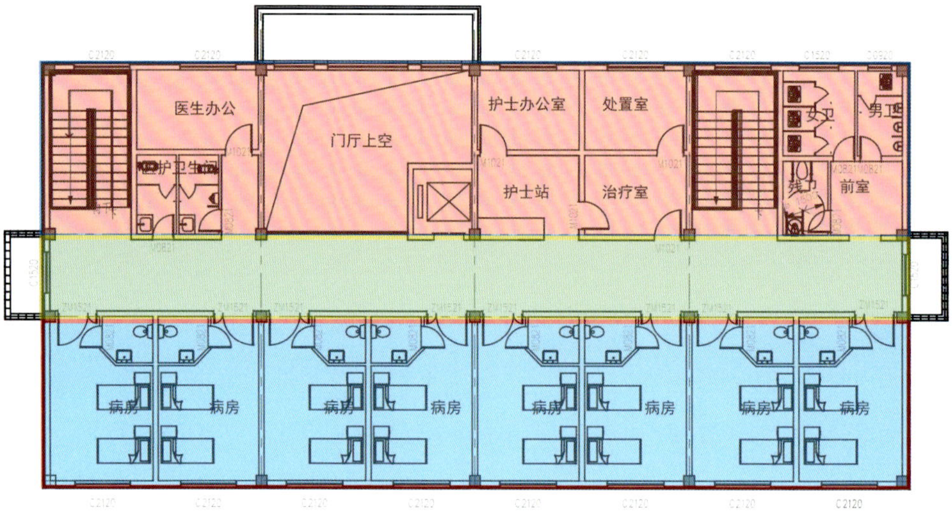

医护区

走廊

病房区

● 结构设计合理性

本项目设计原则：满足建筑功能及其他专业功能和使用要求，满足我国现行规范、标准及规程的要求，保证建筑物安全、经济、合理，保证结构体系受力明确，传力直接，有利于抗震。

本项目结构选型：结构设计以满足建筑使用功能的要求为主，兼顾平面布局、立面形式、建筑物高度、层高等多方面因素，选择符合各方面要求的结构形式；根据现有建筑方案布局和抗震设防标准，本项目采用钢筋混凝土框架结构体系，楼屋面采用钢筋混凝土主次梁楼盖体系。

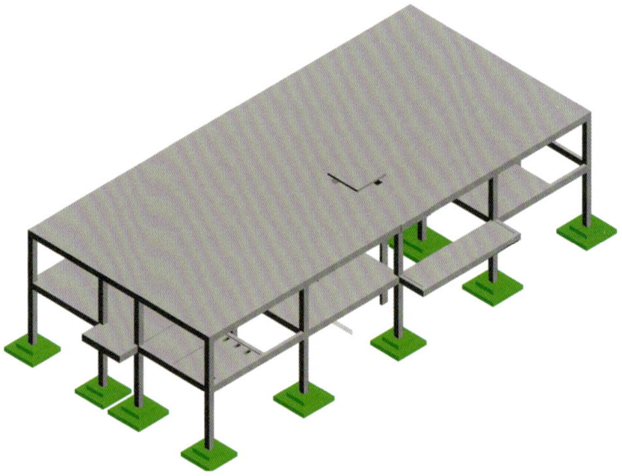

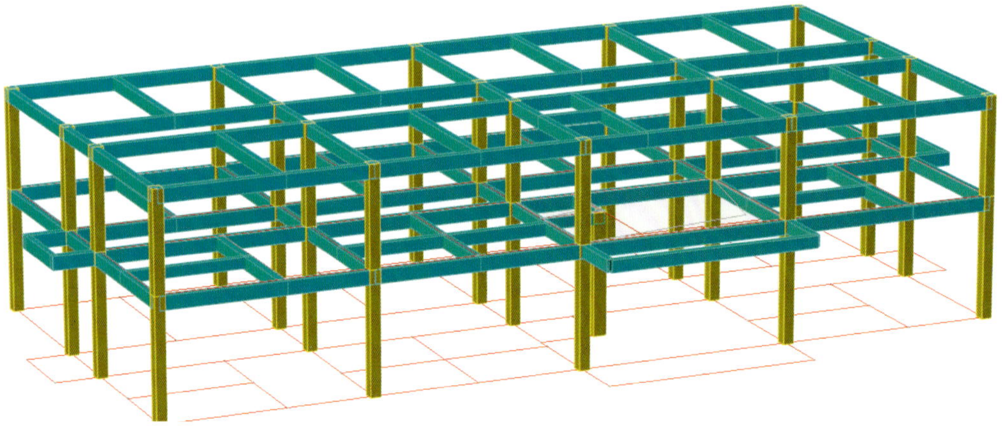

建筑物结构分析采用 REVIT-YJKSForRevit-2020V2.0.3 及盈建科（YJK Structure）2.0.3 版系列软件计算。各项抗震指标均控制在规范限值以内，建筑物安全可靠。尽量减少结构构件尺寸，既最大限度给予建筑使用空间，又达到设计经济合理的最优效果。

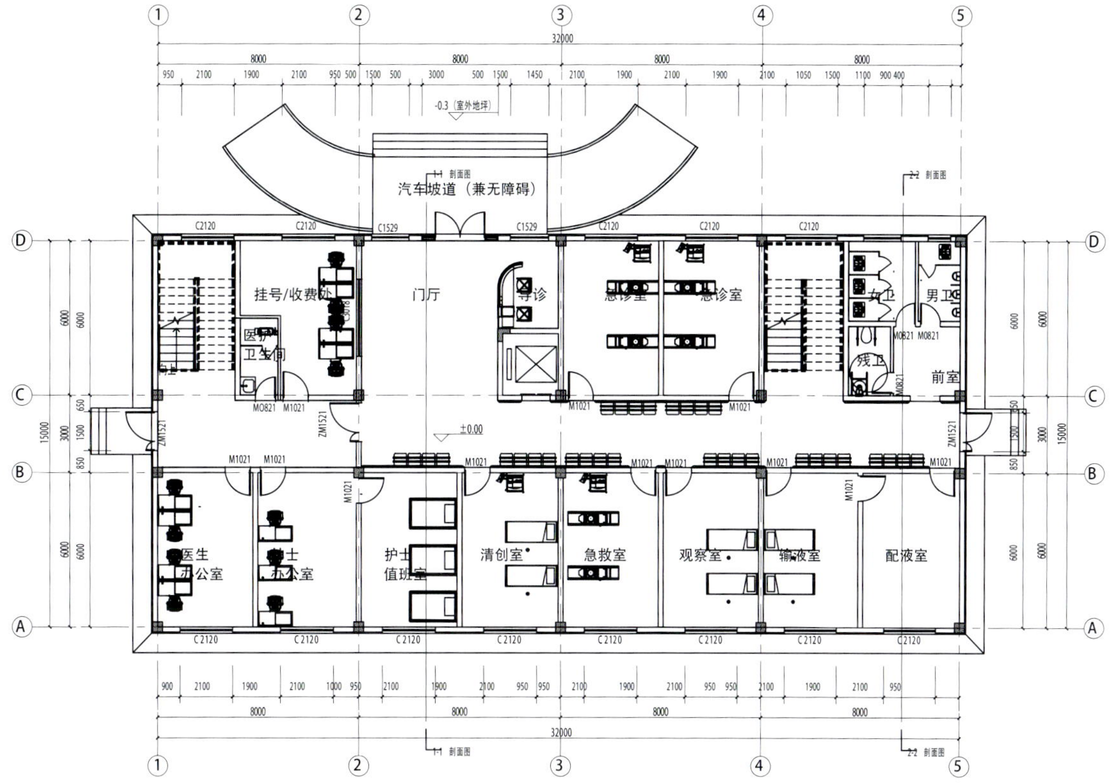
汽车坡道（兼无障碍）
挂号/收费处
门厅
导诊
急诊室
急诊室
女卫
男卫
残卫
前室
医护卫生间
医生办公室
护士办公室
护士值班室
清创室
急救室
观察室
输液室
配液室
32000
8000
15000
6000
±0.00
-0.3（室外地坪）

一层平面图

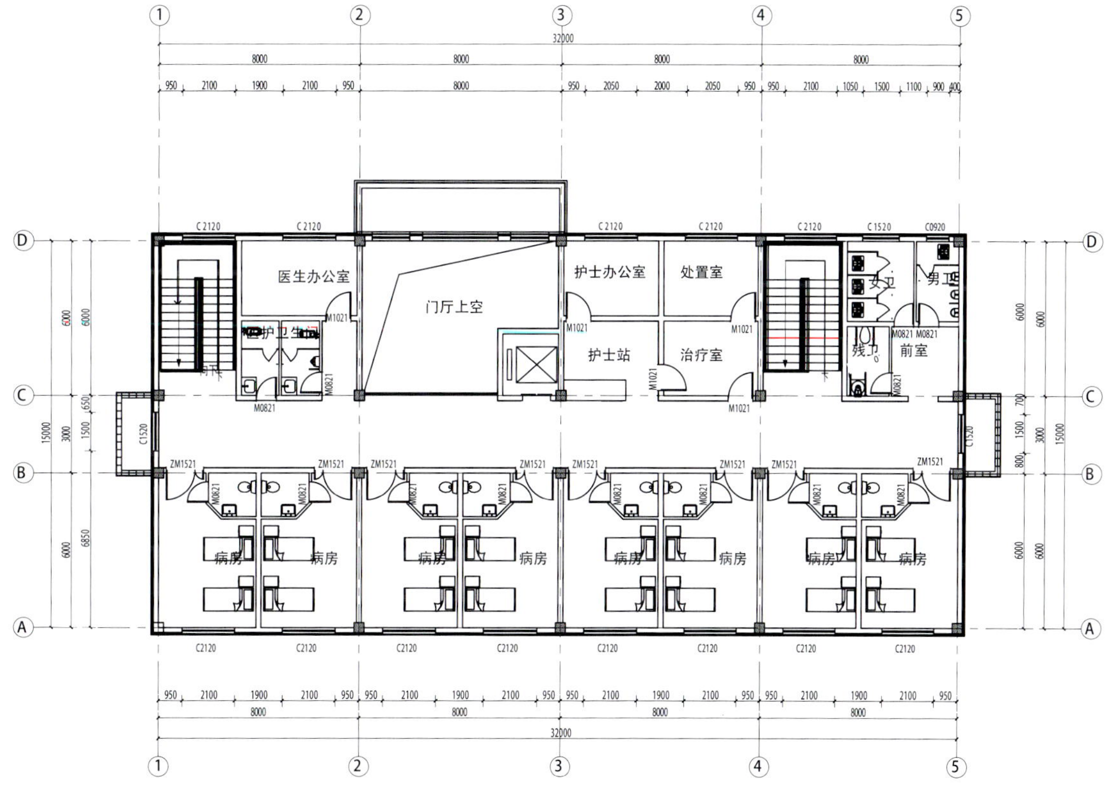
医生办公室
门厅上空
护士办公室
处置室
护士站
治疗室
女卫
男卫
残卫
前室
医护卫生间
病房
32000
8000
15000
6000

二层平面图

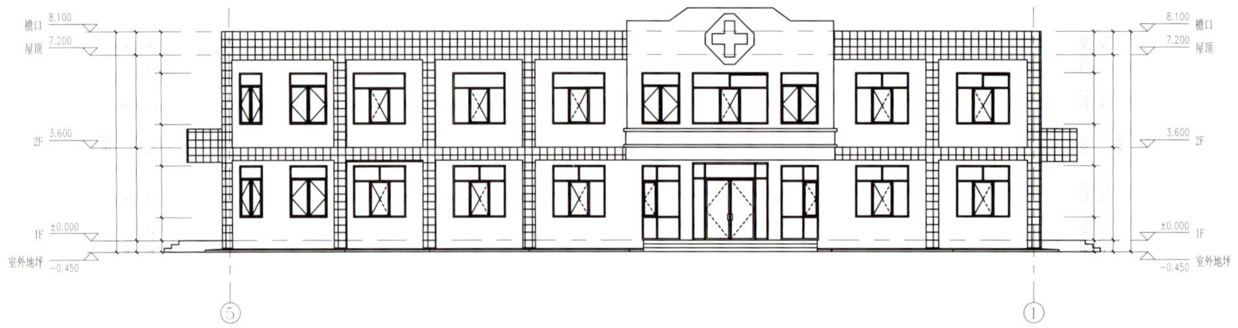

北立面图

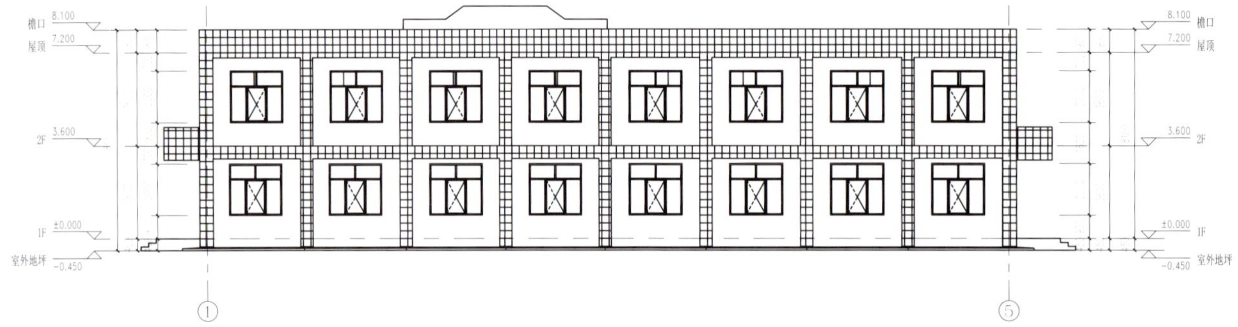

南立面图

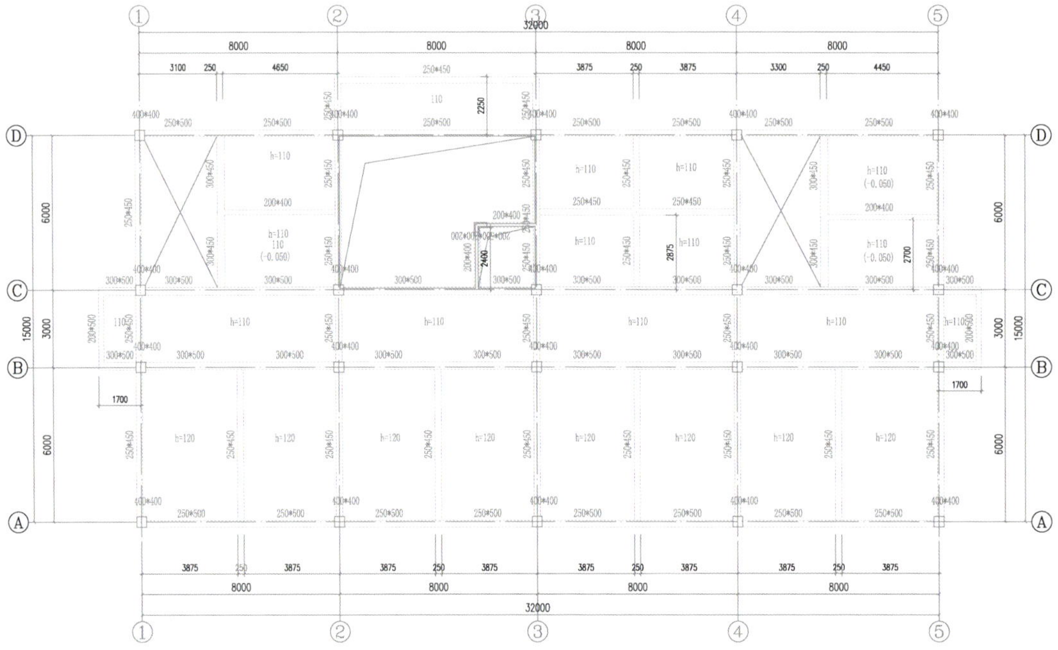

3.550 m 结构模板图

建筑：赵荣雪　　结构：刘　一

参赛单位：北方工程设计研究院有限公司

● 作品介绍

本项目从项目草图设计阶段至成果交付都是通过 BIM 三维建模软件完成的，即实现了设计信息参数化、方案优化、协同作业等，通过正向设计，减少二维设计盲区，增加了设计精准度。

本项目通过 BIM 正向设计，完成了建筑、结构专业施工图设计，通过三维模型进行碰撞检查并校验有无违反规范的问题，完成了部分节点细部构造详图等内容。通过正向设计，完成了图纸、项目说明、详图的施工图绘制，建筑墙面、门窗、梁、柱等的设计并完成明细表统计。最后，对一些设计成果，包括项目效果图、方案布置图等进行了展示。

• 交通组织设计

场地共设计两个出入口，分别为院区主出入口和次出入口。次出入口兼做污物通道，同时新建建筑的左侧出入口可作为与原有建筑联系的出入口。各功能出入口独立分设，车流从行车主出入口进入，从次出入口流出，院区内部人车分流，避免交通意外的发生。污物出口设计于北侧，便于污物运出，不会影响整个院区的环境。

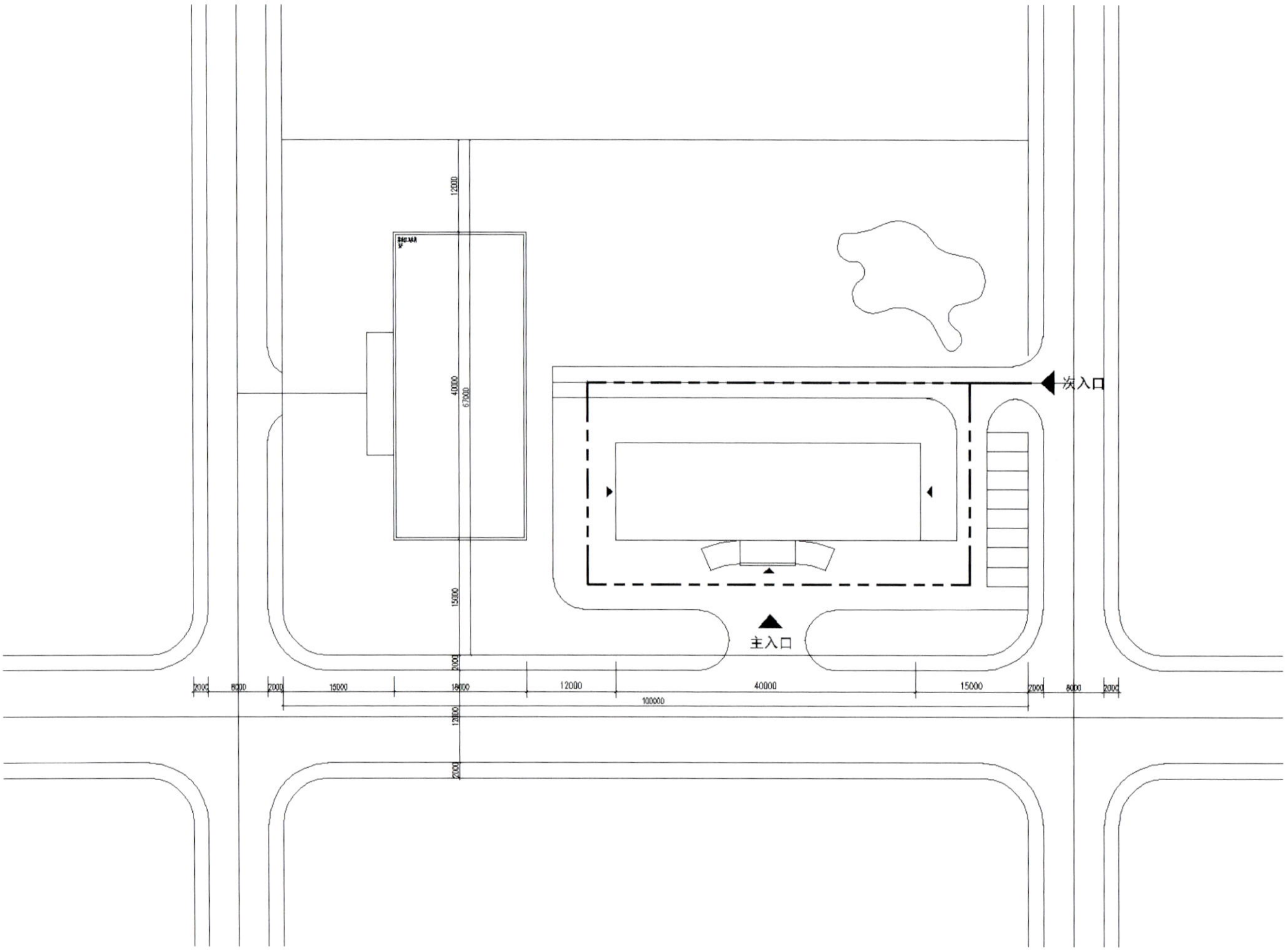

• 建筑功能分区

一层平面设置三个出入口，在主出入口处设通高门厅，增加出入口处的空间感。左侧出入口兼做污物通道，右侧出入口为医务人员出入口。主出入口左侧为急诊诊疗区，右侧为输液区及医务办公区。各功能分区之间互不交叉，又相互联系。

二层平面分为南侧病房区、北侧医护工作区。病房区设置 8 间单人病房，朝向良好，满足自然采光和通风要求。医护工作区设置护士站及治疗处置室，其与护理单元走道连通，可通视护理单元走廊。

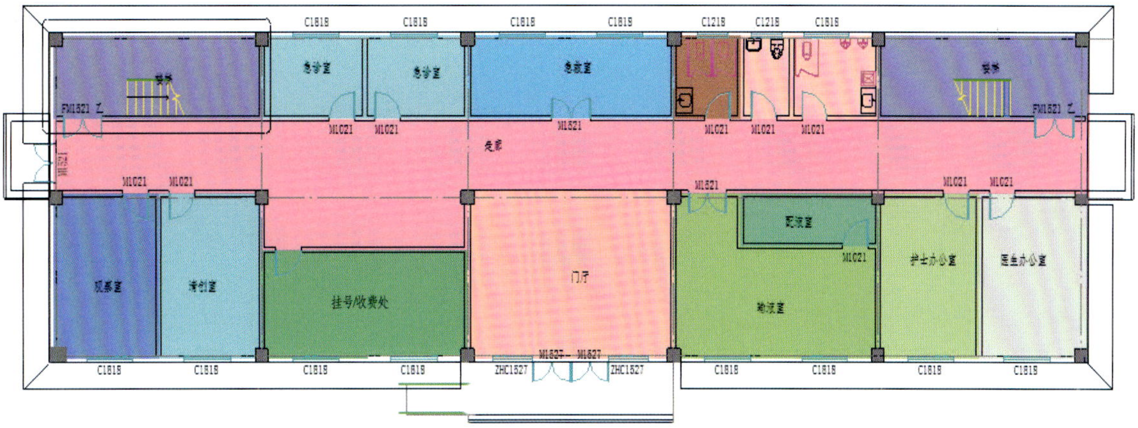

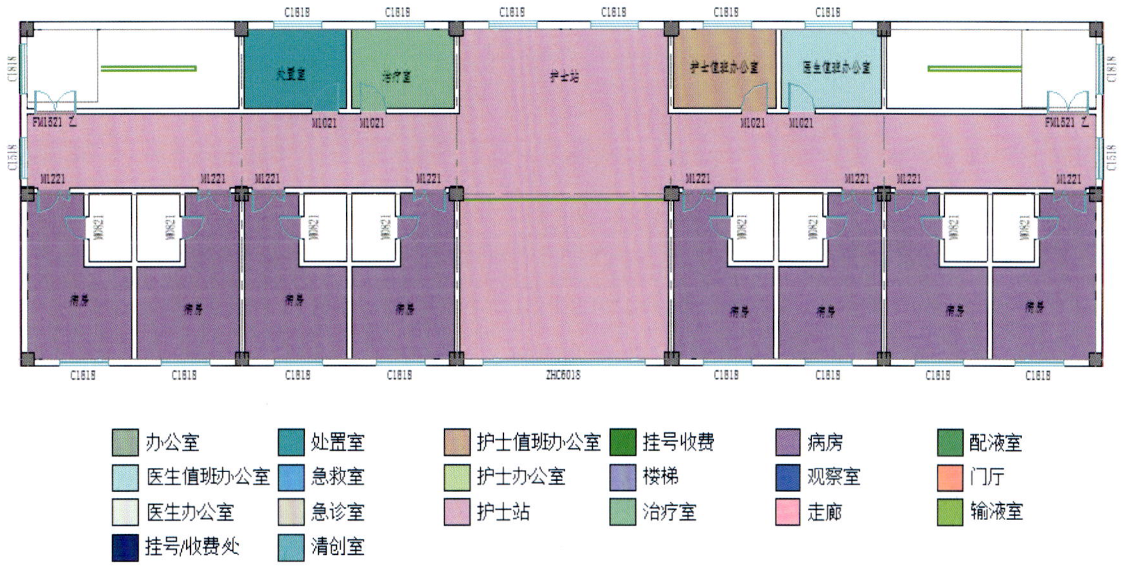

● 结构设计合理性

本建筑单体为某社区卫生院，建筑层数为 2 层，檐口高度为 7.5 m，建筑平面布置以及各功能分区详见建筑图纸。

本地区抗震设防烈度为 7 度，设计地震基本加速度为 0.1 *g*，设计地震分组为第二组，建筑场地类别为Ⅱ类。不考虑风、雪荷载。

材料选用：单体梁、板、柱、基础、楼梯等构件均采用 C30 强度等级混凝土；纵筋采用 HRB400 级钢筋，箍筋采用 HRB400 级钢筋；地下部分墙采用 MU15 烧结非黏土实心砖，M10 水泥砂浆；地上部分墙采用蒸压加气混凝土砌块，强度 A5；砂浆采用 M10 混合砂浆。

结构设计采用钢筋混凝土框架结构，采用独立基础。结构平面布置规则，传力明确。立面规则，竖向构件无刚度突变。材料优先选用高延性材料，符合抗震概念设计的基本要求。抗震设防类别为乙类（重点设防类），结构重要性系数取为 1.1。单体结构布置合理，材料市场供应充足，适宜建设。

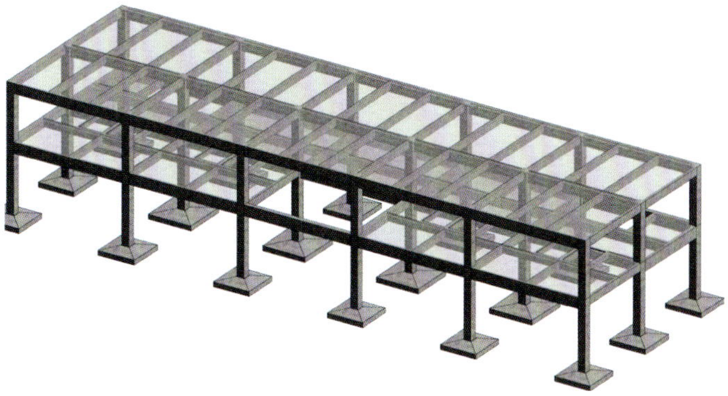

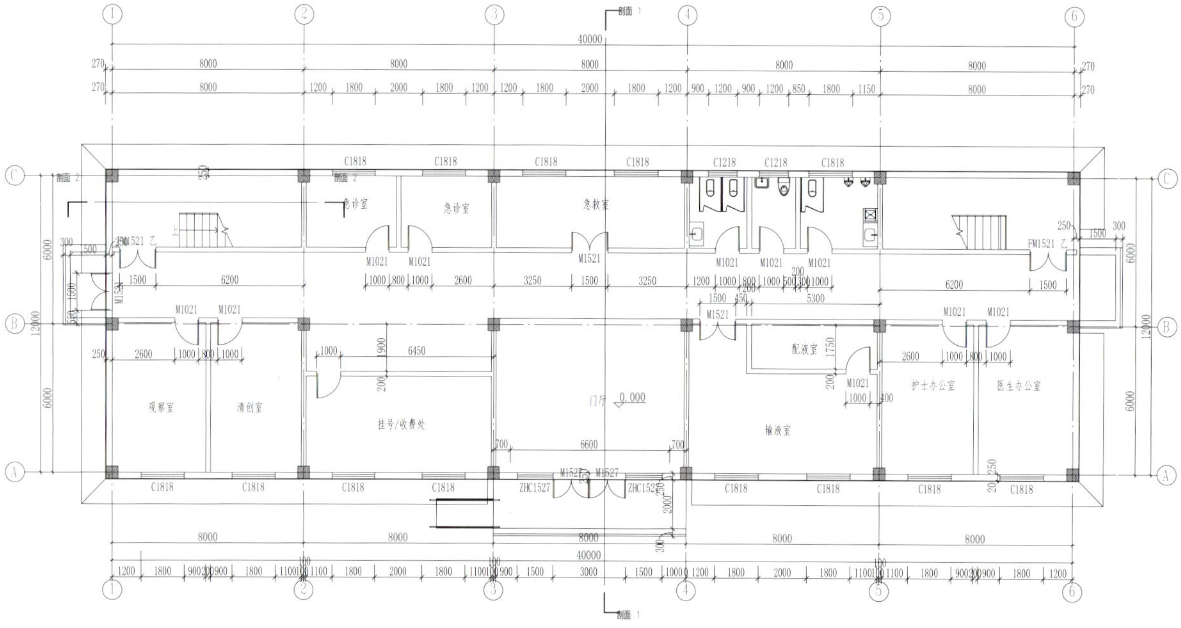

一层平面图

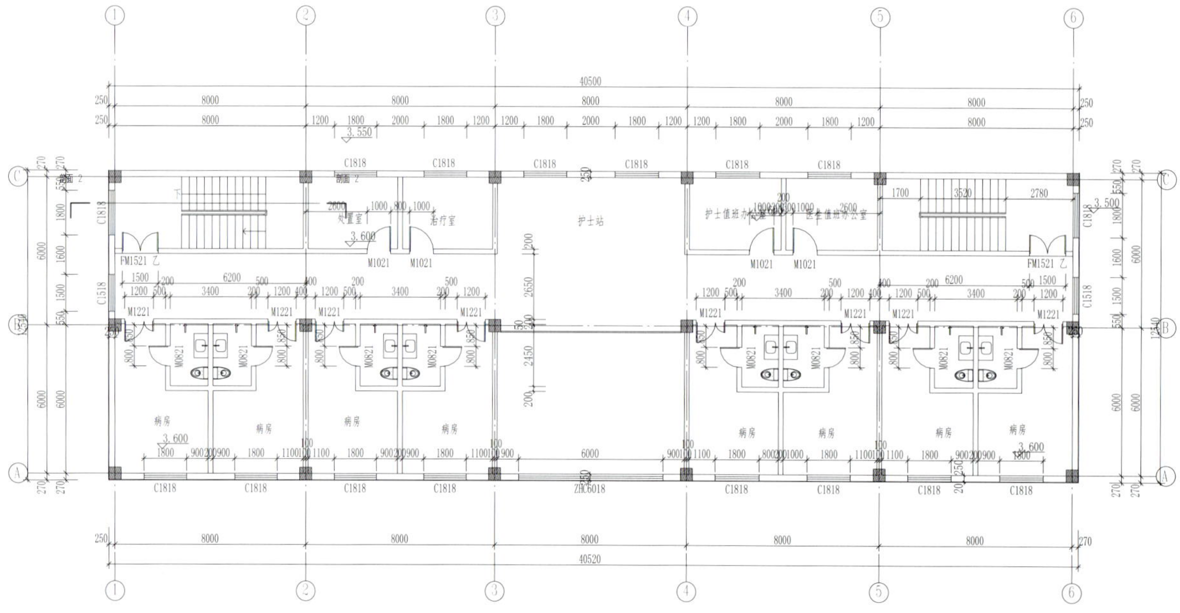

二层平面图

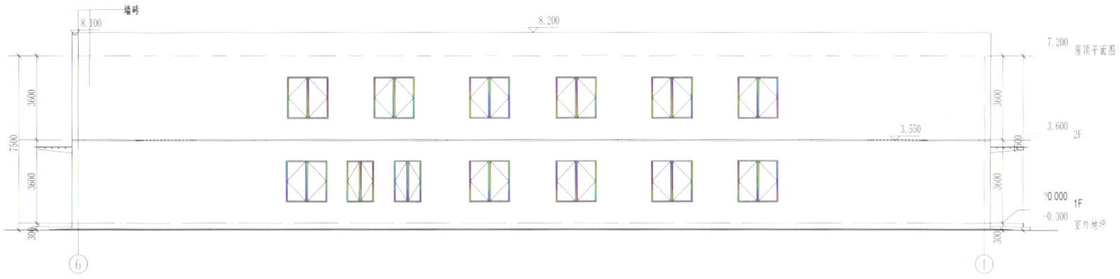

北立面图

南立面图

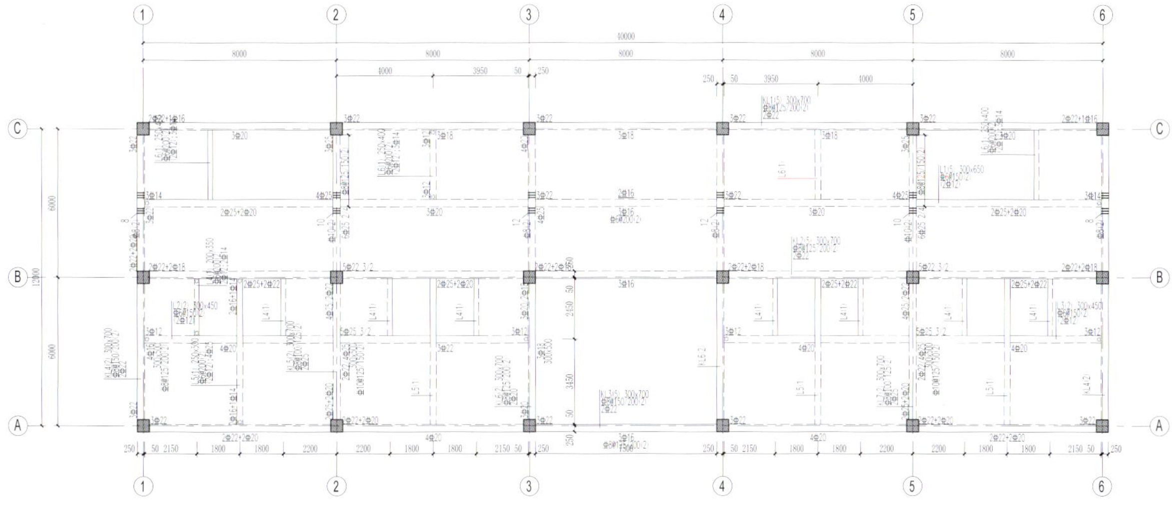

3.550 m 梁平法施工图

参赛单位： 中煤邯郸设计工程有限责任公司

建筑：缑思佳

结构：王克峰

● 作品介绍

本项目为某社区新建卫生院，建筑面积为 900 m^2，共二层。项目要求使用 BIM 技术进行方案、施工图的正向设计。

方案设计阶段：进行各个功能房间的平面布局规划，并利用可视化的 BIM 模型，直观快速地确定方案。

施工图绘制阶段：在最终确定的建筑方案模型上继续深化，完善建筑、结构专业施工图设计。专业间相互协作，排查碰撞，规范校验，完善图纸中建筑、结构的细部构造，对平立剖面进行详细绘制和标注，最终编制设计说明等图纸内容。

施工图出图阶段：插入相应尺寸的图纸图框，在各张图纸中对各个平立剖面进行排版，插入明细表等，并最终输出图纸。

● 交通组织设计

本项目为河北省某居住小区的扩建社区卫生院，总建筑层数为二层，总建筑面积约为 900 m^2，建筑层高为 3.6 m。

根据地块现状，设置两个出入口，分别位于地块的东、西两侧，地块内部道路设置环形消防车道，在新建建筑南侧设置停车场，利用基底内北侧现状水体设置卫生院内部的康养绿地，实现人员活动场所与车行路线互不干扰。

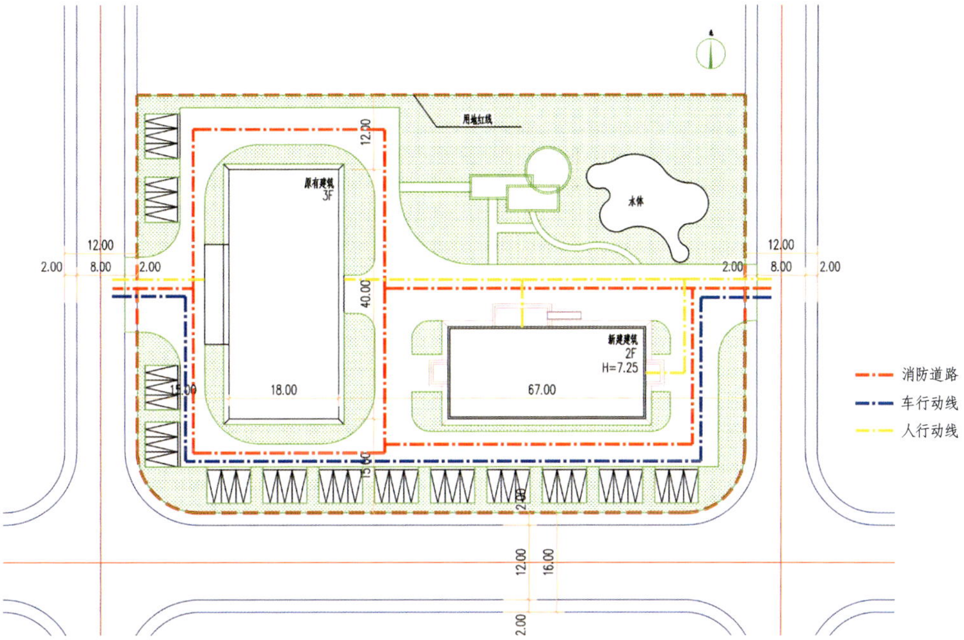

● 建筑功能分区

本项目将门厅设置在建筑物北侧，围绕门厅区域设置挂号 / 收费处、急诊室、急救室、清创室、观察室等，以便于更快地对急诊患者进行救治。

将对交通及时间的要求相对较低的输液室设在首层东侧南向。

北侧设置主要出入口，东西两侧设置次要出入口，并在东侧中间区域设置一部电梯，方便行动不便的患者到达二楼区域。

本项目二层为住院部，根据业主对于病房数量的要求，将南侧房间全部设置为病房，同时满足相关规范对病房采光的要求。护士站等医护工作区放置在北侧中间位置，方便医护人员对住院患者进行医疗救治。走廊东西两端为两部楼梯，满足相关规范对疏散的要求。

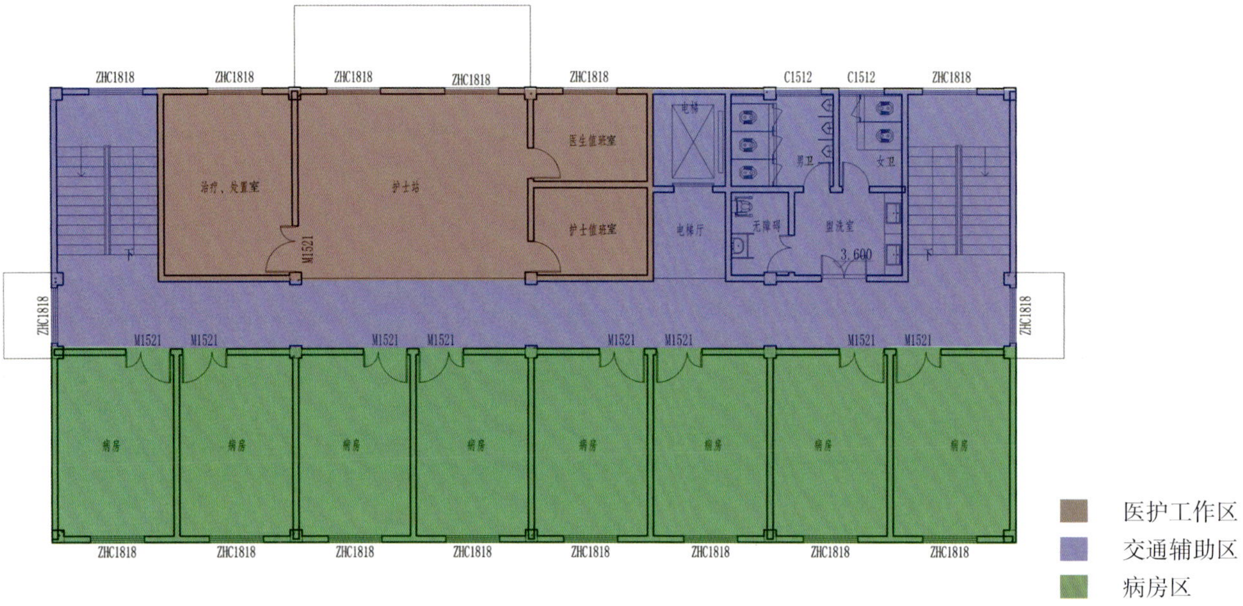

● 结构设计合理性

本建筑结构体系为二层钢筋混凝土框架结构。项目位于 7 度区（0.1 g），设计地震分组为第二组，场地类别为Ⅱ类。结构高度为 7.65 m。

考虑到社区卫生所不设置手术室，有急诊室但无急诊科，未达到二级医院的规格，所以按照标准设防类（丙类）进行设计。框架抗震等级为三级，抗震构造措施等级为三级。

本结构平面布置规则：柱网拉通对齐，柱距均匀，截面尺寸经济合理，且有利于抵抗地震作用。东西方向共 4 跨，每跨 8 m。南北方向 3 跨，跨度分别为 6 m、2.4 m、6 m。柱截面尺寸为 400 mm×400 mm，框架梁截面尺寸为 250 mm×700 mm、250 mm×600 mm。次梁尺寸多为 200 mm×400 mm。楼板典型开间跨度为 4 m，板厚为 120 mm；屋面板厚度为 120 mm，双层双向配筋。基础采用柱下独立基础，埋深为 1.15 m。地基承载力按 130 kPa 进行计算。主体结构所用混凝土的强度等级均为 C30，钢筋的强度等级均为 HRB400 级。经过 YJK 计算软件的验算，上述平面布置满足承载力极限状态和正常使用极限状态的要求。

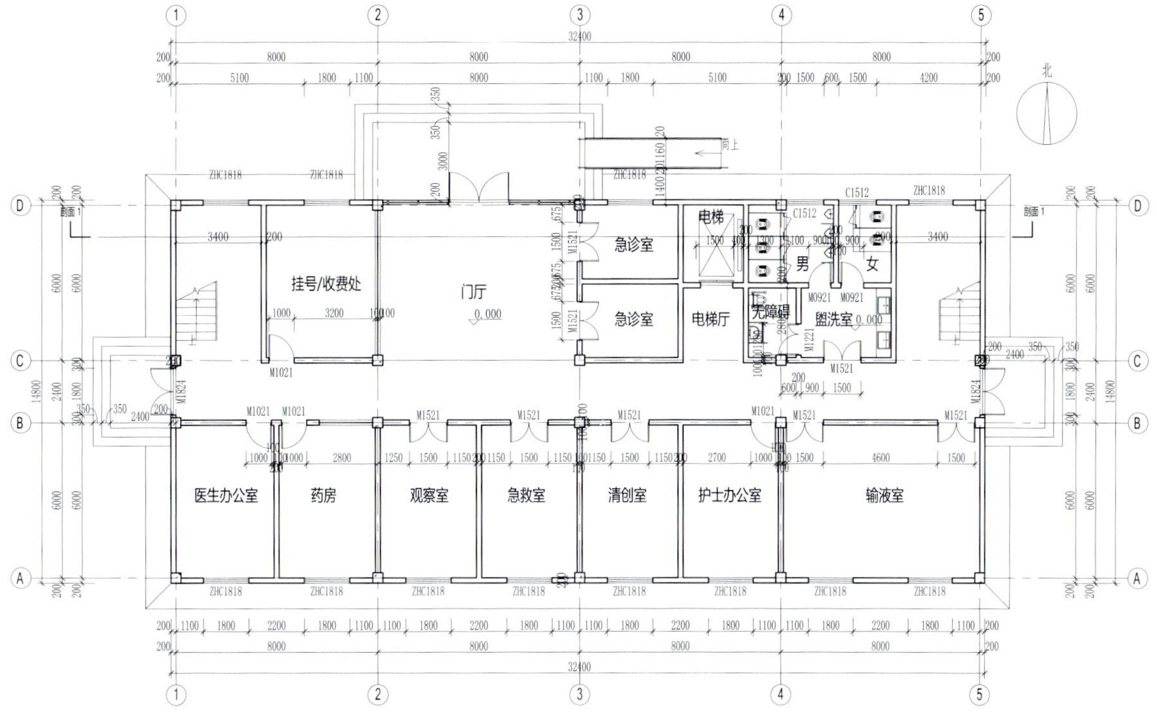
挂号/收费处
门厅
急诊室
急诊室
电梯
电梯厅
无障碍
男
女
盥洗室
医生办公室
药房
观察室
急救室
清创室
护士办公室
输液室

一层平面图

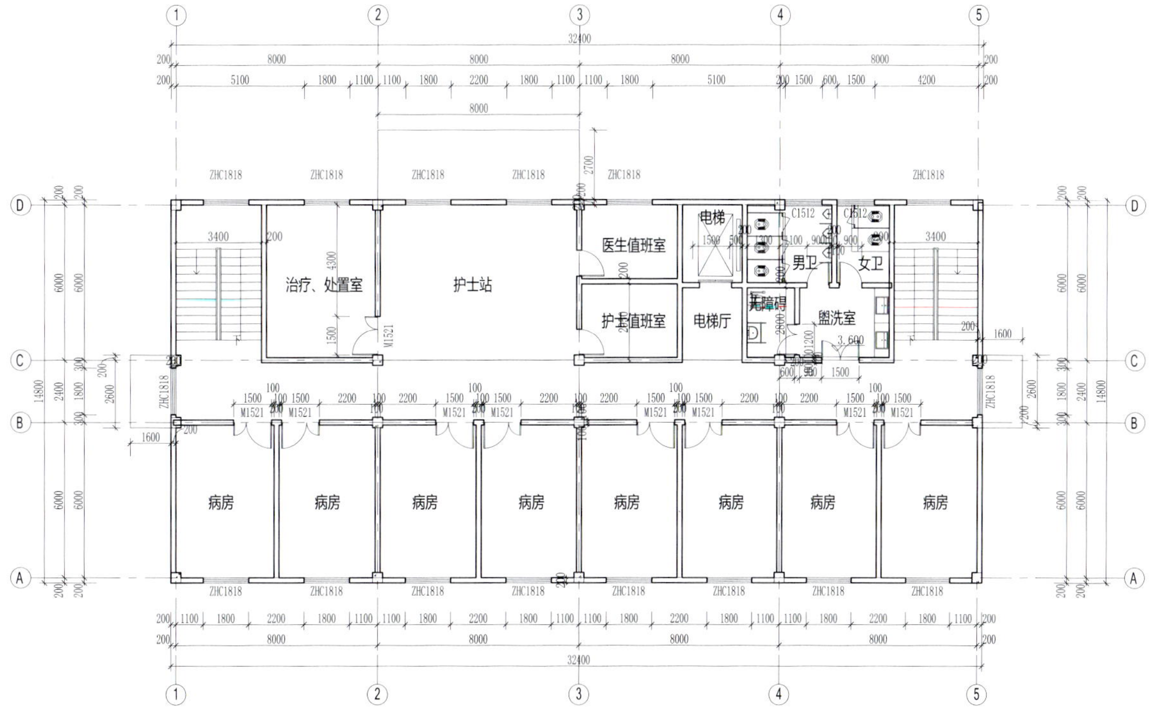
治疗、处置室
护士站
医生值班室
护士值班室
电梯
电梯厅
无障碍
男卫
女卫
盥洗室
病房
病房
病房
病房
病房
病房
病房
病房

二层平面图

南立面图

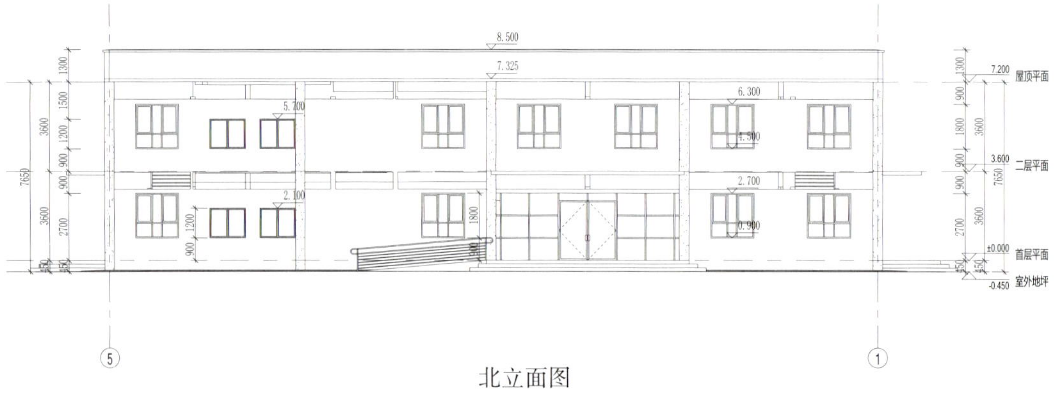

北立面图

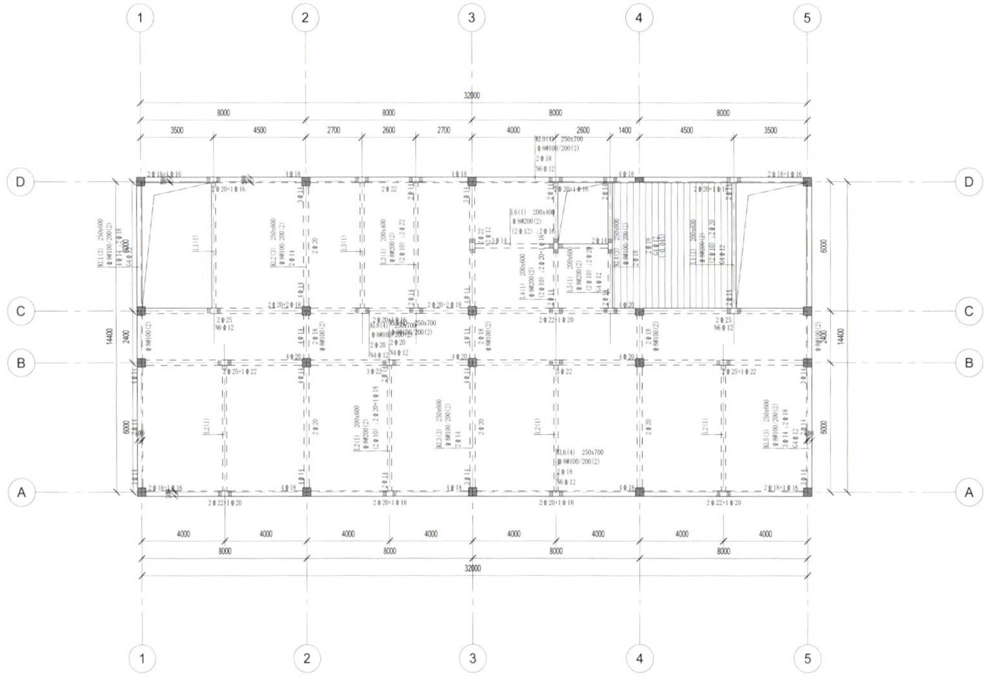

3.550 m 梁平法施工图

建筑：李　明

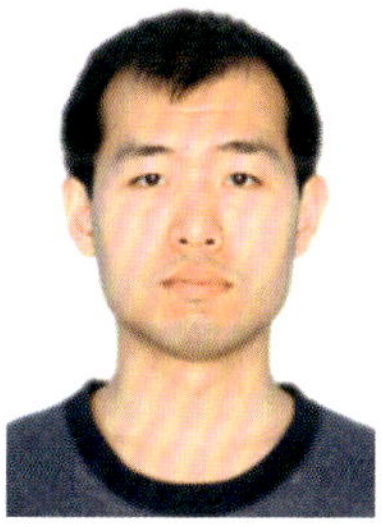

结构：马国涛

参赛单位：河北天艺建筑设计有限公司

• 作品介绍

本项目为社区卫生院建筑方案设计，通过 BIM 技术进行建筑及结构正向设计，运用 BIM 三维可视化技术展示项目设计方案、各楼层及房间功能分区，确保设计方案的合理性。同时，利用相关 BIM 设计软件进行楼层平面、立面、剖面、三维节点等图纸的绘制，并通过软件明细表功能，直接将项目相关的门、窗、混凝土用量等构件数量进行统计。

- **交通组织设计**

本项目为小型社区卫生院，建筑总层数为二层，入口中心距道路红线交叉点均大于 30 m，主出入口左后侧设置停车场，左侧有救护车专用通道，右侧为疏散通道；院内部设施完善，住院环境舒适。

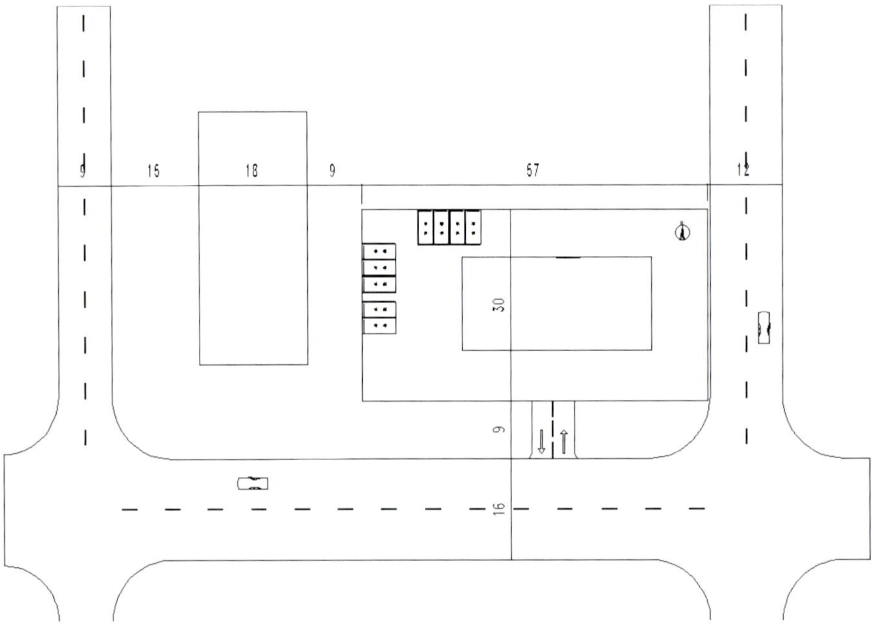

- **建筑功能分区**

一层平面布置：主出入口门厅区域左侧为医护办公室、卫生间等，其他区域为急救室、急诊室、输液室、观察室等。首层设置三个出入口，南侧为主出入口，西侧为救护车通道，东侧为疏散口。

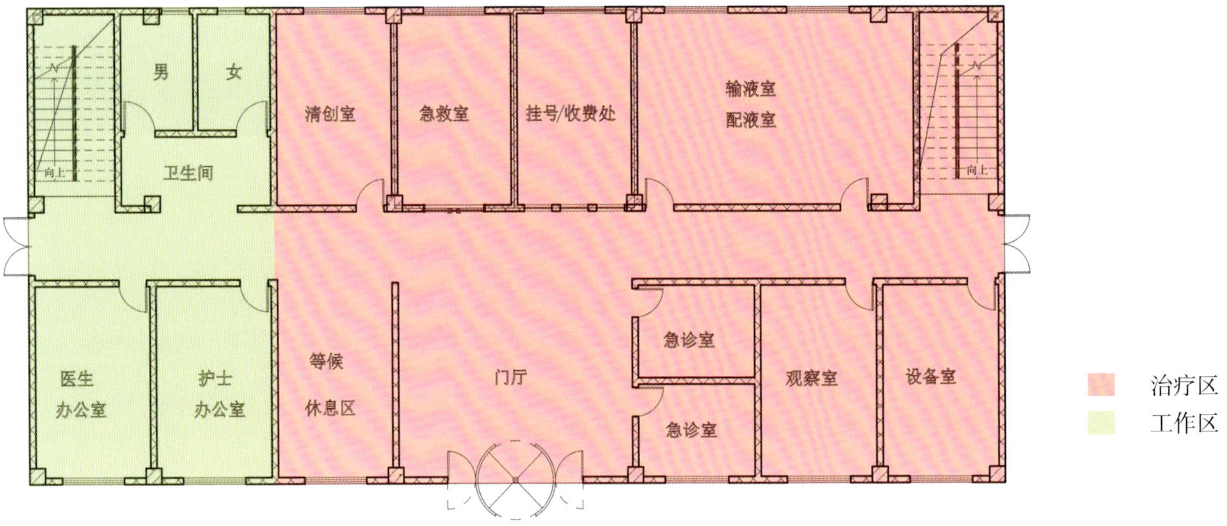

二层平面布置：南侧房间全部为病房，可以满足采光等要求，北侧为护士站及护士值班办公室等，通往病房路程较近，医护人员可以快速对患者进行治疗。

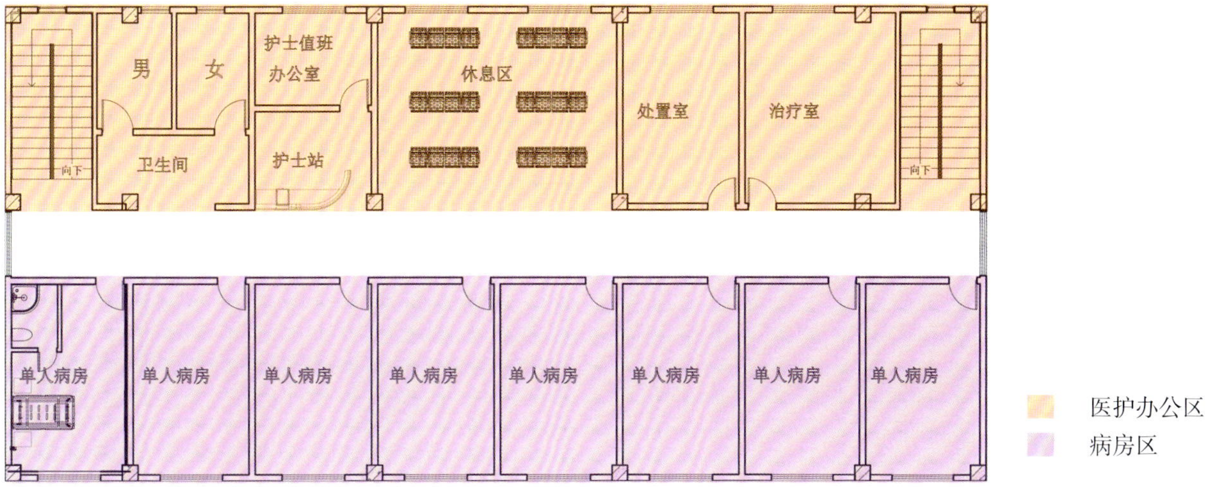

● 结构设计合理性

本项目为居住区内扩建的一小型社区卫生院，其中地上两层，层高为 3.6 m，建筑高度为 7.2 m。本工程设计使用年限为 50 年，抗震设防烈度为 7 度，地震分组为第二组，设计基本地震加速度为 0.1 *g*，场地类别为Ⅱ类，不考虑风、雪荷载。

本工程结构采用现浇混凝土框架结构，结构主体均采用现浇结构，基础采用柱下独立基础，结构主体梁、板、柱均采用现浇结构。内外隔墙均采用轻质加气混凝土砌块。根据相关规范要求，抗震设防类别为重点设防类，框架抗震等级二级。材料强度：混凝土为 C30, 钢筋为 HRB400。

本项目柱距及房间分布设置符合设计规范和使用原则，柱网布置满足建筑房间的使用功能需求。

本项目侧重方案概念设计及功能使用要求，设计平、立面布置规则时，充分考虑患者的就医环境和医务人员的办公环境，力图打造一个优质的社区卫生院。

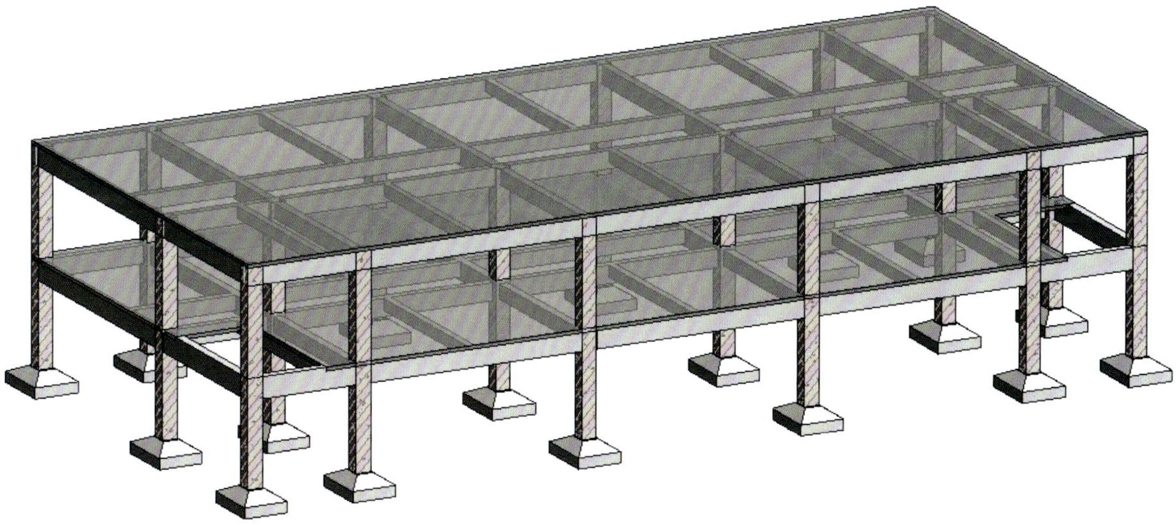

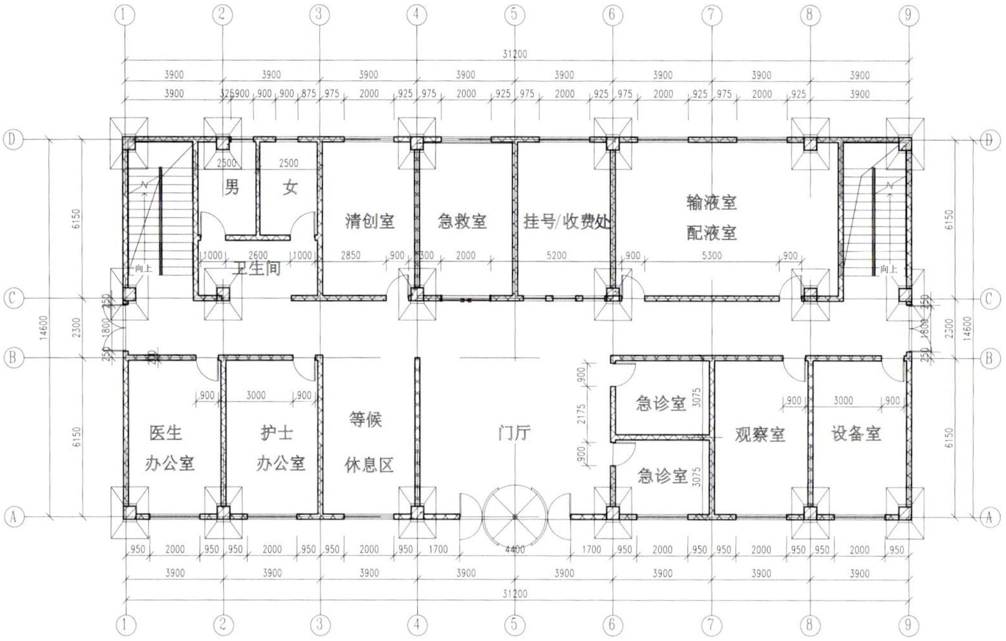
男
女
卫生间
清创室
急救室
挂号/收费处
输液室
配液室
医生
办公室
护士
办公室
等候
休息区
门厅
急诊室
急诊室
观察室
设备室
向上
向上
31200

一层平面图

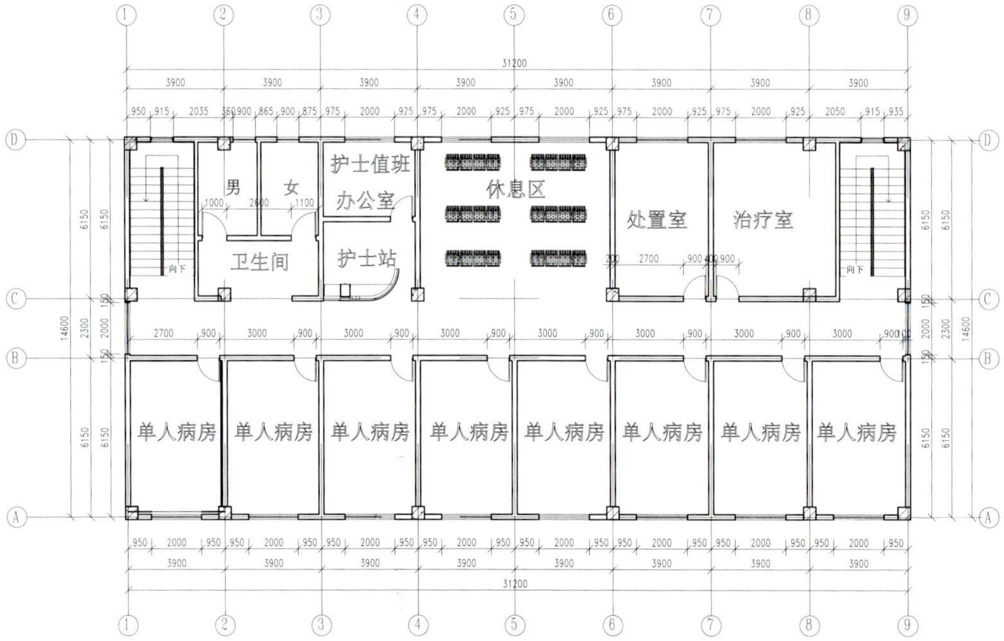
男
女
卫生间
护士值班
办公室
护士站
休息区
处置室
治疗室
单人病房
单人病房
单人病房
单人病房
单人病房
单人病房
单人病房
单人病房
向下
向下
31200

二层平面图

南立面图

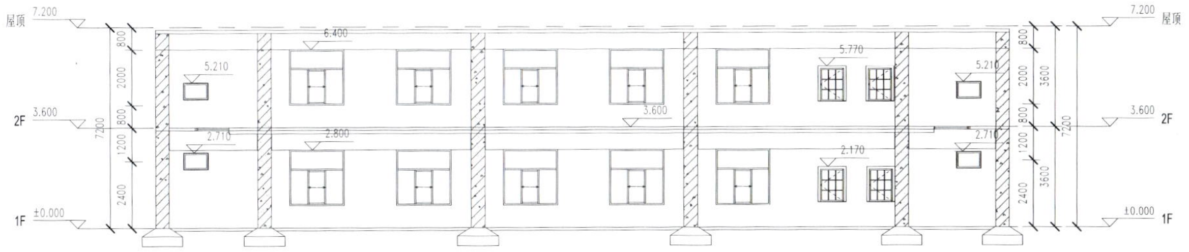

北立面图

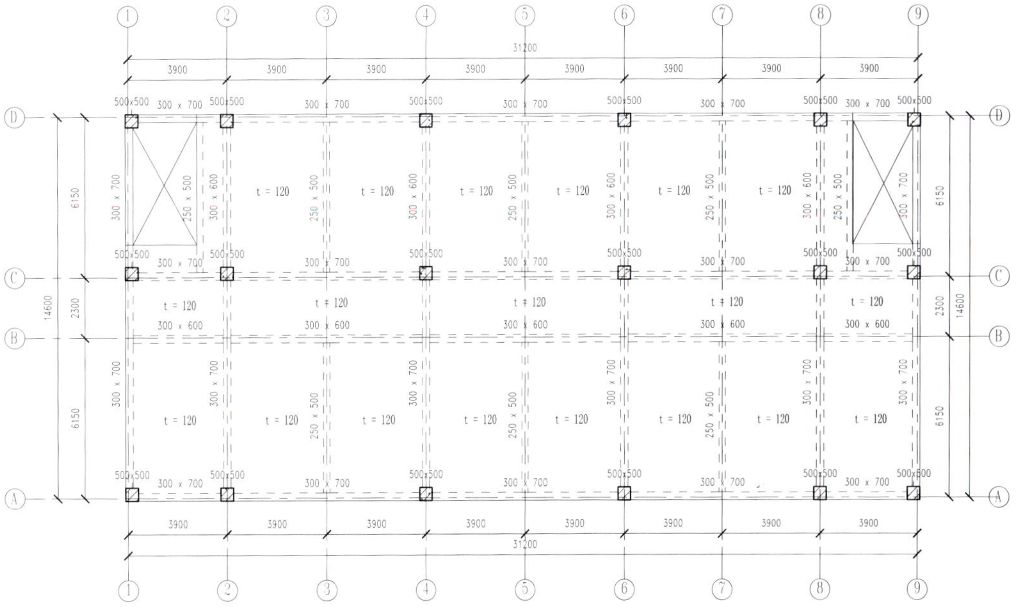

7.200 m 结构模板图

参赛单位：北方工程设计研究院有限公司

建筑：白　杰

结构：王尚麒

● 作品介绍

在第一届河北省“建勘杯”职业技能竞赛上，设计者利用 BIM 正向设计完成了某社区卫生院的设计。BIM 正向设计的初衷是从方案设计阶段就采用三维建模，BIM 信息不断传递，下游单位将模型作为生产和施工的依据一直延续到交付阶段。所以建筑行业彻底的“BIM 化”，源头在设计。正向设计有明显的优势，利用 BIM 多软件协同的特点，一个模型可以在不同软件间进行日照、能耗、疏散、消防、结构计算等多方面的分析。不同设计人员可以在一个模型上进行实时协作，模型不仅可以表达图形，还能传递属性，图纸不过是模型的一种导出格式。

本项目的 BIM 正向设计内容包括：方案设计、建筑施工图设计、结构施工图设计、明细表绘制、效果展示。

● 交通组织设计

本项目依托社区卫生院原有建筑扩建二层建筑一栋，场地东侧、西侧和南侧三面临城市道路，在场地南侧设置人行主出入口，场地东侧设置车行出入口，并在车行出入口一侧设置机动车停车位，以实现人车分流、互不干扰的目的。南侧人行出入口正对社区卫生院的主出入口，方便患者就诊。两处出入口中心距道路红线交叉点均大于 30 m，满足设计要求。

新建社区卫生院为正南北朝向，病房全部置于二层南侧，以争取最好的通风采光效果。在二层东北角设置露台，朝向湖面景观，有效地利用了环境条件。

建筑四周临路，机动车道宽为 4.5 m，满足消防及疏散要求。

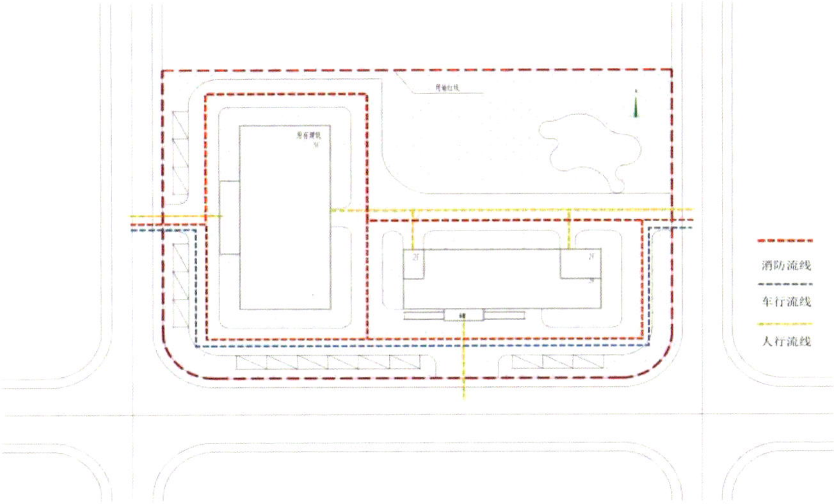

● 建筑功能分区

本项目一层建筑平面布置分区明确，功能合理，主出入口西侧为挂号收费室，并结合门厅设置等候区，门厅东侧设置急救室和清创室，为急救争取时间。门厅正对一部无障碍电梯及楼梯，方便患者到达二层病房区。

在东北角设置无障碍卫生间和男、女卫生间，一层北侧有两处出入口，方便联系内庭院湖面景观。

二层南侧房间全部为病房，满足采光通风要求，北侧中部为护士站等医护工作区域，便于医护人员迅速地对患者进行护理。

二层东北角和西北角均设置露台，合理利用景观资源，同时也可以为患者和医护人员提供交流、活动的空间。

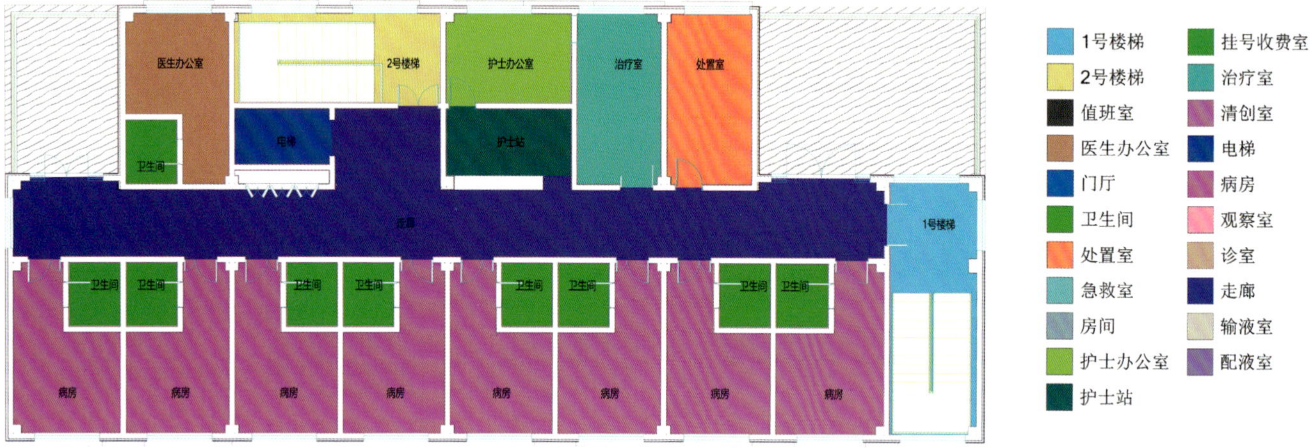

• 结构设计合理性

本项目为河北某居住区内的一小型社区卫生院，主要有观察室、清创室、急救室、急诊室等功能性区域。

抗震设防烈度等级为 7 度；设计地震分组为第二组；建筑场地类别为Ⅱ类；设计使用年限为 50 年；结构安全等级为二级；地基基础设计等级为丙级；抗震设防类别为重点设防（乙类）；主体结构类型为混凝土框架结构；框架抗震等级为二级。

设计满足建筑功能要求及其他专业功能和使用要求，满足我国现行规范、标准及规程要求，保证建筑物的安全、经济、合理，使结构体系受力明确，传力直接，有利于抗震。

本工程采用的基础形式为独立基础。地基采用天然地基，地基承载力特征值 f_{ak}= 120 kPa。

根据建筑使用功能及平面布局、立面设计、建筑物高度、层高等，各建筑单体均采用现浇钢筋混凝土框架结构。建筑的楼、屋盖均采用普通现浇梁板体系。

本项目各建筑物计算简图、受力体系与采用的计算程序相适应，结构合理，有较好的综合抗震能力。本工程设计满足规范要求，并充分体现概念设计的特性。设计安全可靠，经济合理。

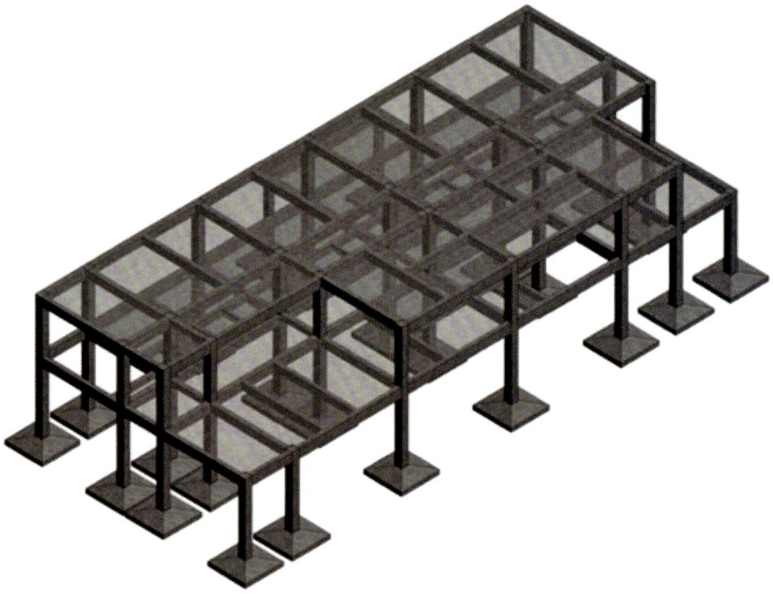

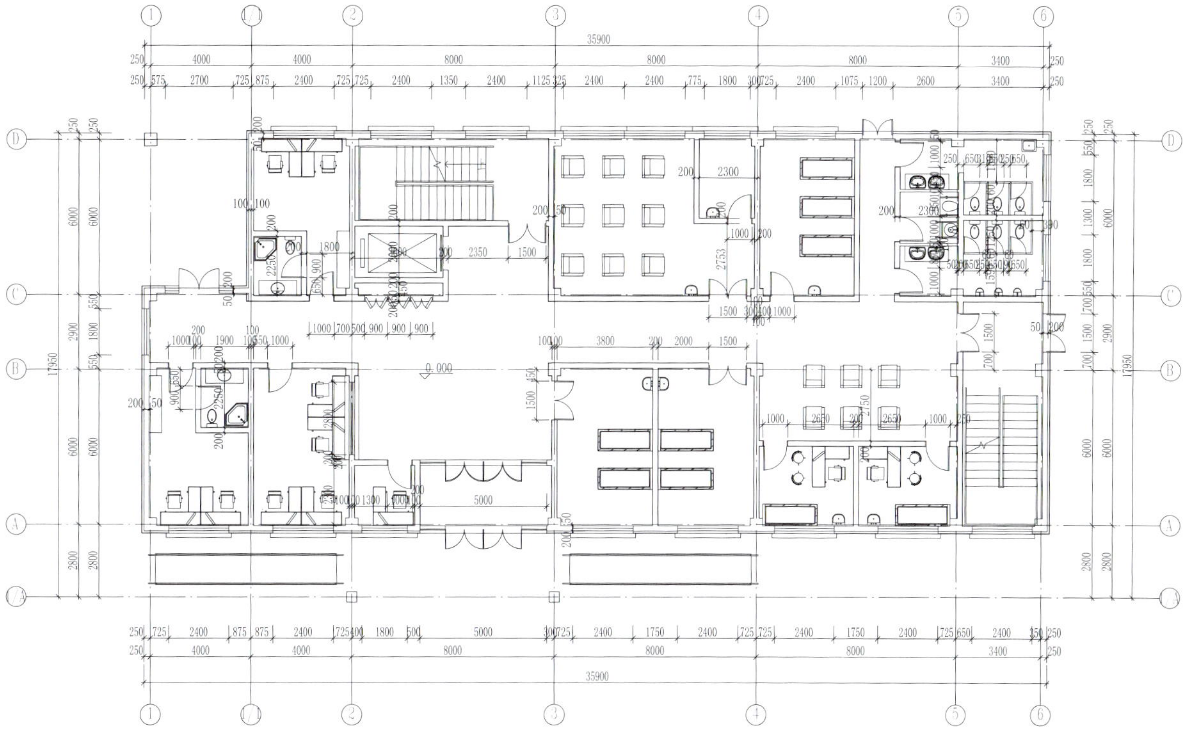

一层平面图

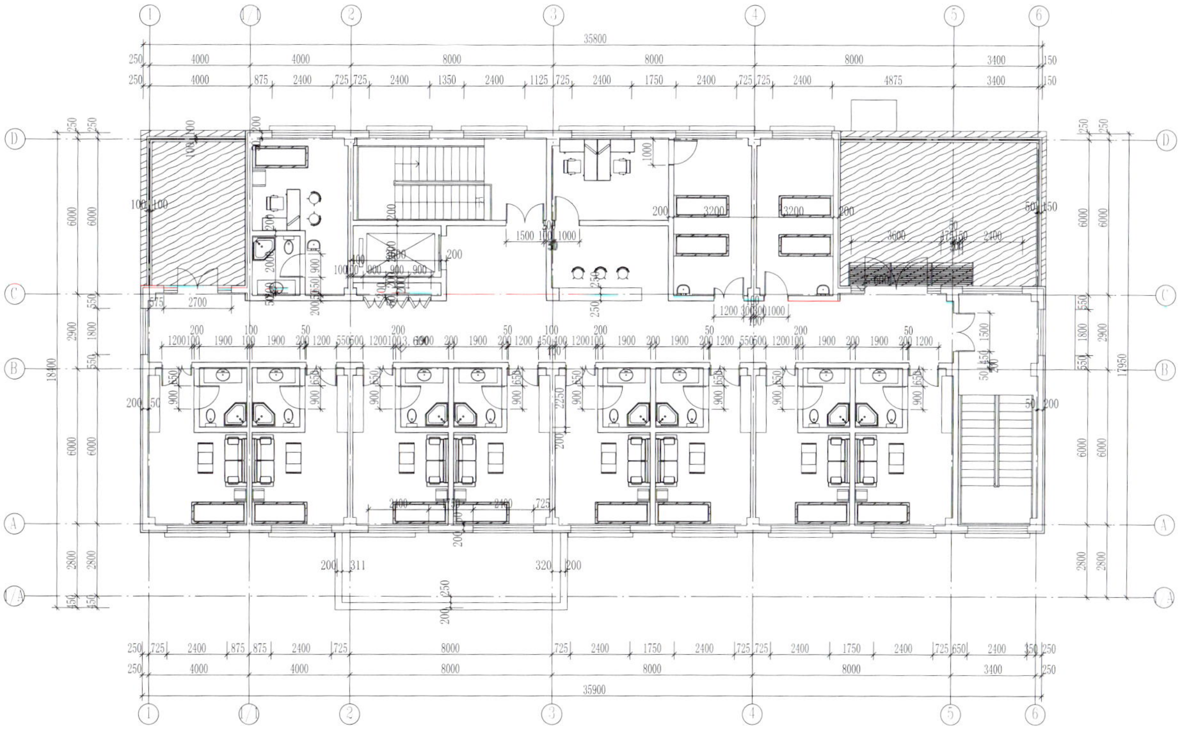

二层平面图

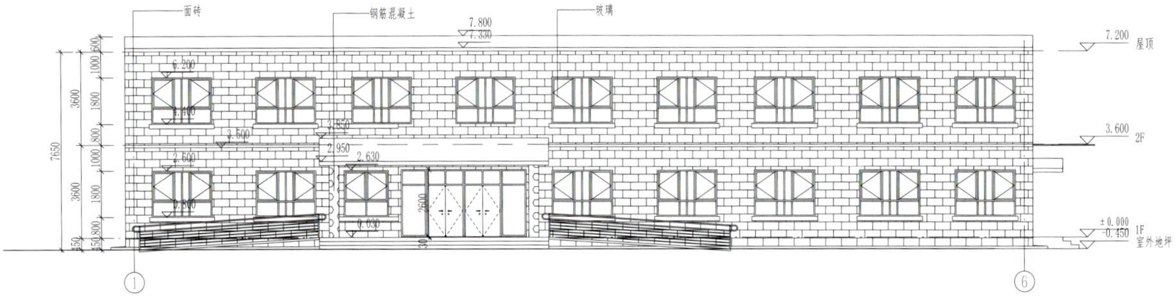

南立面图

北立面图

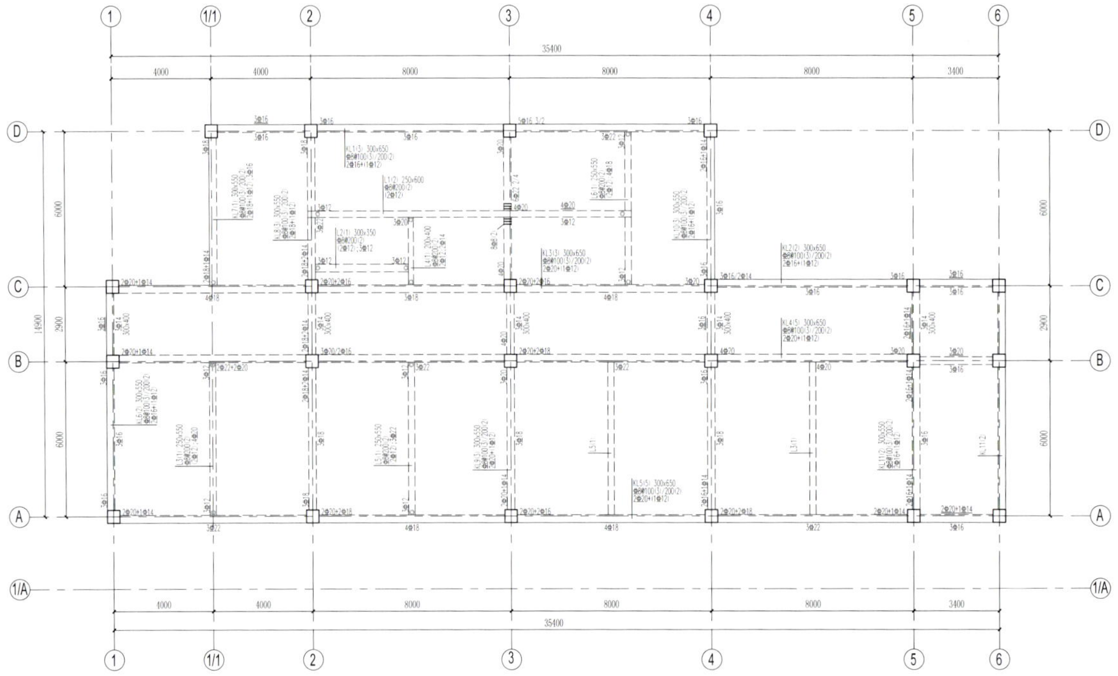

7.200 m 梁平法施工图

建筑：商巨贾

结构：隽敬东

参赛单位：保定市建筑设计院有限公司

• 作品介绍

本项目位于河北某居住区一小型社区卫生院院区内，该社区卫生院担负着向全社区居民提供医疗保健服务的任务。本项目的建设是为了改善医疗环境和布局，满足医疗卫生事业发展的需要。随着社会进步及医疗卫生事业的发展，人民群众对医疗服务的要求越来越高，各级医疗管理机构对医院的管理、服务及发展也提出了越来越高的要求。随着社区的发展，入住人口的增多，相关医疗卫生设施并没有同步增加，造成了居民就医不便的现状，该社区卫生院的现有设备和设施状况不能满足群众的就医需求。现在该社区卫生院内新建一栋二层急诊病房楼。本项目的建设可以从根本上解决该社区卫生院存在的医疗急救基础设施薄弱、医疗设备和设施陈旧老化、医疗器械得不到即时补充和完善的难题，能够满足居民在社区内看病就医的需求，保障人民身体的健康，促进社会的和谐发展。

• 交通组织设计

总平面规划按医院设计要求及项目任务书进行，同时满足周边日照、消防、退距等要求。建筑场地内共设置两个出入口，沿南侧主路设置主要出入口，沿东侧次路设置车行 / 后勤出入口。新建急诊病房楼的主出入口面向南侧主路设置，出入口与院区大门之间形成医院入口广场，方便人员集散。

本项目建筑总层数为二层。建筑南侧退用地界线 17 m，东侧退用地界线 21.5 m，新建建筑满足消防要求，距西侧现状建筑 12 m。项目主出入口和车行出入口分别设立在两条马路上，入口中心距道路红线交叉点均大于 30 m，满足设计要求。

在用地主出入口与车行出入口附近设置停车场；在用地北侧水体附近设置集中绿化区，为患者提供舒适绿色的疗养区。

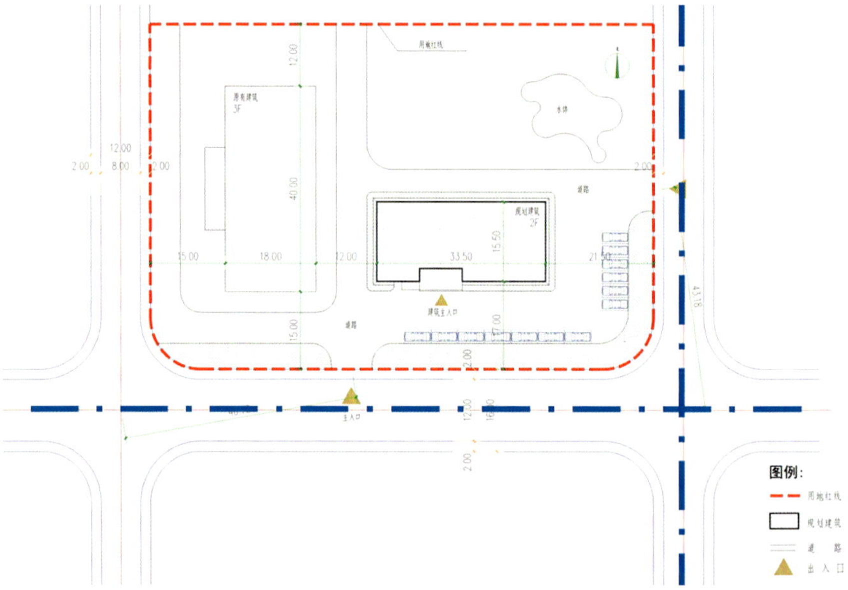

• 建筑功能分区

首层建筑平面布置分区明确，主入口门厅与急诊室、急救室、清创室、急救配套的观察室及挂号 / 收费处等有直接便捷的联系，保证急救便捷高效。

建筑东侧通过走廊连接输液室、医护办公室、公共区及患者垂直交通核等区域。

首层设置两个出入口，南侧为主入口，东侧为污物通道兼做消防疏散口。

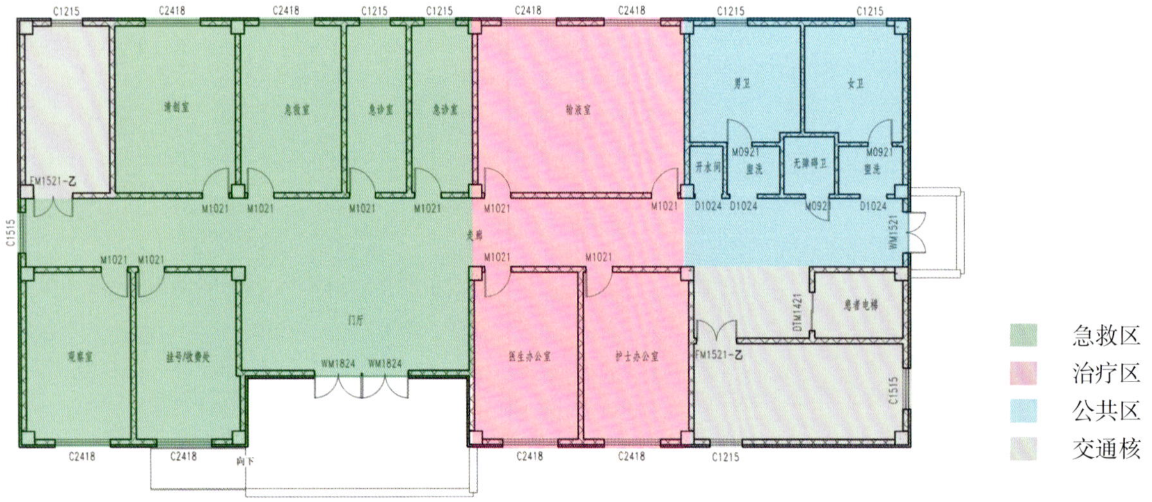

二层建筑平面布置南北两侧各四间病房，南侧可以有良好的采光通风，同时北侧可以直接面对场地景观区，为住院患者提供良好的景观视野。二层南侧中部位置为护士站和医护工作区域，便于医护人员迅速地对患者进行护理；北侧中部为医生和护士的值班室。

二层东北角设置有公共卫生间（含无障碍卫生间）及开水间，为患者日常生活提供保障；东南角设置有患者电梯和主楼梯，主楼梯宽度及患者电梯尺寸均满足要求。

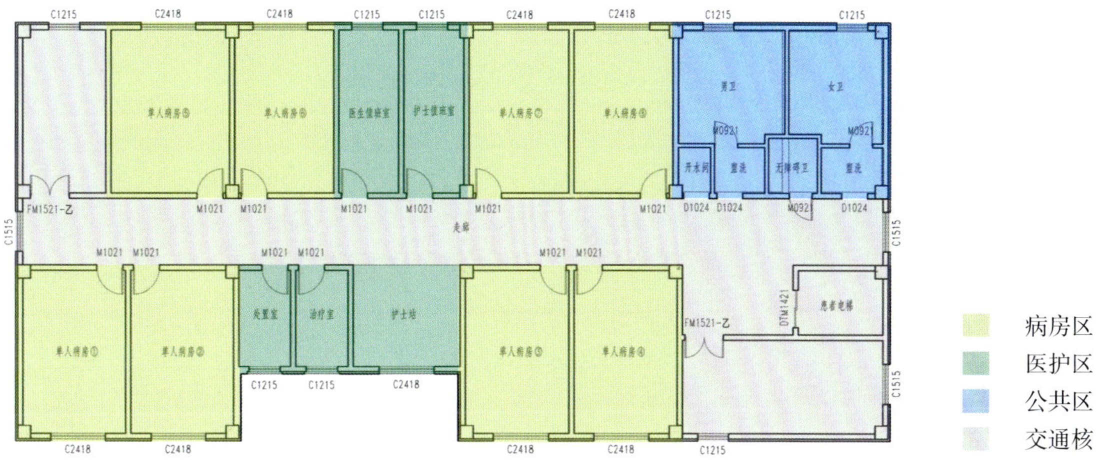

● 结构设计合理性

结构布置：本工程为地上两层，无地下室，层高均为 3.6 m，室内外高差为 0.3 m，结构高度为 7.5 m。

建筑使用功能为急诊、医护办公室及病房等。结构类型为钢筋混凝土框架结构，楼盖均为现浇钢筋混凝土梁板结构，采用天然地基，基础采用柱下独立基础，埋深为 1.2 m。本工程属于重点设防类，抗震等级为二级。建筑平面采用矩形平面，长为 33.5 m，宽为 15.5 m。建筑平面南侧局部有凹进，南北向柱网采用 6.0 m/3.0 m/6.0 m、东西向柱网采用 8.0 m/9.0 m/8.0 m/8.05 m。框架柱截面尺寸均为 500 mm×500 mm，框架梁截面尺寸为 250 mm×400 mm、250 mm×600 mm、250 mm×700 mm。

结构受力体系说明：框架结构空间分隔灵活，自重轻，节省材料；具有比较灵活地配合建筑平面布置的优点，利于安排需要较大空间的建筑结构；采用现浇混凝土框架，结构的整体性、刚度较好，能达到较好的抗震效果。

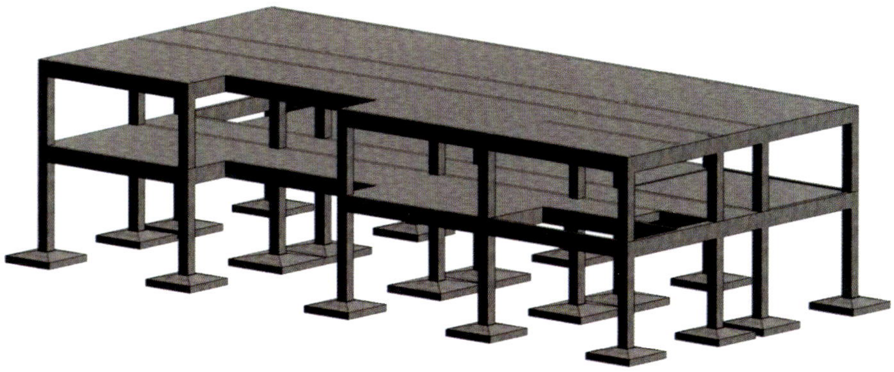

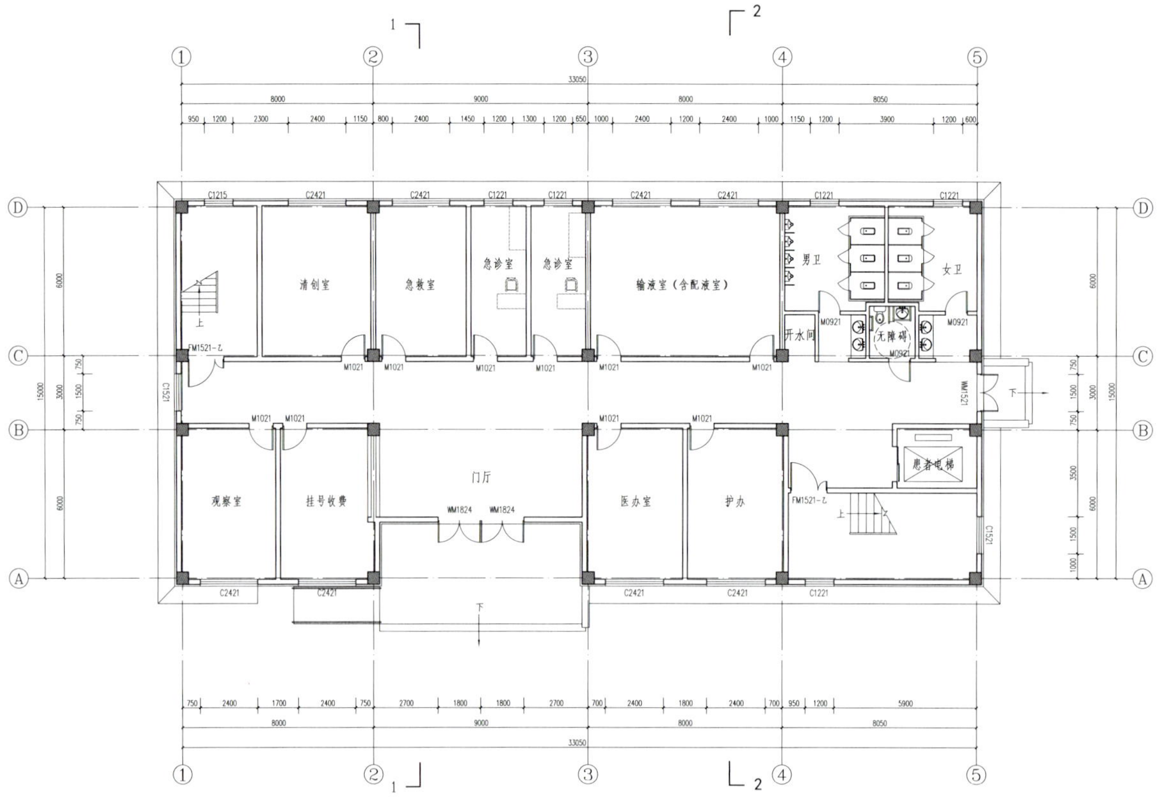

一层平面图

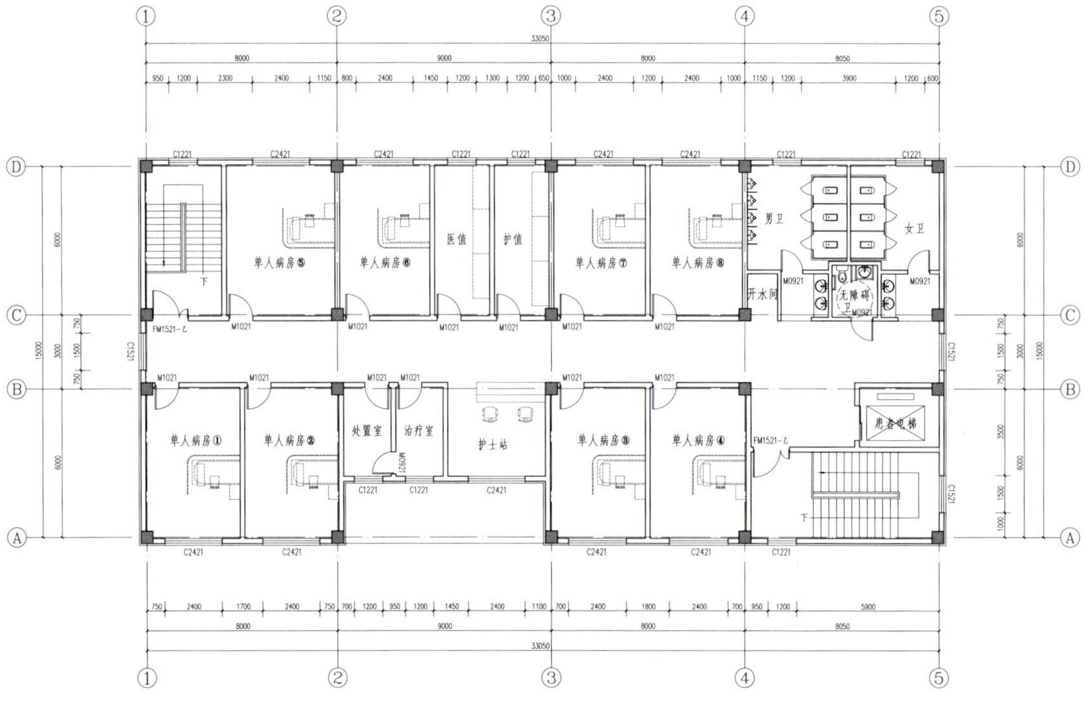

二层平面图

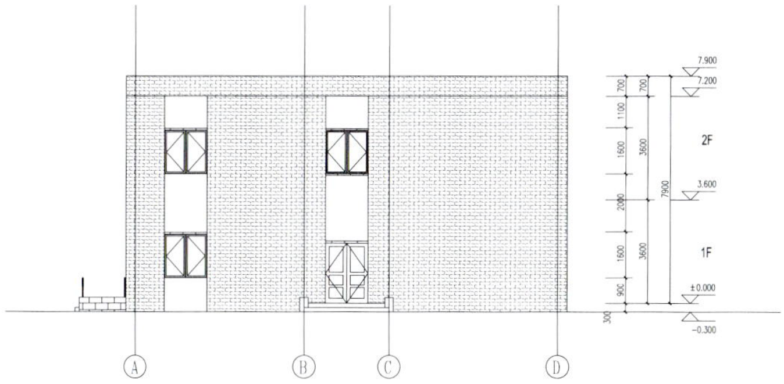

东立面图

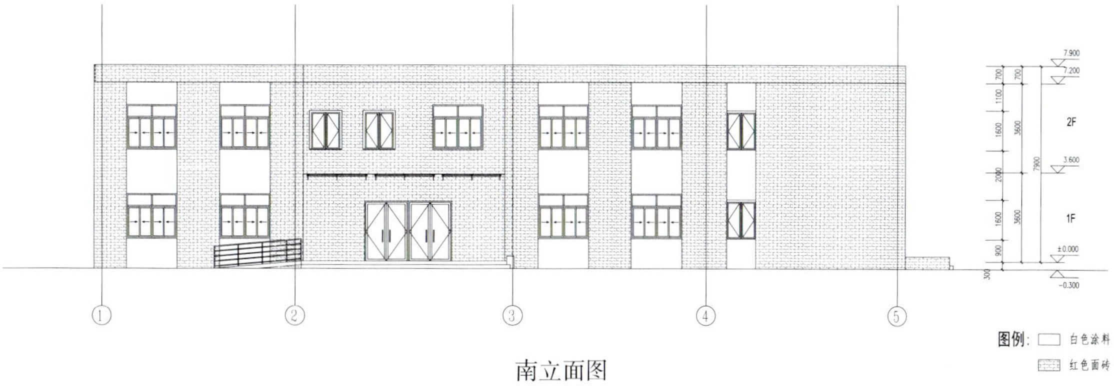

南立面图

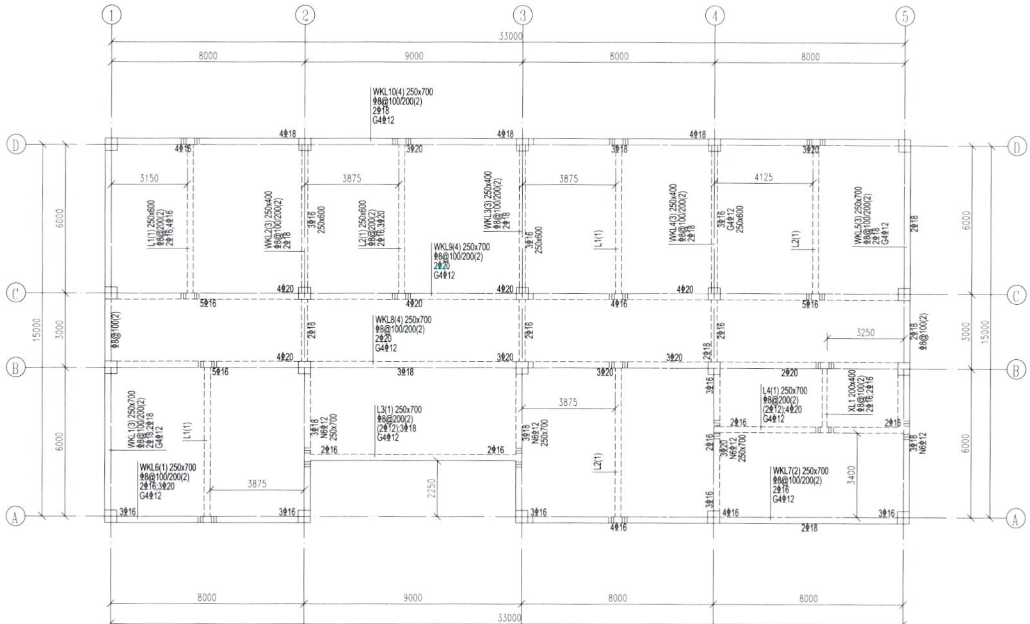

7.200 m 梁平法施工图

参赛单位：保定市建筑设计院有限公司

建筑：赵亚飞　　结构：林运天

• 作品介绍

本项目为河北某居住区内一小型社区卫生院扩建项目，地上两层，结构体系为框架结构。

方案创作过程：首先手绘构思平面分区等；然后利用 BIM 技术进行正向设计。其中，用 Revit 软件确定平面功能，同时利用可视化的 BIM 模型进行场地分析、方案效果推敲，确定最终方案。

施工图设计内容：在方案模型的基础上详细考虑和研究建筑、结构等各专业的设计方案，协调各专业设计过程中的技术矛盾，并合理地确定技术经济指标；具体工作包括建筑、结构专业模型构建，建筑、结构的平面、立面、剖面检查，面积明细表统计等；利用 BIM 技术分析并确定防火疏散距离、房间疏散门间距、防火门开启方向，完成结构计算，快速地进行图纸及详图标注、创建等工作，并利用模型直接导出施工图二维图纸。

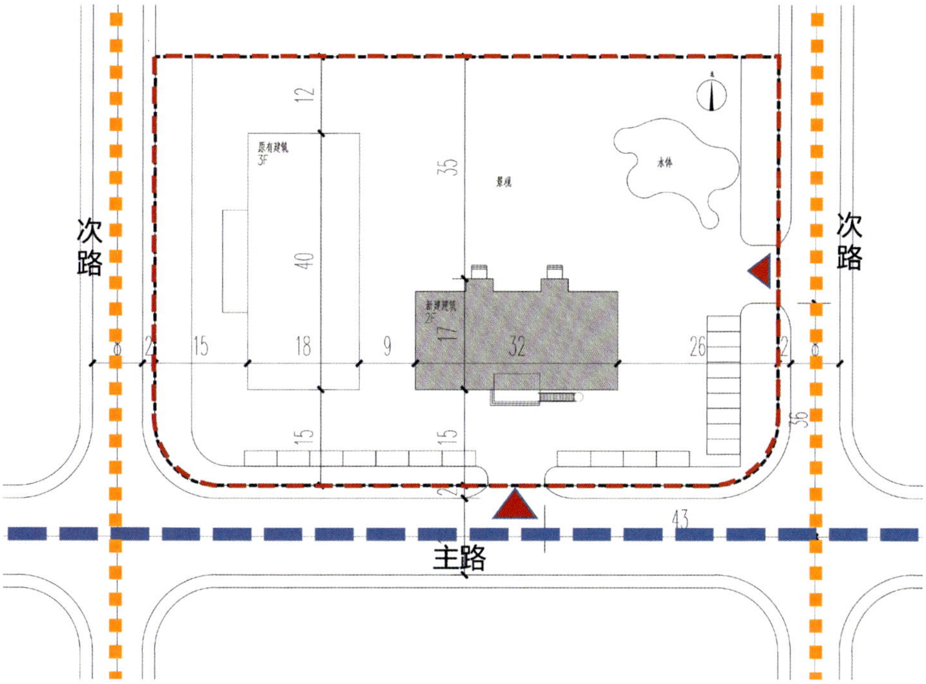

● 交通组织设计

本项目总平面布置满足退距及消防间距要求。场地内设两个出入口，分别设立在用地南侧和西侧道路上，且出入口中心距道路红线交叉点均大于30 m，满足设计要求。在两个出入口附近设置地上停车位，方便停车，并在新建建筑北侧结合场地内原有水系布置景观，为患者提供良好的休养环境。

● 建筑功能分区

建筑一层主要分为急诊区和服务区两部分。两大区域分别有各自的门厅，分区明确且便于连通。服务区门厅主要疏导住院、缴费、输液等患者；急诊区则自成一个区域；挂号 / 缴费处、药房等处于一层中间部位，方便服务两个区域。输液室及医护办公室与急诊区的距离较短，使用比较方便。

一层设置两个出入口，分别为急诊区主出入口和住院区主出入口，楼梯间直通室外，作为疏散口。

二层建筑平面布置功能合理，中部区域为医护工作服务区和卫生间楼梯等服务用房，南侧及北侧两边房间全部为病房，满足采光通风要求。医护人员工作区域与病房距离较近，便于医护人员对患者进行照顾。

南侧两边则为室外露台，给不方便下楼的患者提供光照充足的室外活动场所。西侧楼梯为患者用楼梯，直通室外景观区；东侧楼梯为污物楼梯。

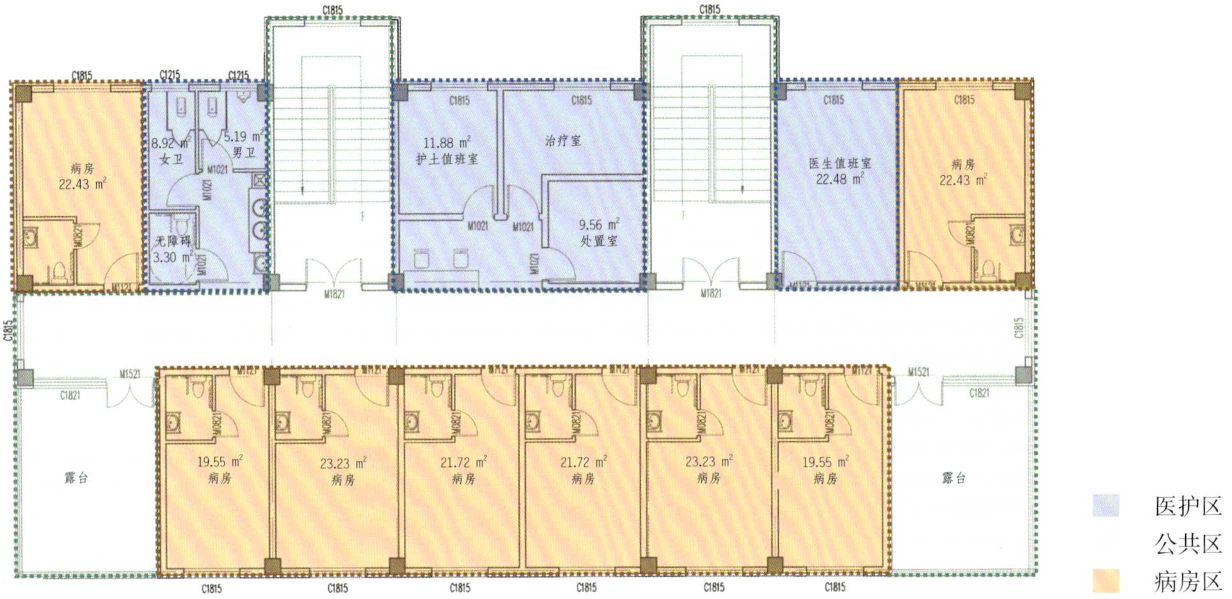

● 结构设计合理性

本项目采用钢筋混凝土框架结构体系，为地上两层，层高均为3.6 m，结构高度为7.2 m。设计使用年限为50年，室内外高差为0.3 m。楼盖采用现浇钢筋混凝土板，天然地基，基础形式采用柱下独立基础，基础埋置深度为1.3 m。本项目按7度抗震设防，设计地震分组为第二组，设计基本地震加速度为0.1 g，场地类别为Ⅱ类，为乙类建筑，抗震等级为二级。

结构材料：混凝土，强度等级为C30；钢筋强度等级为HRB400。

结构选型：本项目采用梁柱全现浇钢筋混凝土框架结构，建筑平面布置灵活，能获得开敞空间，建筑立面易处理，结构自重轻，在一定高度内造价低，建筑平面布置规则，柱网结构布置合理。基本构件尺寸：框架柱均为500 mm×500 mm，框架梁为250 mm×400 mm、250 mm×500 mm、250 mm×600 mm。

结构体系具有明确和合理的地震作用传递途径，可避免因部分结构或构件毁坏导致整个结构丧失抗震能力；具有良好的变性能力和消耗地震能量的能力。整个结构具有良好的整体性和稳定性。

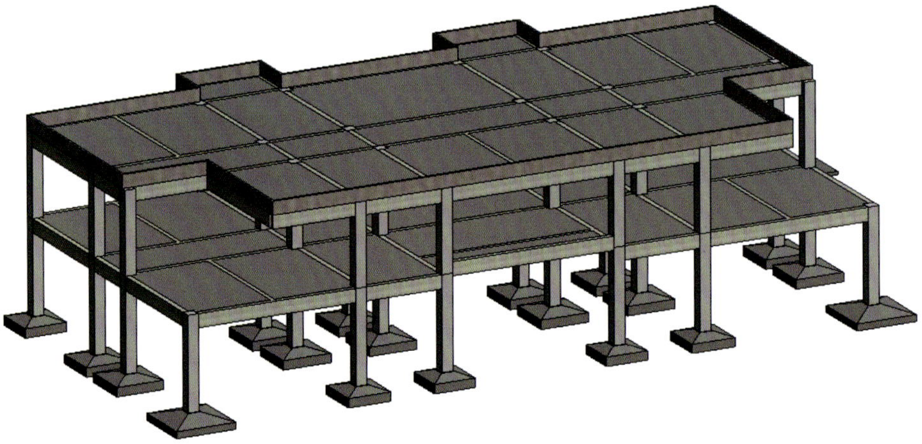

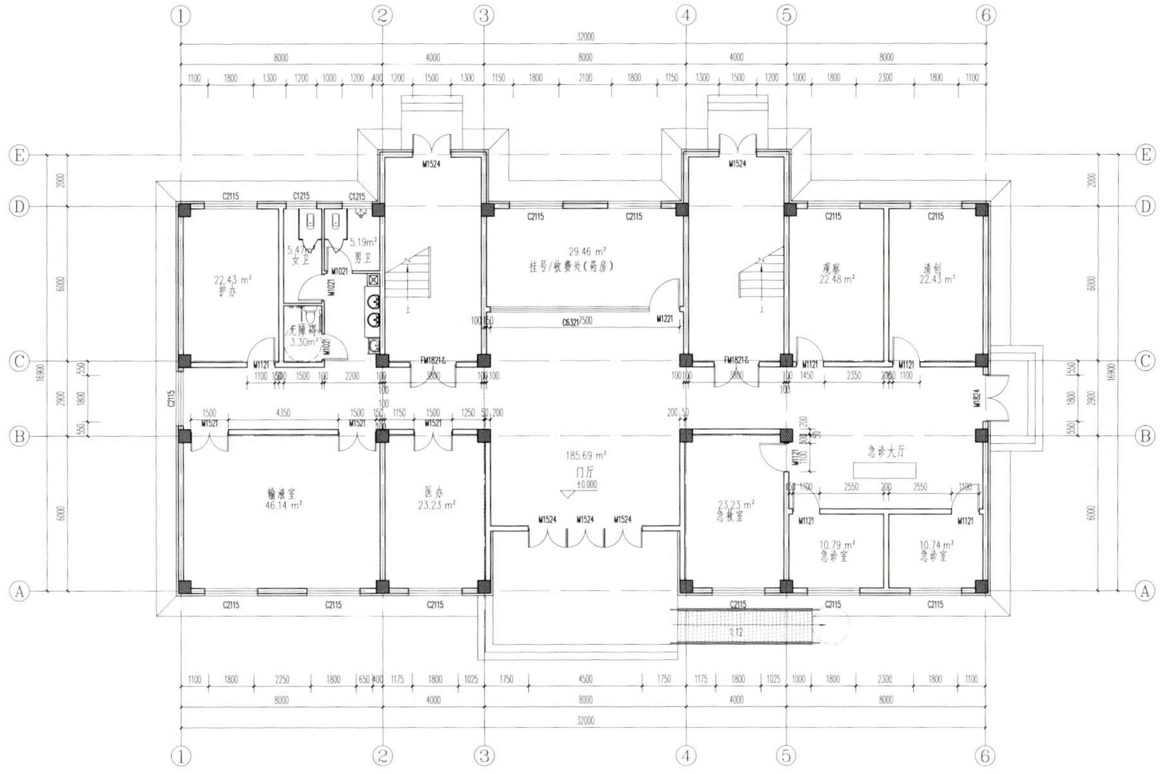
护办
22.43 m²
女卫
5.47m²
男卫
5.19m²
无障碍
3.30m²
挂号/收费处（药房）
29.46 m²
观察
22.48 m²
清创
22.43 m²
输液室
46.14 m²
医办
23.23 m²
门厅
185.69 m²
抢救室
23.23 m²
急诊大厅
急诊室
10.79 m²
急诊室
10.74 m²

一层平面图

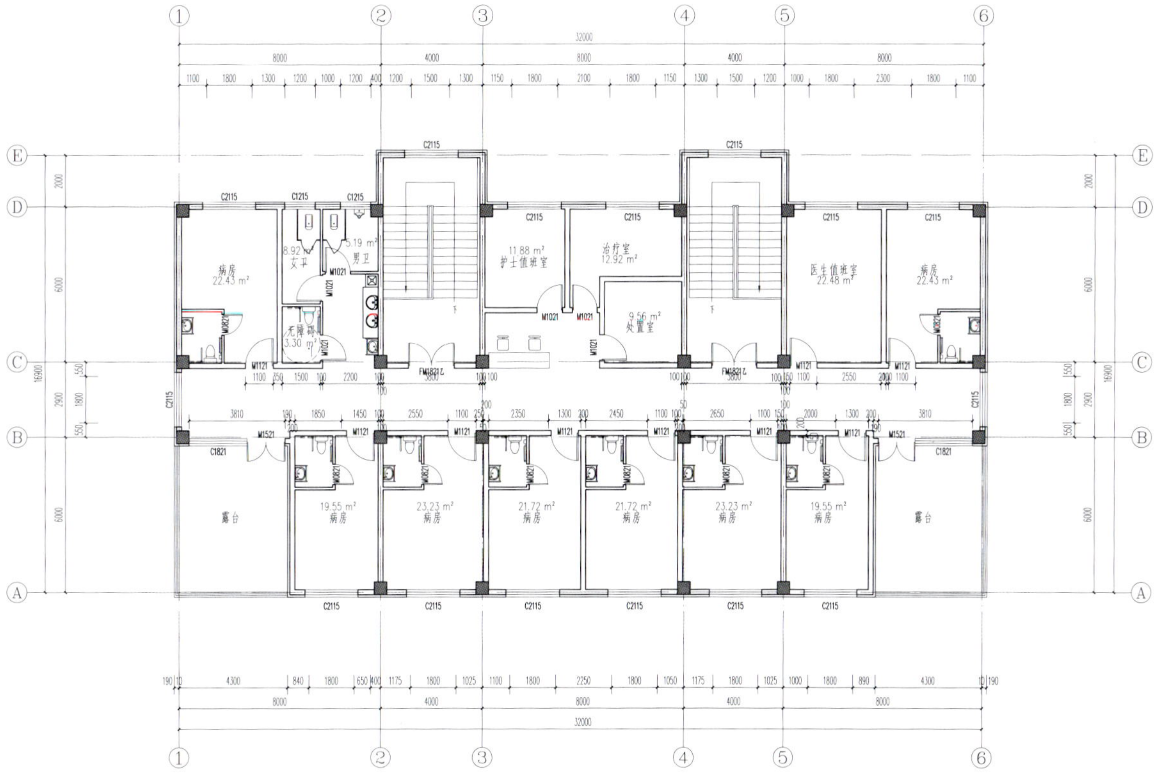
病房
22.43 m²
女卫
8.92 m²
男卫
5.19 m²
无障碍
3.30 m²
护士值班室
11.88 m²
治疗室
12.92 m²
处置室
9.56 m²
医生值班室
22.48 m²
病房
22.43 m²
露台
病房
19.55 m²
病房
23.23 m²
病房
21.72 m²
病房
21.72 m²
病房
23.23 m²
病房
19.55 m²
露台

二层平面图

南立面图

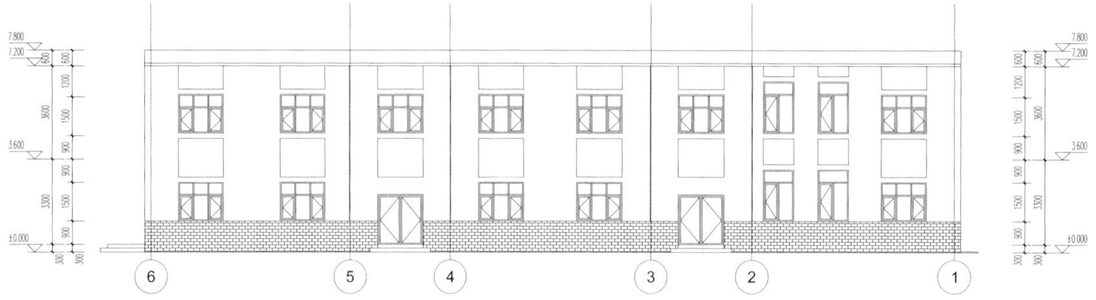

北立面图

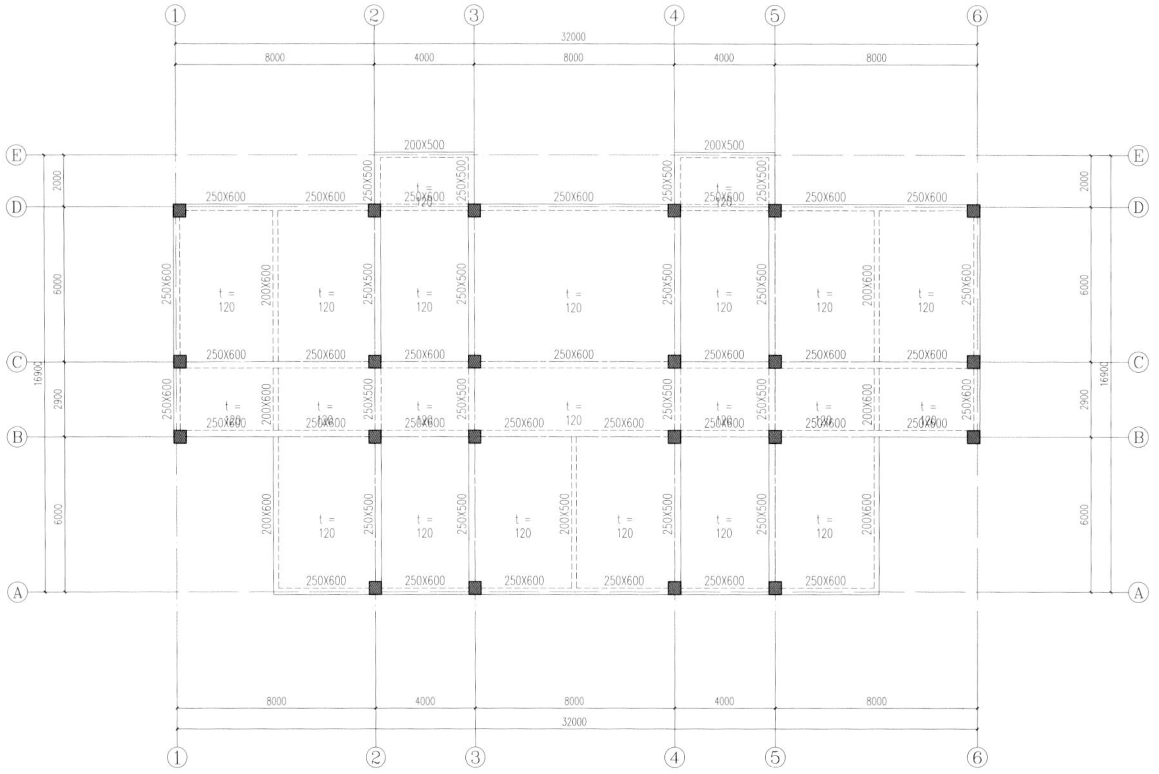

3.550 m 结构模板图

建筑：刘沐奇

结构：邓雅璇

参赛单位：河北亚太建筑设计研究有限公司

• 作品介绍

本项目根据某社区卫生院的设计任务书和给定的总平面图对某社区卫生院进行建筑和结构专业 BIM 正向设计工作。

在方案创作阶，段依据 BIM 相关软件的三维可视化功能快速选定方案。在建筑方案确定工作中，利用 BIM 技术的参数化设计特性可以方便地改动模型，大部分改动只需要改变相关参数即可完成。根据 BIM 技术的参数化特性可以准确而迅速地确定建筑的尺寸。完成方案设计后，利用 YJK-revit 软件绘制结构的构件，其中建筑和结构模型协同设计，以消除建筑和结构之间不合理的地方。根据完成的模型，完成施工图纸的绘制；根据建筑的出入口位置和大小，在基地中进行道路布置。

最后将 Revit 模型导入 Lumion 中进行渲染，展示整体效果。

● 交通组织设计

本项目位于某居住区内，为小型社区卫生院。保留基地内水体及原有建筑，出入口和道路的设计合理高效。

在主出入口和车行出入口附近设有停车场，方便就医人员的车辆就近停车。在主、次出入口之间设置环路，使道路通畅完善并且在道路附近进行绿化。在原有的水体附近设置景观和用于休息的亭子，为社区医院提供一个休憩、交往的开放空间。

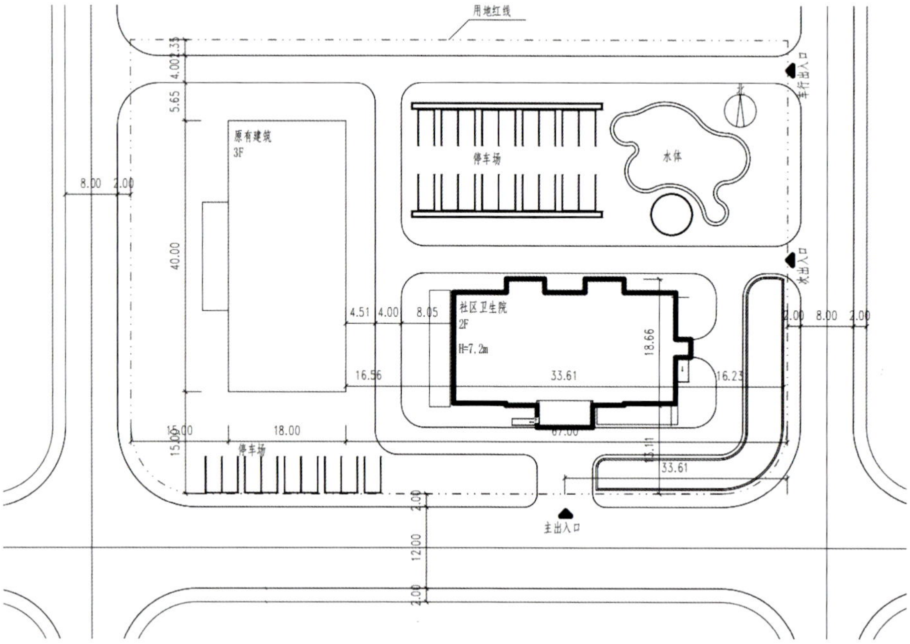

● 建筑功能分区

本项目一层建筑平面分区明确，功能合理。主出入口及门厅布置在建筑中轴线上，保证患者及家属就近进入所需区域，动线清晰无交叉。门厅西侧布置挂号 / 收费室，方便患者及家属就近办理业务；东侧另设急诊、急救出入口，方便急诊患者快速就医。门厅西侧南向布置医生及护士办公室，保证医生和护士日常办公对采光及静谧性的要求。两部楼梯以建筑中轴对称，且距主出入口仅为 9.5 m，方便疏散。

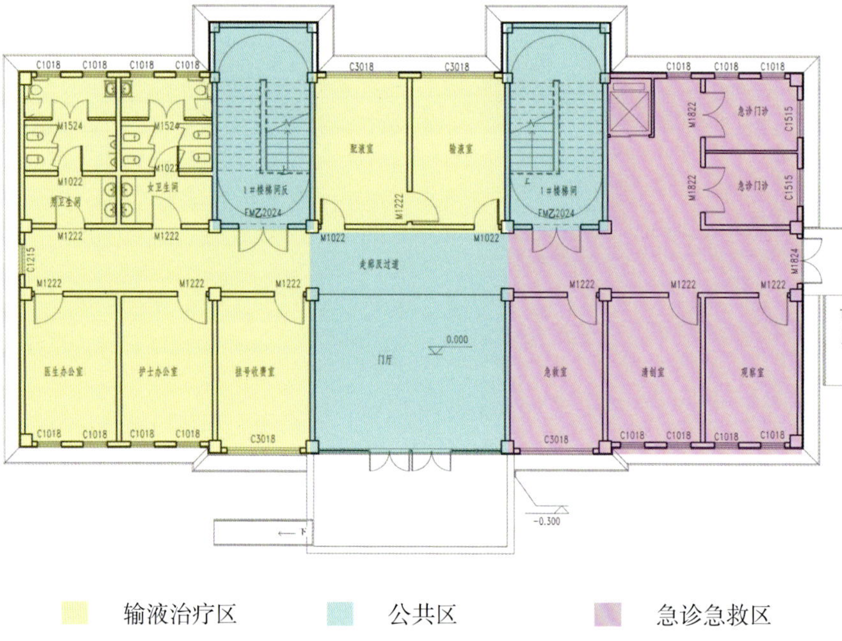

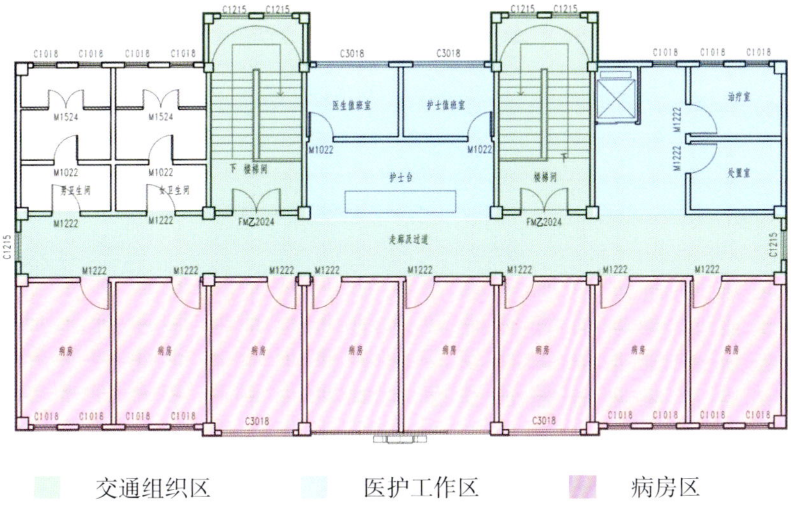

二层建筑平面功能分区明确合理。病房全部布置在南向，保证患者住院期间的采光需求。医生和护士的值班室及护士台设置在建筑中轴线上，方便医护人员快速到达每一间病房。治疗室及处置室布置在东侧北向靠近电梯处，在保证二层病房患者使用方便的前提下方便一楼急诊人员使用。同时，设置无障碍卫生间及无障碍电梯，方便老人、儿童及残障人士使用。

• 结构设计合理性

建筑物主体高度为 7.2 m，为地上两层，层高为 3.6 m，室内外高差为 0.45 m。该建筑抗震设防类别为重点设防类，采用钢筋混凝土框架结构，柱下独立基础，框架的抗震等级为一级。

该框架结构的框架柱根据荷载大小，截面尺寸采用 500 mm×500 mm 和 400 mm×400 mm 两种。*X* 方向的框架梁截面尺寸为 250 mm×650 mm（局部小跨为 250 mm×450 mm）；*Y* 方向框架梁截面尺寸为 250 mm×500 mm（走廊处为 250 mm×400 mm）。次梁截面尺寸为 250 mm×450 mm，标准房间轴板厚度为 120 mm（局部小房间轴板厚度为 100 mm）。

该结构规则对称，采用钢筋混凝土框架结构，具有良好的抗震性能，能满足建筑功能和抗震性能的要求。

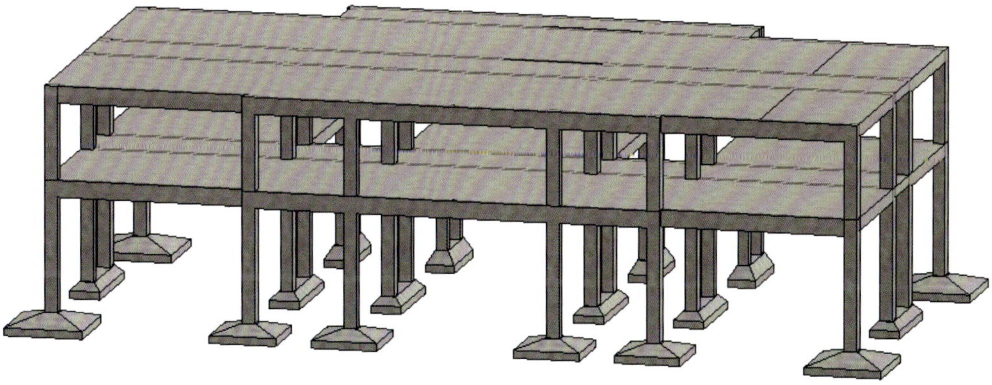

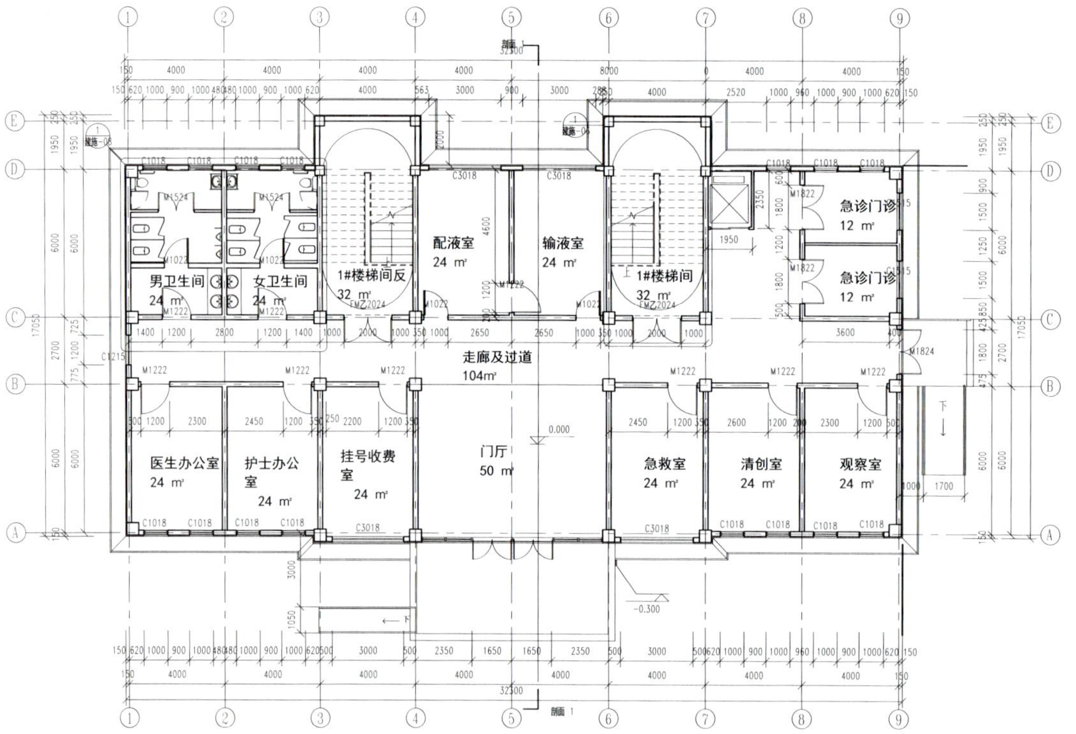
男卫生间
女卫生间
1#楼梯间反
配液室
输液室
1#楼梯间
急诊门诊
走廊及过道
医生办公室
护士办公室
挂号收费室
门厅
急救室
清创室
观察室

一层平面图

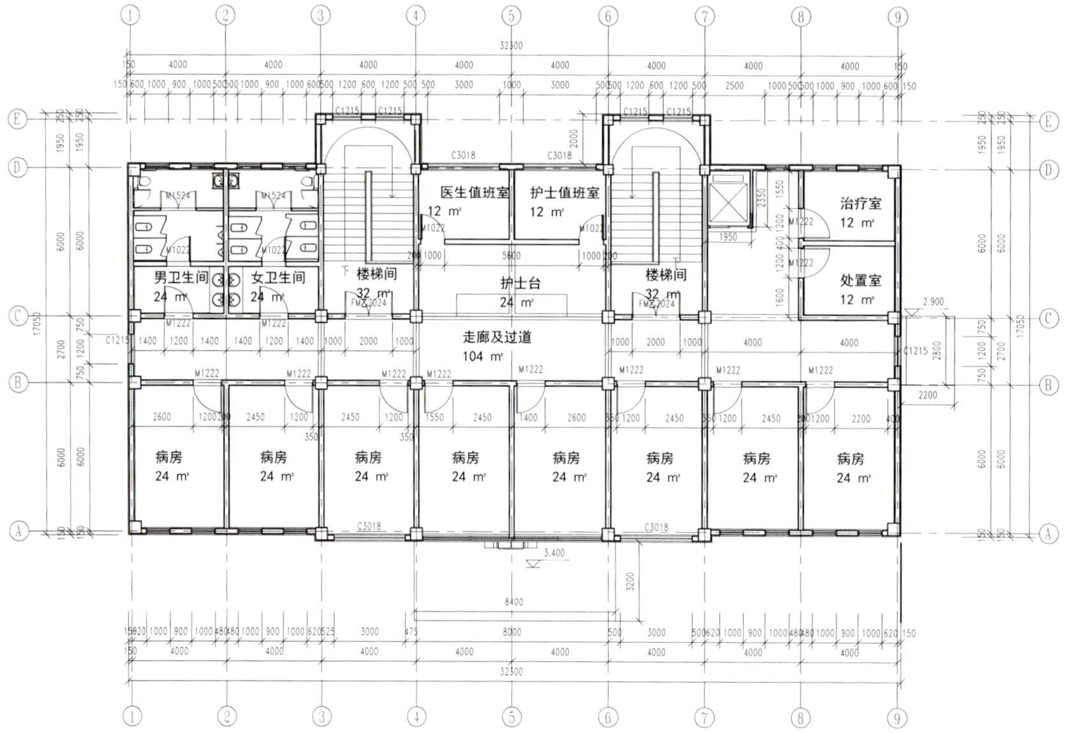
男卫生间
女卫生间
楼梯间
医生值班室
护士值班室
护士台
治疗室
处置室
走廊及过道
病房

二层平面图

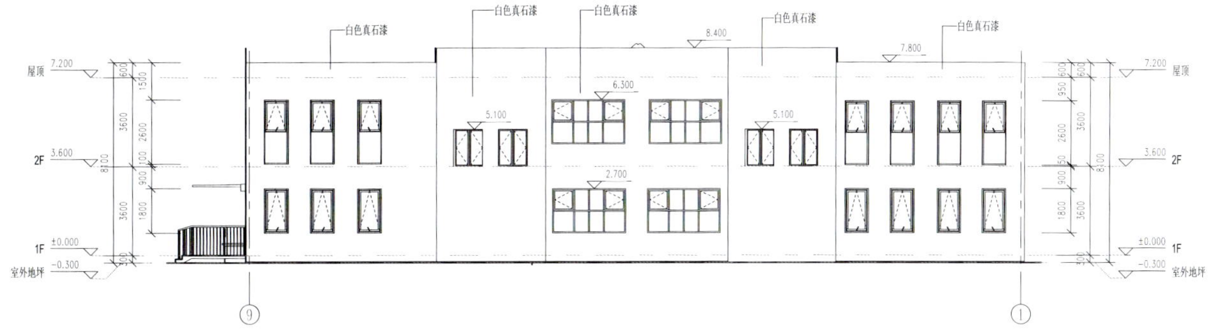

北立面图

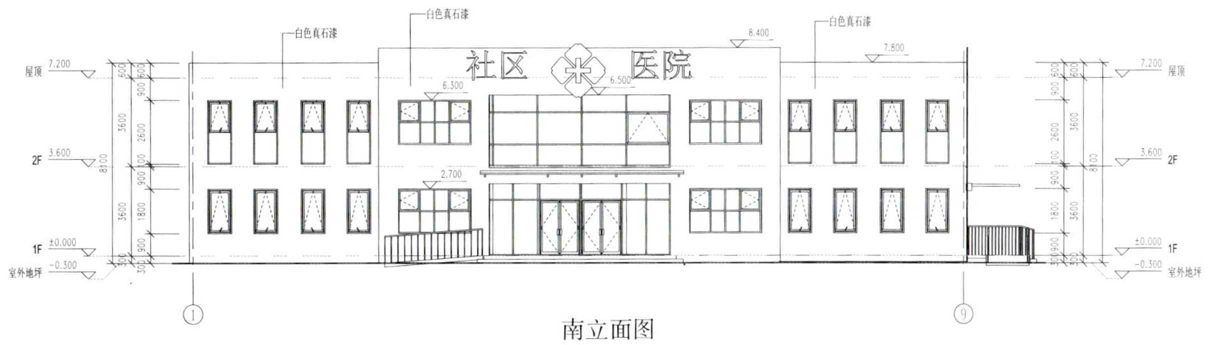

南立面图

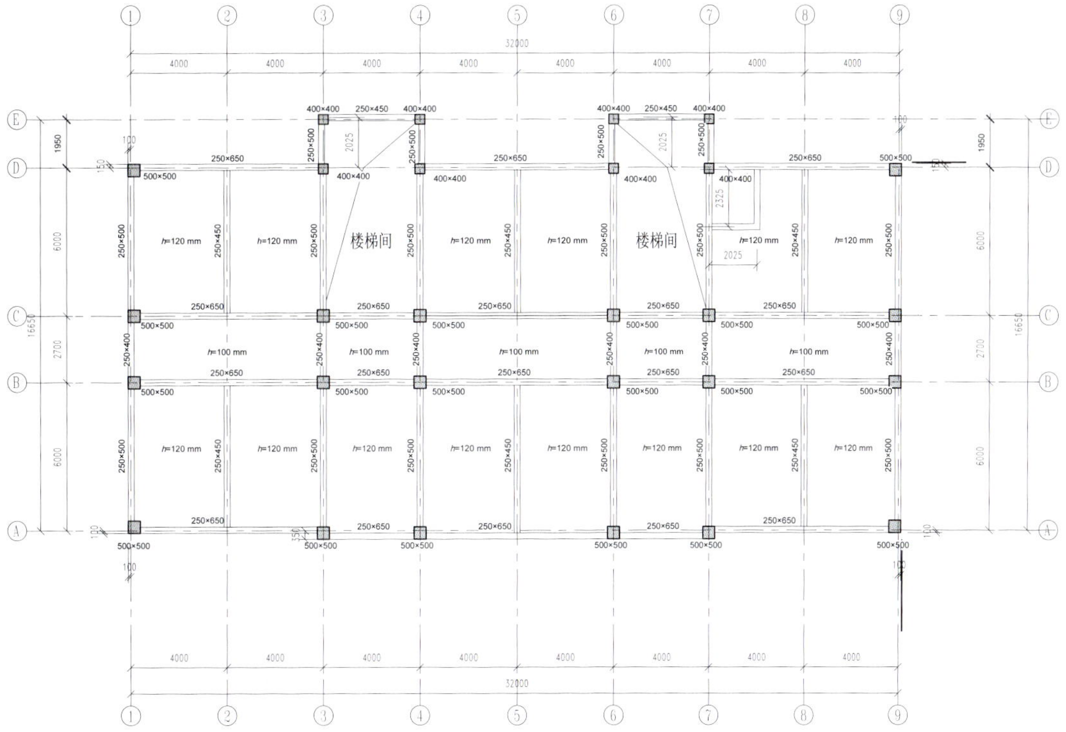

3.550 m 结构模板图

参赛单位：唐山市规划建筑设计研究院　　建筑：董金亮　　结构：刘振宇

• 作品介绍

本项目利用 BIM 技术进行正向设计。

方案创作阶段 : 借助 BIM 软件进行可视化的方案模拟，包括模拟现有场地条件、合理组织道路交通、建筑功能分区划分及各功能房间布置、外立面效果展示等，更加直观地对方案进行展示。

在概念方案模型上完成建筑、结构专业施工图设计，确认无规范性错误并对细节进行推敲，完善设计方案。

施工图出图阶段: 用 BIM 软件进行平立剖图、详图大样、设计说明等的绘制，对建筑、结构模型细部构造进行完善，补充明细表工程量统计。

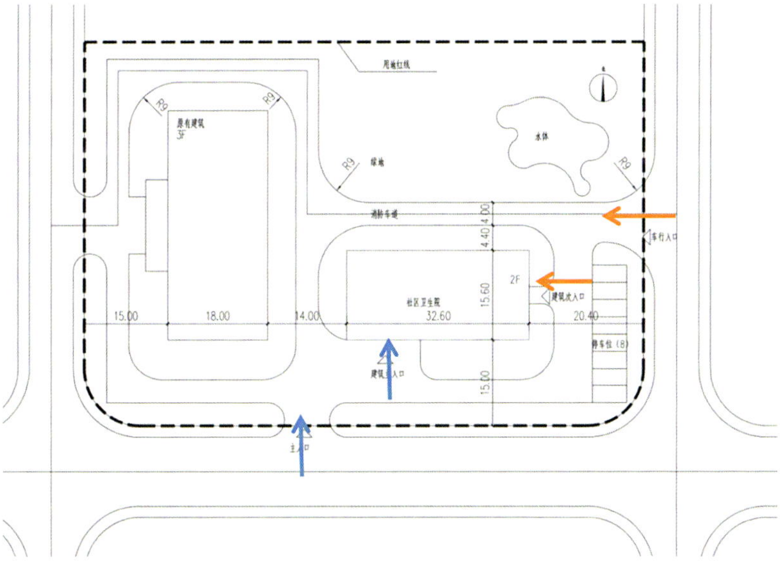

● 交通组织设计

将主出入口布置在南侧，正对门厅；将车行出入口布置在东侧；在临近车行出入口处布置停车场，停车场临近门厅，方便患者。

围绕新建建筑形成环形车道，满足消防车道要求的同时，方便与原有建筑形成联系。这一设计还可以方便联系现有水体，形成集中绿地空间，改善场地内环境。

● 建筑功能分区

本项目将门厅朝向主出入口，紧邻停车场；将挂号 / 收费处、急诊室、输液室等主要对外功能设施布置在一层，并围绕门厅展开，方便社区居民就医。

首层主要分为两大区域，西侧为急诊占治疗区域，东侧为医护办公区域，两区之间通过疏散门分隔开并分别设置出入口。两者紧密联系，又互不影响。

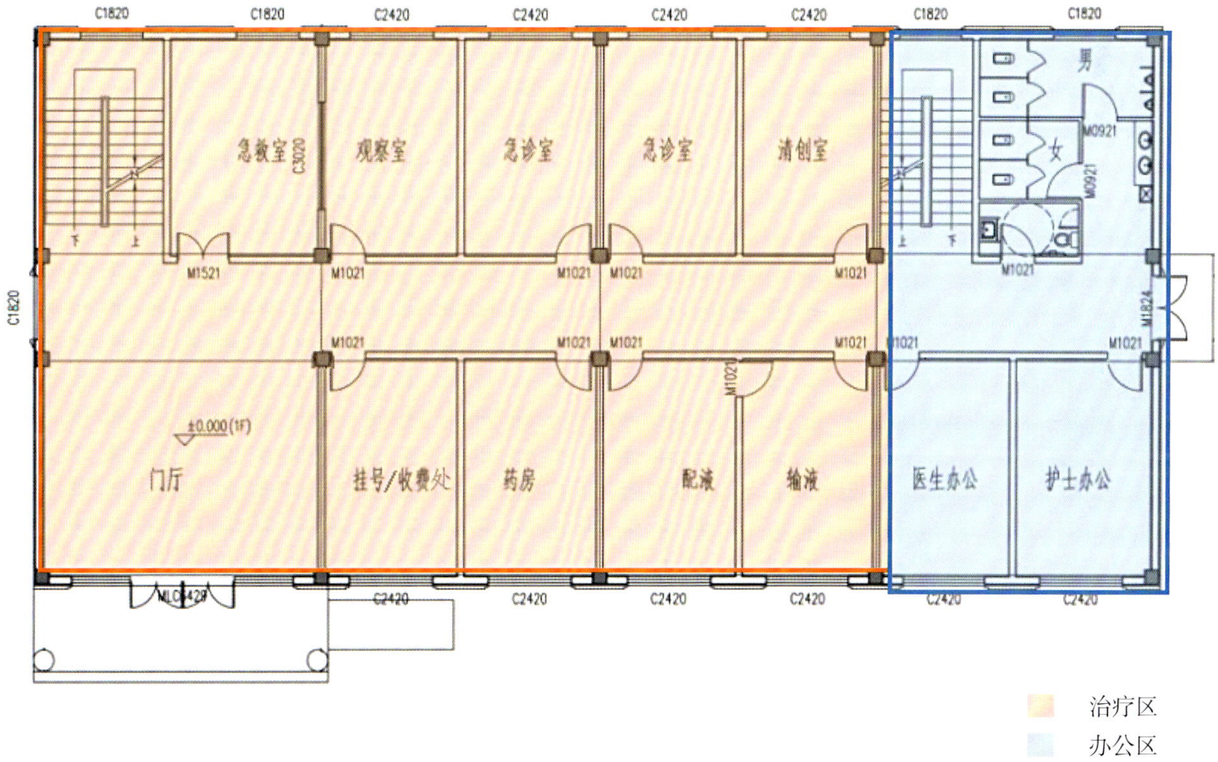

二层南侧为阳面，采光良好，故设置为病房区，北侧为医护区域。二层通过两部楼梯疏散。

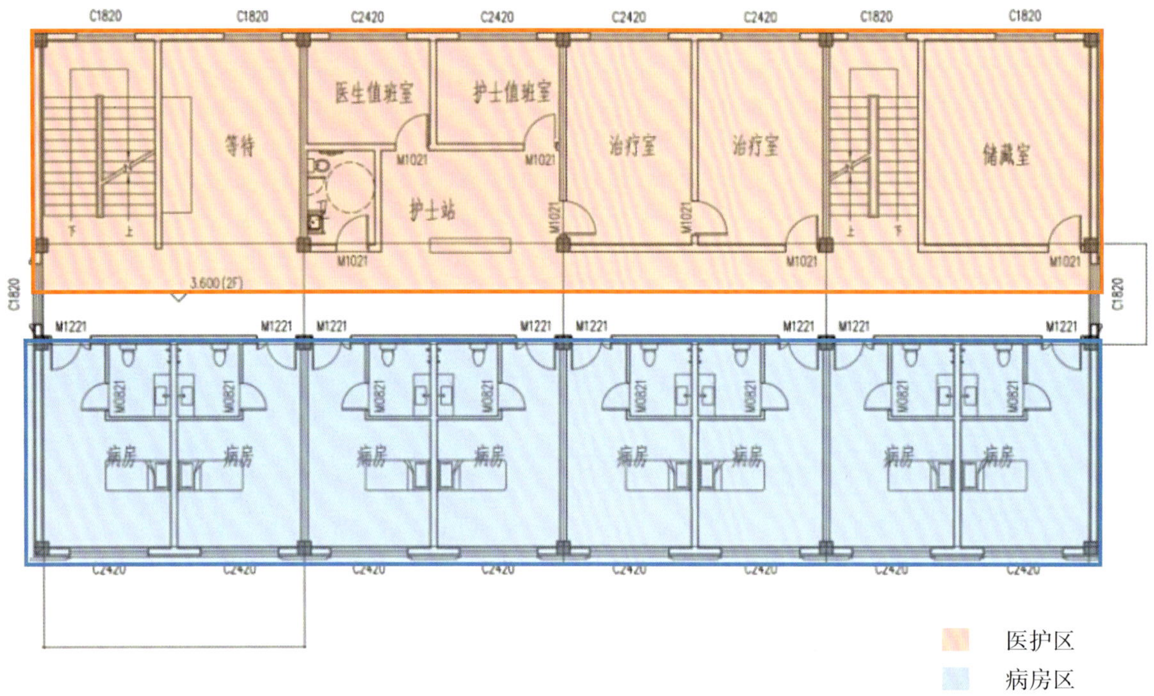

● 结构设计合理性

结构设计经过多次分析比较，以满足建筑使用功能的要求为主，兼顾平面布局、立面形式、建筑物高度、层高等多方面因素。因框架结构具有可以较灵活地配合建筑平面布置的优点，利于安排需要较大空间的功能用房，且采用现浇混凝土框架时，结构的整体性、刚度较好，非常适合本工程，本工程最终选择框架结构。

结构布置和受力体系说明：在纵横墙相交处布置柱子，柱间距为 6~8 m；柱与柱之间布置框架梁，框架梁与框架梁之间楼面有隔墙位置布置非框架梁，梁顶布置楼板，梁高取跨度的 1/12~1/10；楼板厚度取跨度的 1/40~1/30；竖向荷载传力体系为楼板—梁—柱—基础；水平荷载由梁柱形成的抗侧力体系承担。

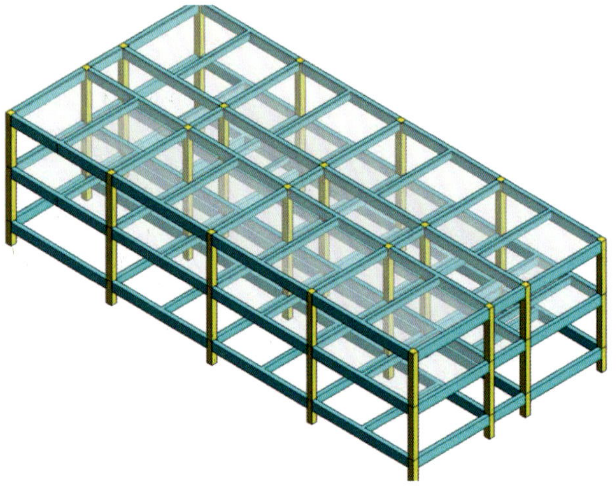

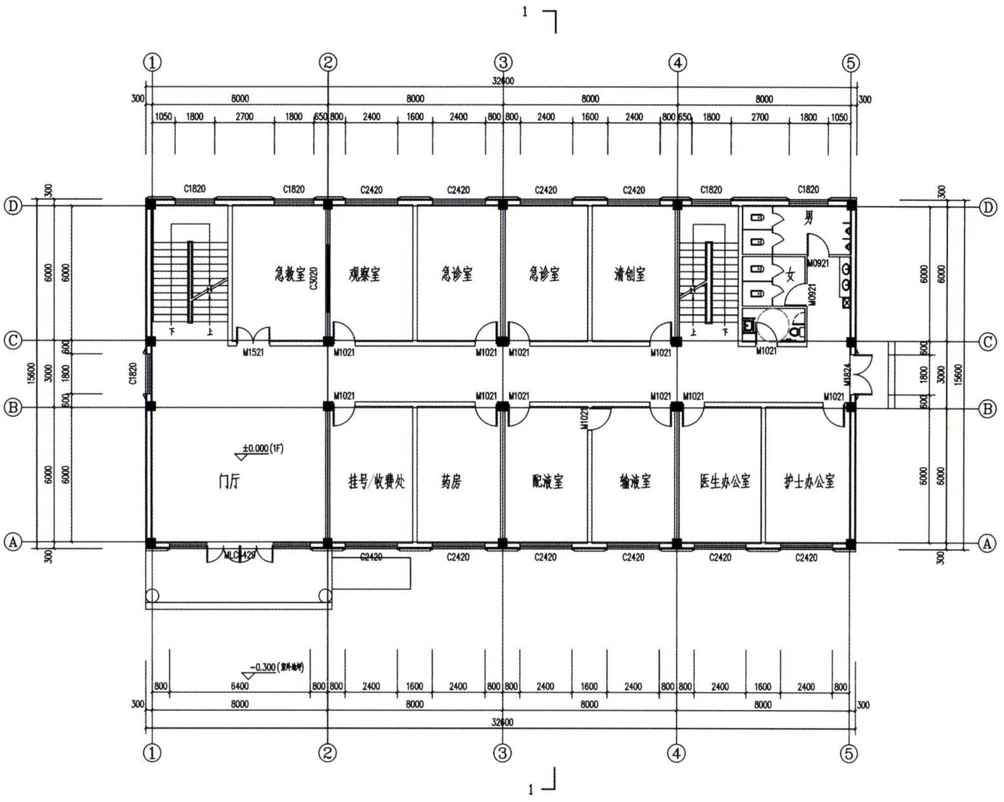
急救室
观察室
急诊室
急诊室
清创室
男
女
门厅
挂号/收费处
药房
配液室
输液室
医生办公室
护士办公室

一层平面图

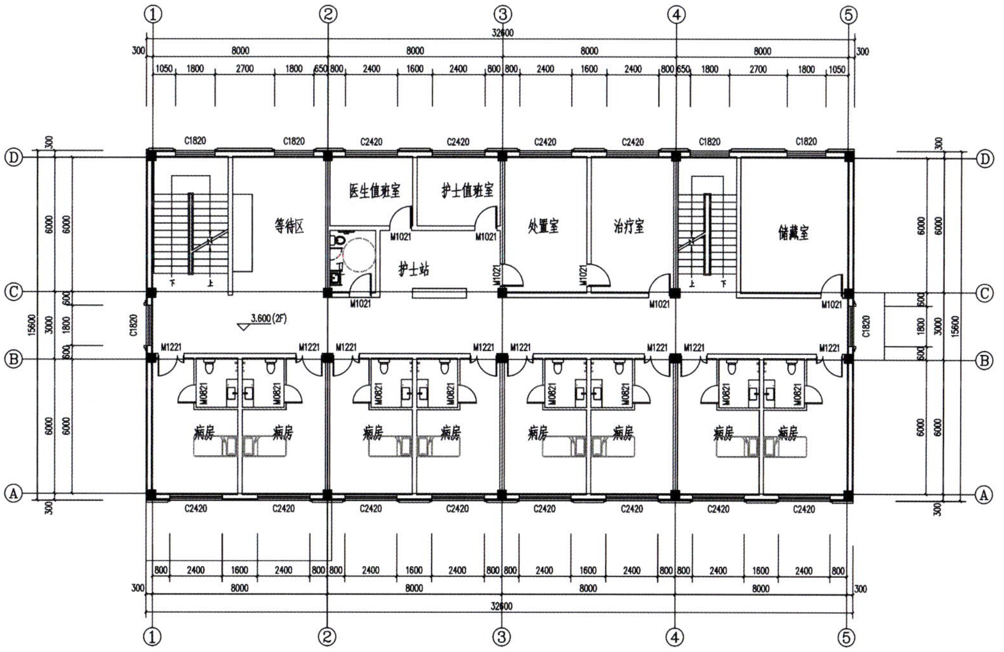
等待区
医生值班室
护士值班室
护士站
处置室
治疗室
储藏室
病房
病房
病房
病房
病房
病房
病房
病房

二层平面图

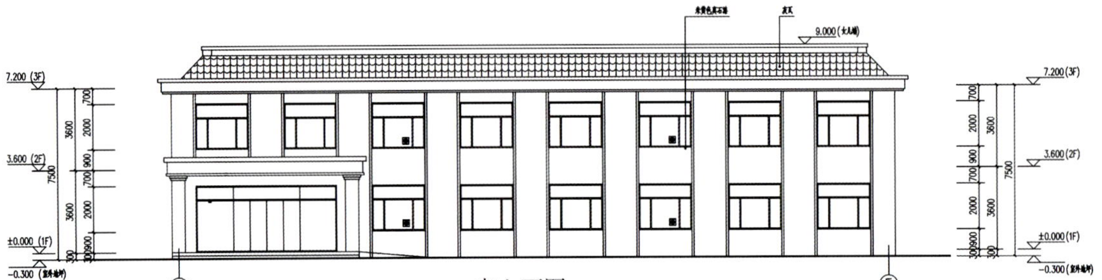

南立面图

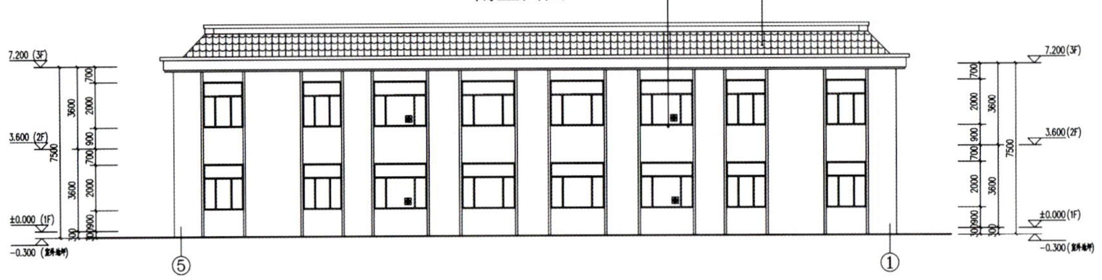

北立面图

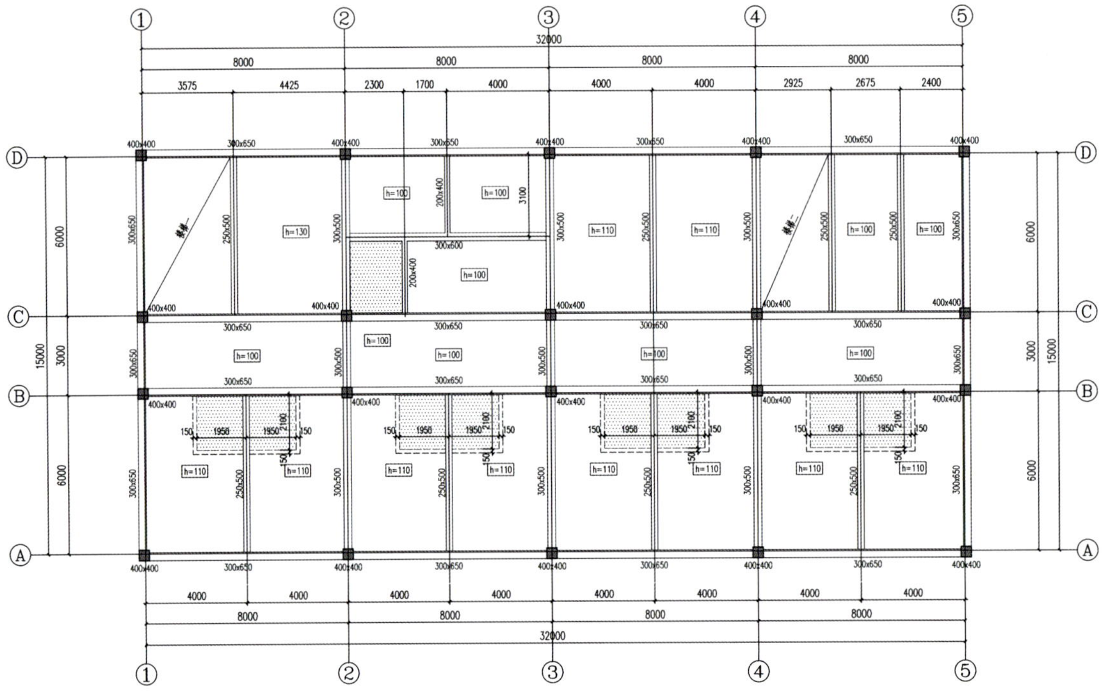

3.550 m 结构模板图

河北省建勘杯职业技能竞赛

BIM正向设计获奖作品集萃

三等奖作品

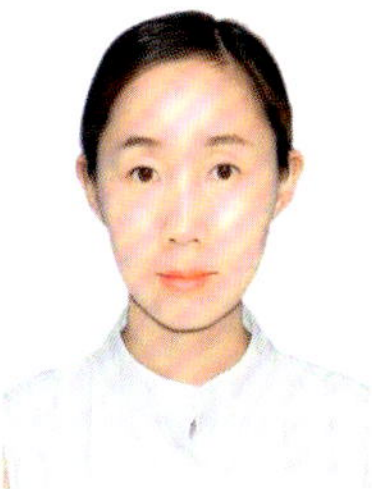

建筑：姚英乔

结构：张洪林

参赛单位： 河北博科工程咨询有限公司

● 作品介绍

本项目利用 BIM 技术可视化的优点，根据简单的平面草图开始建模，搭建三维立体的方案模型，并对项目的可行性进行验证，最终选定方案，并进行推导和方案细化。

之后，根据计算书、相关规范开始进行建筑、结构的建模设计，然后利用软件进行碰撞检查等。

完善建筑、结构细部构造后，进行平立剖图、详图大样、设计说明等设计图纸内容的绘制，并完成明细表统计工作。

● 交通组织设计

本项目拟扩建一小型社区卫生院，新建建筑总层数为二层。

新建建筑位于原有建筑以东，呈南北向布置，正对原建筑南侧人行主入口。建筑退道路红线满足要求，新建建筑与原有建筑防火间距满足规范要求。

新建筑前设置人行集散广场，满足人流通行、疏散需求。机动车车位集中布置于新建建筑东侧，紧邻机动车出入口，人车分流的设计确保内部人行流线安全。在新建建筑北侧借助现状水体形成室外休息活动区，通过休闲步道连接绿地与水体景观，打造步移景异的景观效果，给患者提供安逸、舒适的疗养环境。

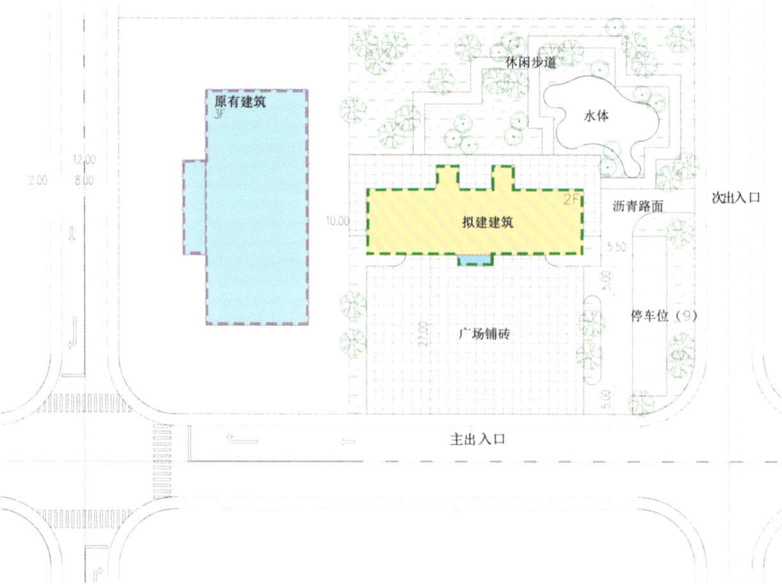

● 建筑功能分区

首层平面分区合理，动线明确。门厅处设置挂号 / 收费处、药房，急诊区靠近东侧，门厅西侧为输液室、观察室以及医护办公室等需求相对不太急迫的区域，流线合理，方便救援。

首层设置五个出入口，满足疏散的同时也方便人员通向其他建筑，楼梯间在首层直接对外，二层病房区的污物可通过楼梯间直接运出，避免影响首层功能区。

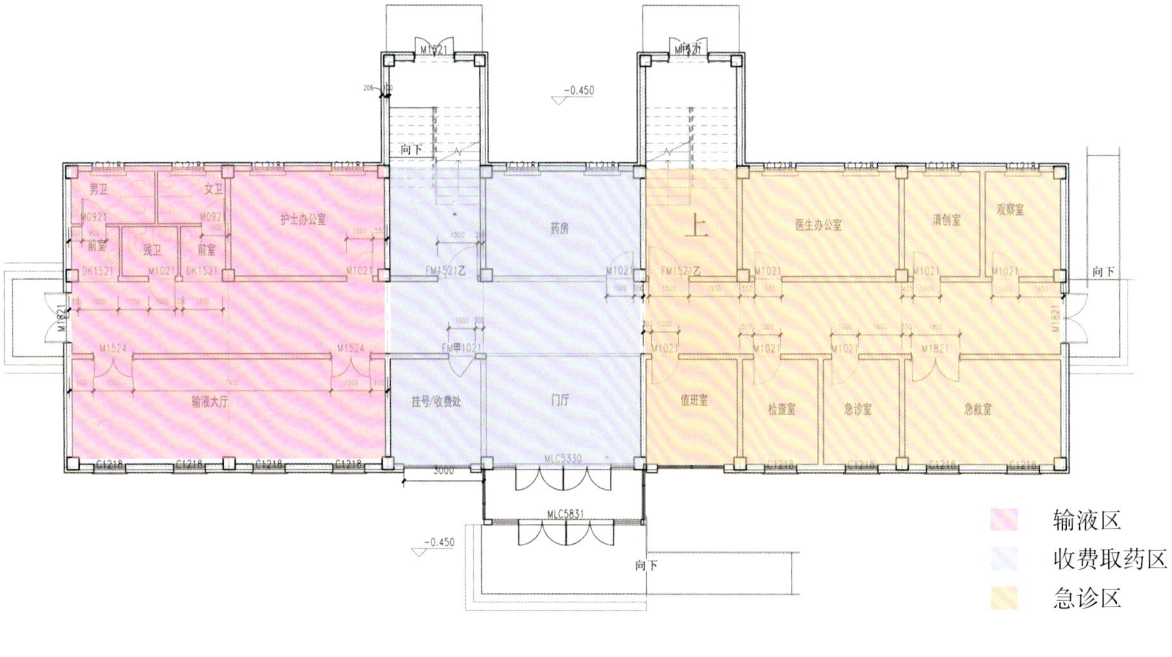

二层平面图主要为住院区域。南侧房间采光通风良好，部分用作病房，医护工作区域位于病房中间，方便对患者及时诊疗。北侧剩余房间可作为其余专科诊室使用。

• 结构设计合理性

本项目按 7 度抗震设防，设计地震分组为第二组，设计基本地震加速度为 0.1 *g*，场地类别为Ⅱ 类，不考虑风、雪荷载。为满足建筑的需要，框架柱的位置和填充墙一侧平齐，在保证建筑使用功能的同时，可以满足外立面的需求。同时，该框架结构采用三跨框架结构，满足结构强度的需要，同时可以满足建筑功能的需要。该结构只在走廊位置设置一道次梁，且次梁的位置和二次砌筑墙体完全平齐，让人在视觉上感觉不到外凸物。 部分房间采用大板，满足建筑功能需要。

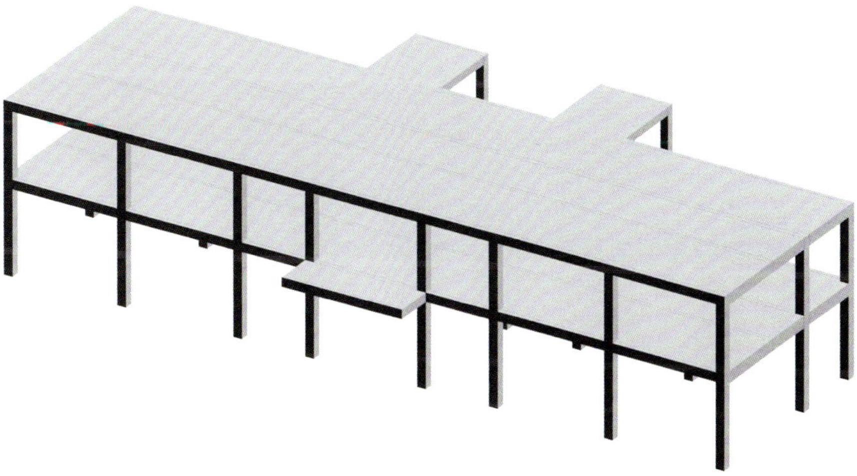

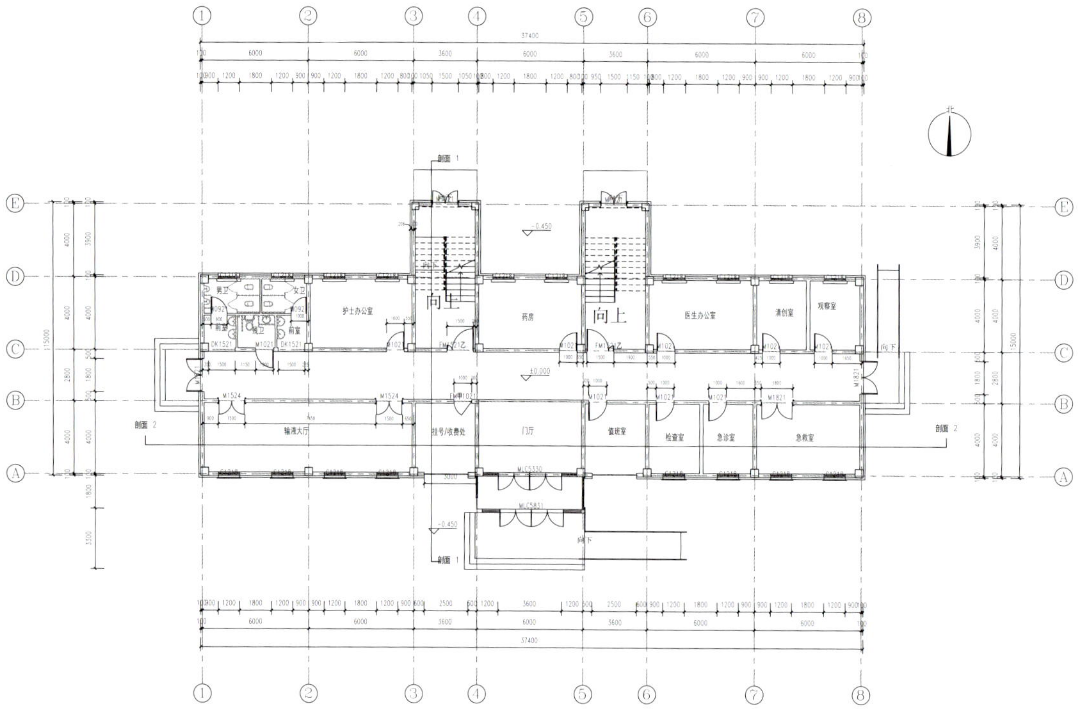
男卫
女卫
护士办公室
药房
医生办公室
清创室
观察室
输液大厅
挂号/收费处
门厅
值班室
检查室
急诊室
急救室
向上
向下
37400

一层平面图

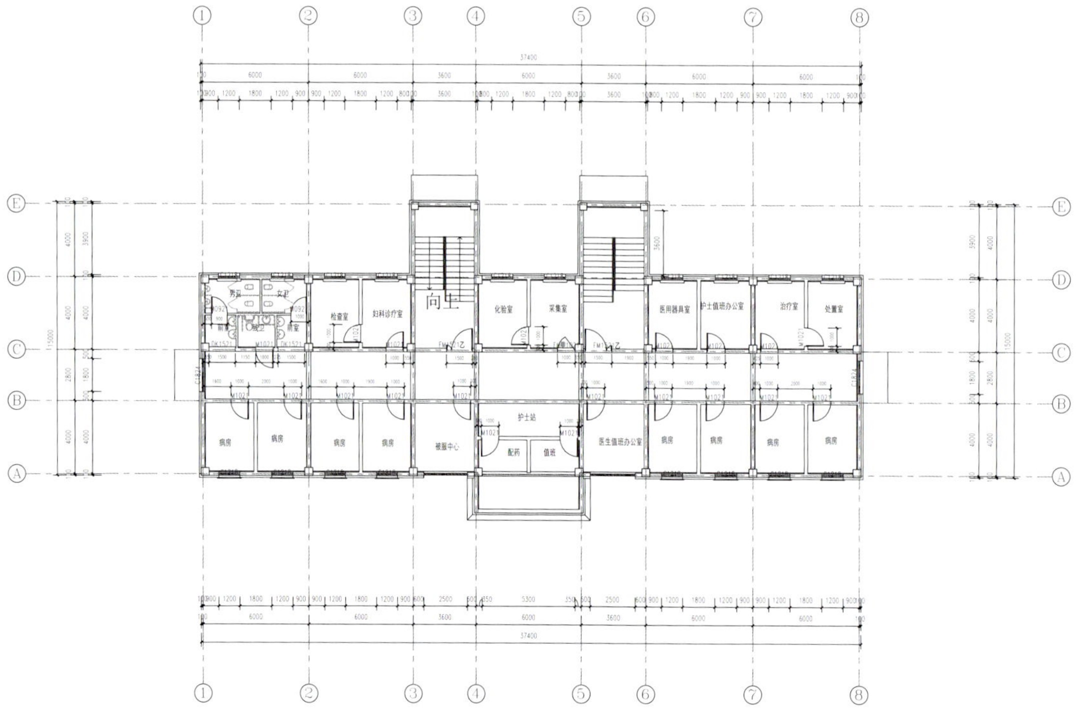
男卫
女卫
检查室
妇科诊疗室
化验室
采集室
医用器具室
护士值班办公室
治疗室
处置室
病房
被服中心
护士站
配药
值班
医生值班办公室
向上
37400

二层平面图

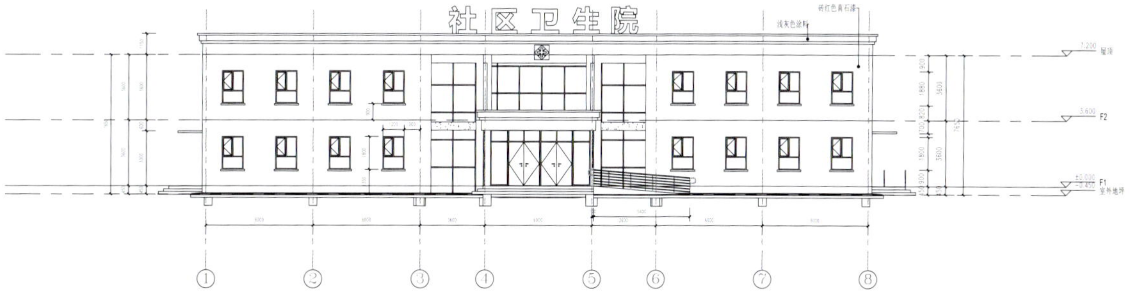

南立面图

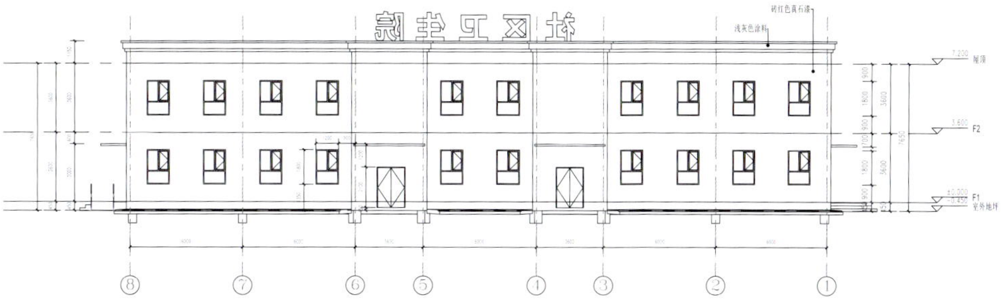

北立面图

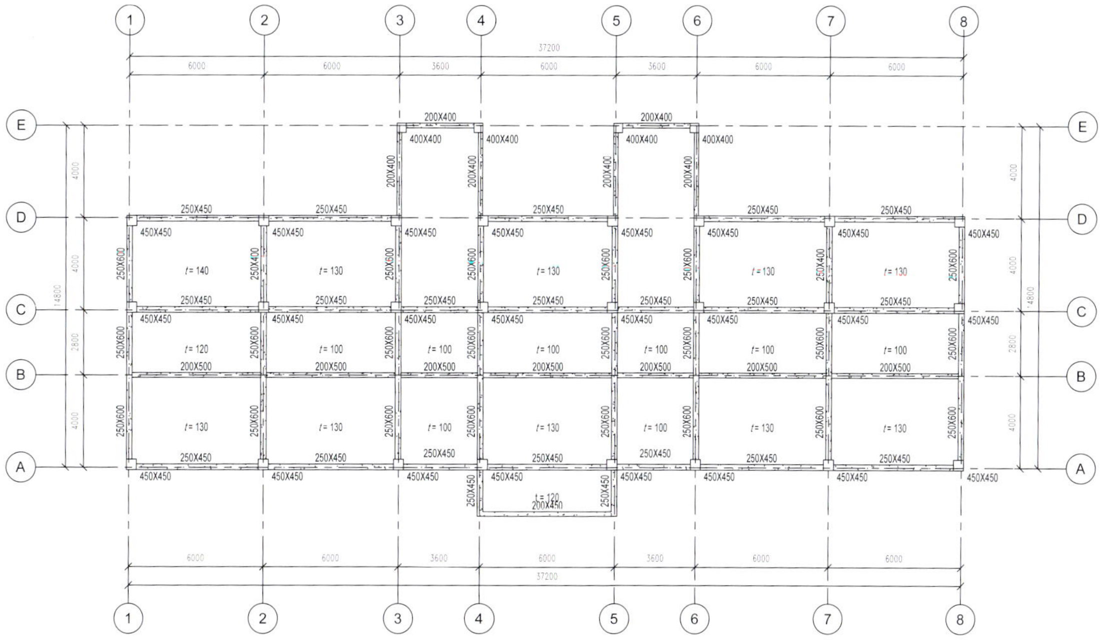

3.550 m 结构模板图

建筑：黄一平

结构：李瑞丰

参赛单位：秦皇岛市建筑设计院

• 作品介绍

本项目通过 BIM 技术进行正向设计，充分利用多种软件的优势共同推进建筑方案设计，从方案推敲、结构计算、效果表达各方面进行可视化表达。

在确定概念方案后，同时开展建筑模型和结构模型的创建，最后整合两种模型，进行碰撞验算和规范校验。利用完善后的模型直接生成平立剖面、设计说明、大样图、明细表等。导出模型后在 Lumion 软件中进行效果图渲染，最终生成方案的全部图纸。

● 交通组织设计

本项目拟扩建一小型社区卫生院。该项目建筑总层数为二层，允许局部一层，方案充分利用场地现有优势，保留水池，并围绕其展开丰富的庭院景观布置，丰富患者的活动空间。

将建筑布置在用地范围内尽量靠南的场地中，扩大室外活动场地；将停车场布置在场地东侧。

同时在立面设计上采用了装配式构件，在丰富立面效果的同时，提高建造效率，节约资源。

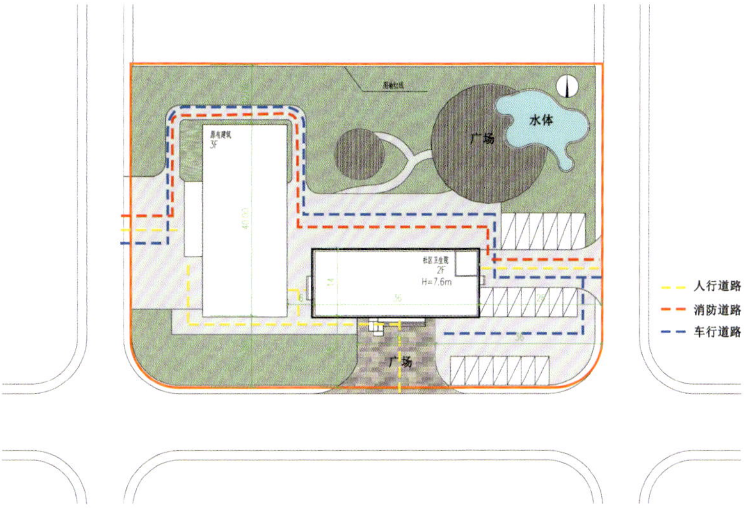

● 建筑功能分区

一层建筑功能合理，流线顺畅。从主出入口进入后为大厅，其东侧为挂号室，大厅西侧为观察室、输液室和储藏室。急诊区由建筑的东侧出入口进入，急救室紧邻东侧出入口，方便医护人员对患者进行快速处理。两种输液和急诊需求互不影响，人流无交叉。

患者使用的功能性房间布置在南侧，可以获得最佳日照条件；办公室、卫生间、楼梯间等布置在北侧。

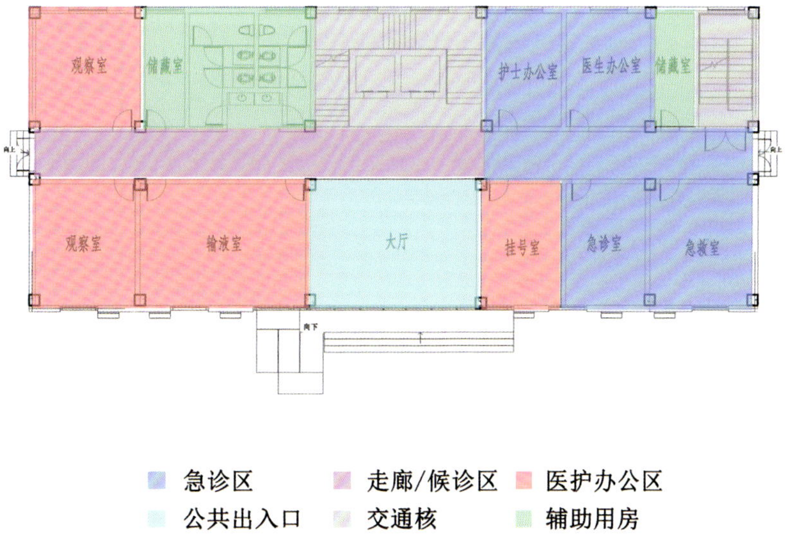

二层建筑平面布置分区明确，功能合理。南侧八个房间均为病房，占据最佳的采光和通风条件；北侧为护士站等医护用房，便于医护人员迅速地对患者进行护理。

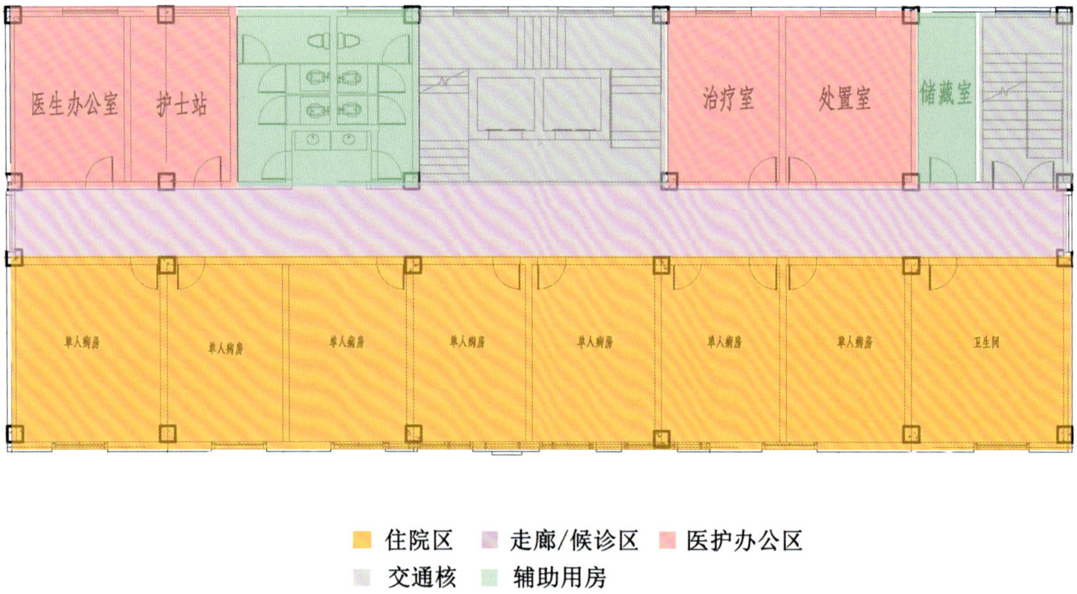

● 结构设计合理性

本建筑采用框架为结构，建筑高为 7.5 m，地上为 2 层，首层层高为 3.6 m，结构设计使用年限为 50 年，建筑室内外高差为 0.45 m。本建筑为乙类建筑，结构安全等级为一级，抗震等级为二级，建筑材料采用 C30 混凝土、HRB400 钢筋。

结构选型：该方案空间分隔灵活，自重轻，节省材料；具有较灵活地配合建筑平面布置的优点，利于安排需要较大空间的建筑结构；框架结构的梁、柱构件易于标准化、定型化，便于采用装配整体式结构，以缩短施工工期；结构的整体性、刚度较好，设计处理好也能达到较好的抗震效果，而且可以把梁或柱浇筑成各种需要的截面形状。

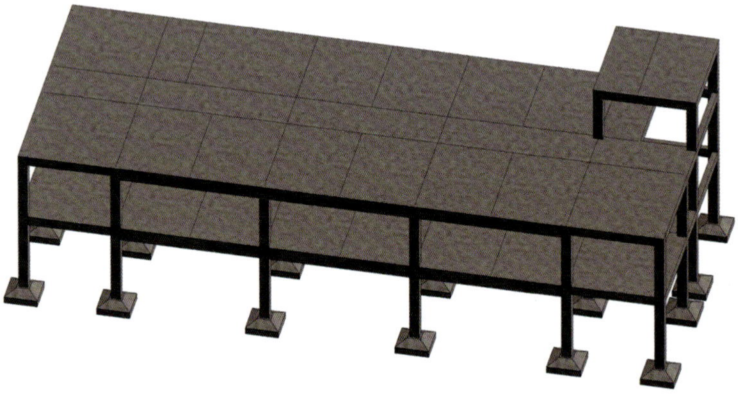

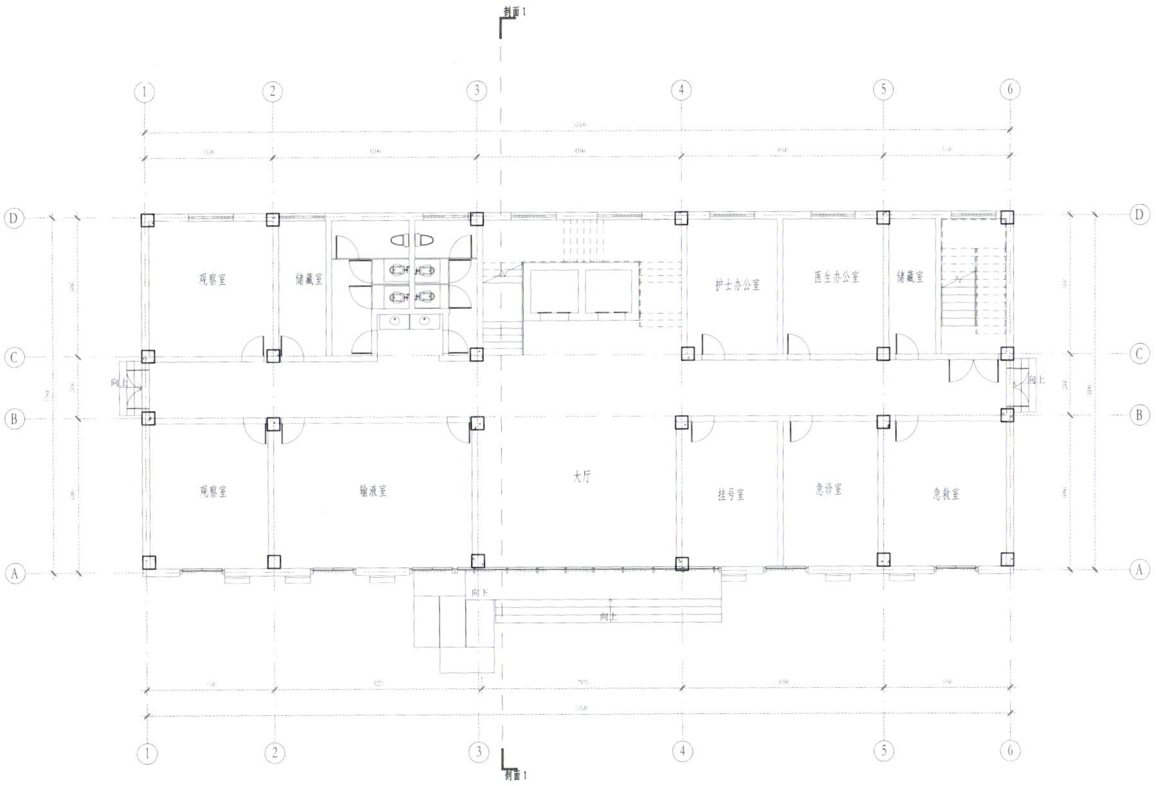
剖面1
观察室
储藏室
护士办公室
医生办公室
储藏室
向上
观察室
输液室
大厅
挂号室
急诊室
急救室
向下
向上
剖面1

一层平面图

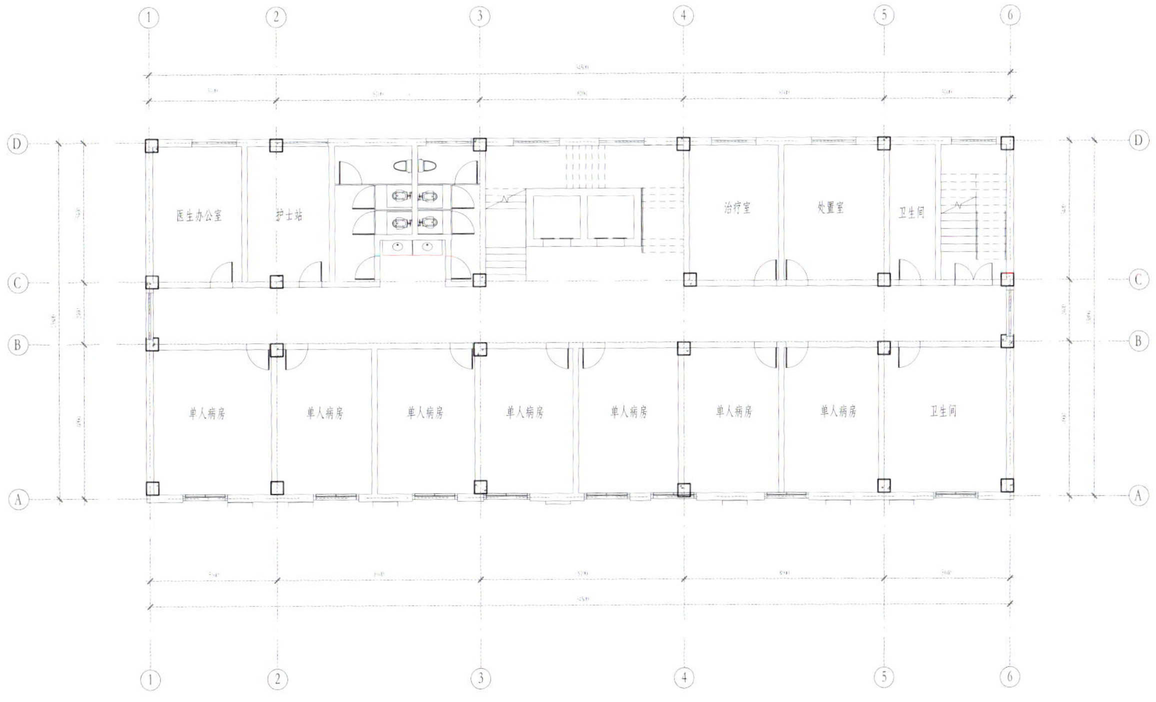
医生办公室
护士站
治疗室
处置室
卫生间
单人病房
单人病房
单人病房
单人病房
单人病房
单人病房
单人病房
卫生间

二层平面图

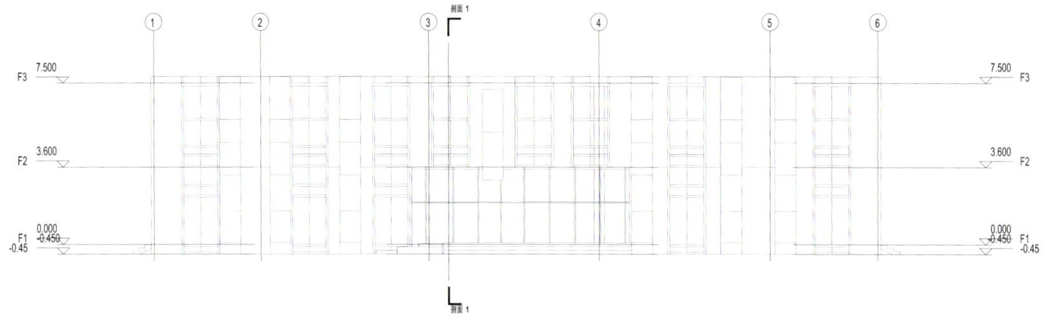

南立面图

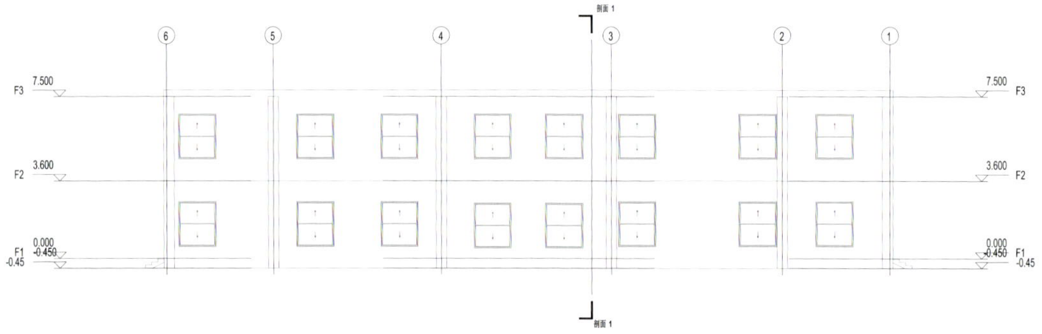

北立面图

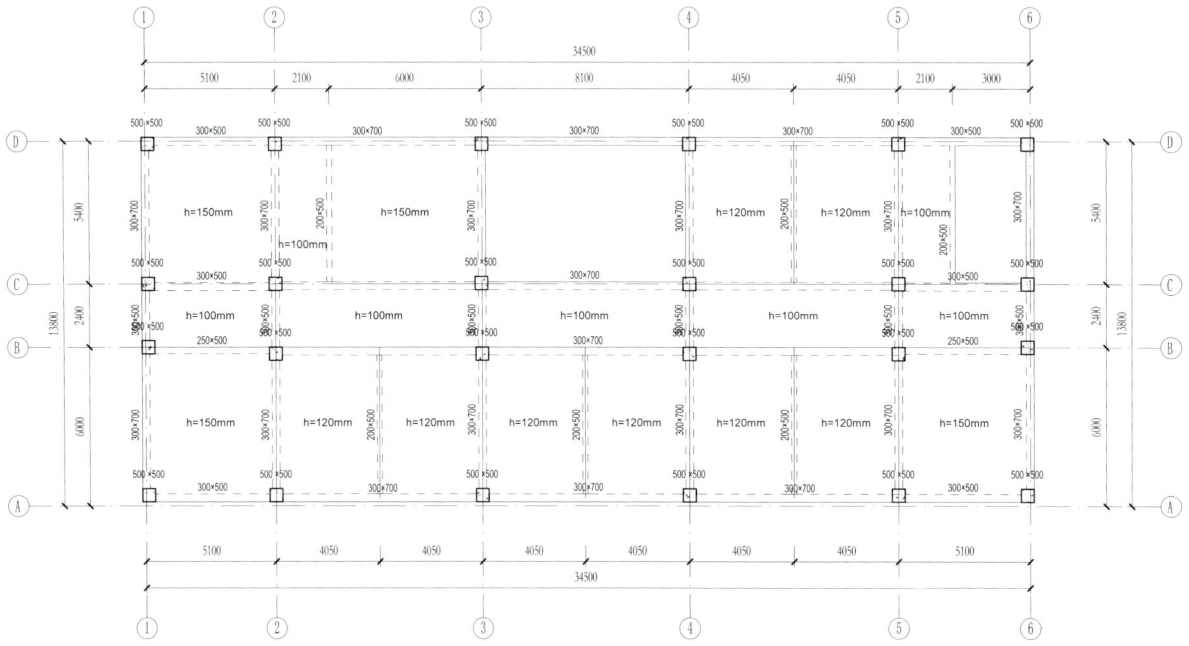

3.550 m 结构模板图

建筑：王梦媛

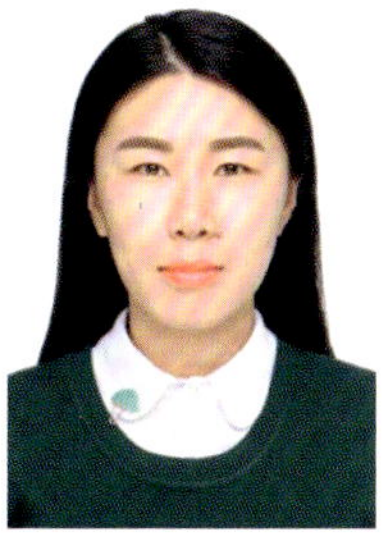

结构：周慧芳

参赛单位：河北建筑设计研究院有限责任公司

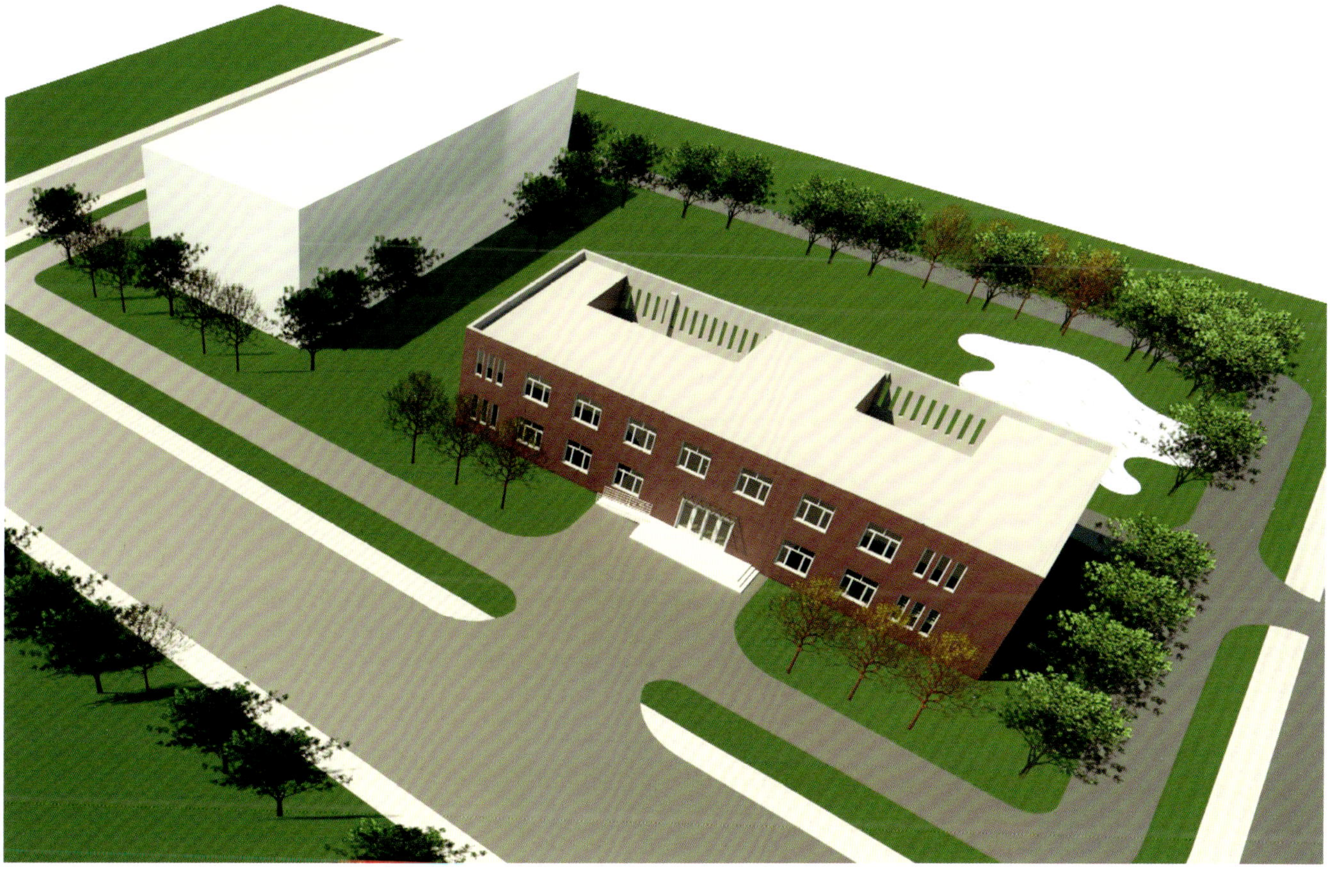

●作品介绍

本项目由建筑结构合作采用 Revit 软件进行正向设计。

在方案阶段，根据简单的 BIM 模型，通过直观的空间推敲，形成初步方案，随后在软件中建立概念方案，由结构专业进行计算并根据计算结果调整方案。方案可行性确定以后，利用软件进行模型细节的建立，形成主要的平立剖施工图。在出图阶段再对图纸进行细化，完善细节标注，完成详图大样、明细表统计、设计说明等的绘制。

● 交通组织设计

本项目为小型社区卫生院扩建项目。新建建筑为二层建筑，局部一层，借用屋顶设置露台。保留基地内原有水体和建筑。

新建建筑设置在用地东南角，南向与西侧原有建筑对齐布置，在南向新增基地的主出入口，面向新建建筑的主出入口，交通便利快捷。在基地东侧增设基地的次出入口，与新建建筑的次出入口联系密切，便于货物运输。基地内形成环路，满足消防和机动车通行需求。内部主要为广场和景观，便于病患及工作人员休息。

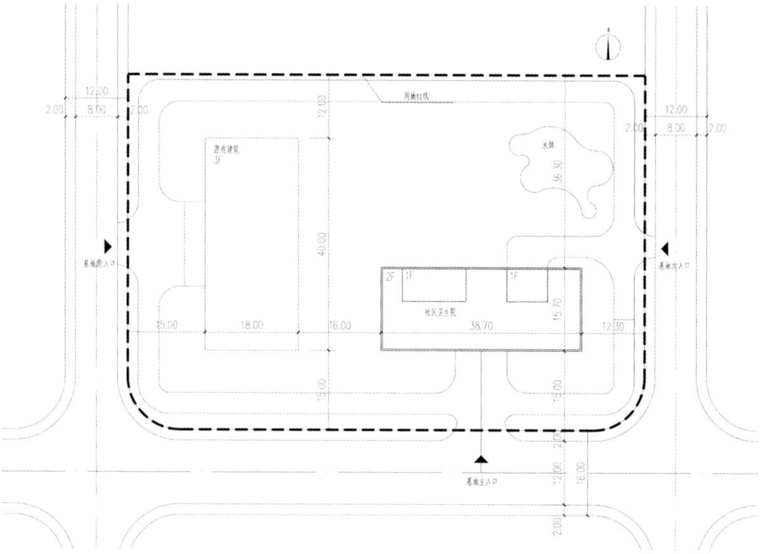

● 建筑功能分区

本建筑基本成左右对称布置，结构合理，功能分区明确。在南向设主出入口，并设置开阔的门厅，用以容纳、接待病患。在北侧设两个次出入口，北侧靠东的出入口临近基地的次出入口，便于货物运输；北侧靠西的出入口与原有建筑临近，用于医生、护士等工作出入；北侧两个出入口均可通至后院，病患及工作人员可以在后院休息，观赏水景。

从功能分区上，首层门厅正对急诊区，给需要急救的患者以最方便快捷的通道。急诊诊断后，需要急救的患者在西侧的急救室接受救治，随后进入观察室接受密切观察。病情不紧急的患者可在东侧的清创室接受简单包扎处理，如需进一步治疗可进入输液室治疗。医生办公区在西南侧，在保证有良好采光的同时，自成一区。主要的患者流线在东南侧，为患者进行住院等后续治疗提供便利。

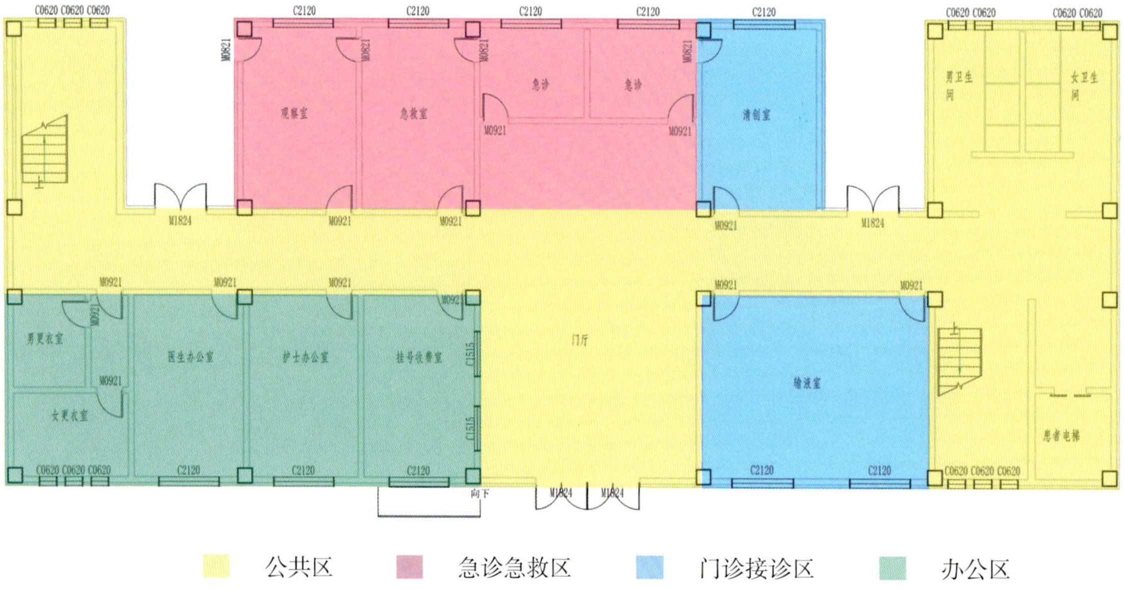

二层建筑功能分区主要分为四个区域。其中，南侧主要设置病房，保证了病房有良好的采光条件，利于患者休养；北侧中间位置为护士站和医生办公室。医生办公室居中布置，减少医护与病患的行走流线，方便统筹管理。

在医生办公区域两侧对着走廊设置两处室外露台。露台外侧用条形墙体围护，既减少了空间憋闷感又保证了一定的私密性和安全性。楼梯位于二层两端，交通方便，疏散便利。

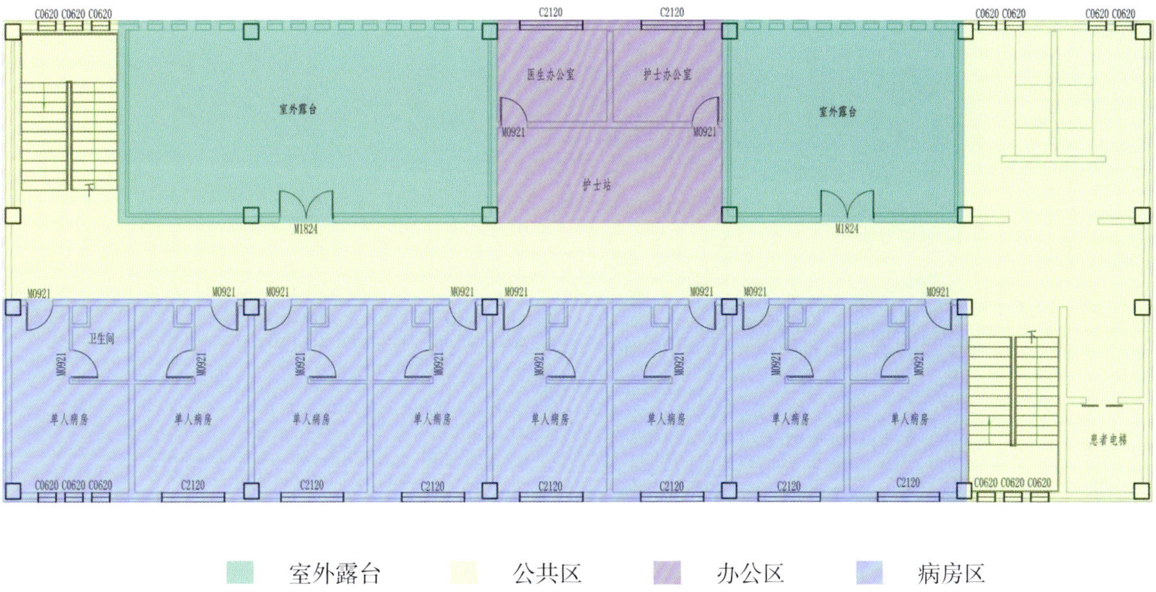

● 结构设计合理性

本项目为二层社区医院，抗震设防等级为 7 度，设计地震分组为第二组，设计基本地震加速度为 0.1 g，场地类别为Ⅱ类。按照《河北省房屋建筑和市政基础设施工程标准管理办法》，本项目抗震设防类别为乙类，抗震等级按照 8 度进行控制，即为二级。结构安全等级为一级，设计使用年限为 50 年。

本项目采用框架结构，按照建筑平面布置需求，水平跨度为 8.0 m 的框架梁配筋偏大，为满足钢筋锚固要求，框架柱截面采用 500 mm×500 mm。建筑层高为 3.6 m，预留设备安装空间 350 mm，保证净高大于 2600 mm，梁高控制在 600 mm 以内。次梁布置为单向次梁。基础形式为独立基础。结构材料：混凝土 ，强度等级为 C30；钢筋，强度等级为 HRB400。

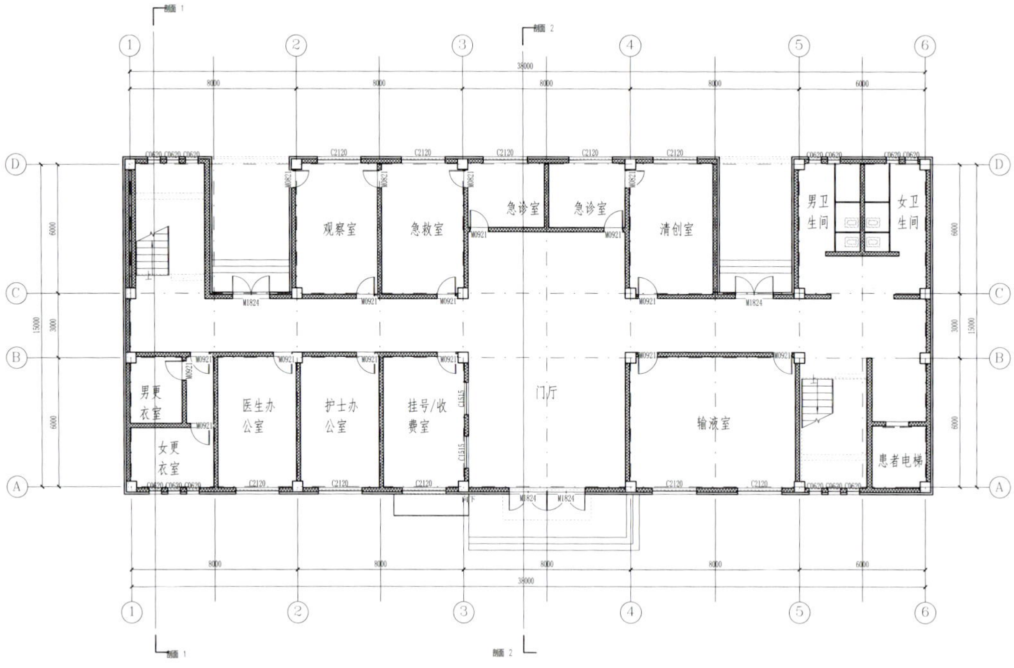
观察室
急救室
急诊室
急诊室
清创室
男卫生间
女卫生间
男更衣室
女更衣室
医生办公室
护士办公室
挂号/收费室
门厅
输液室
患者电梯
38000
8000
6000
15000
3000

一层平面图

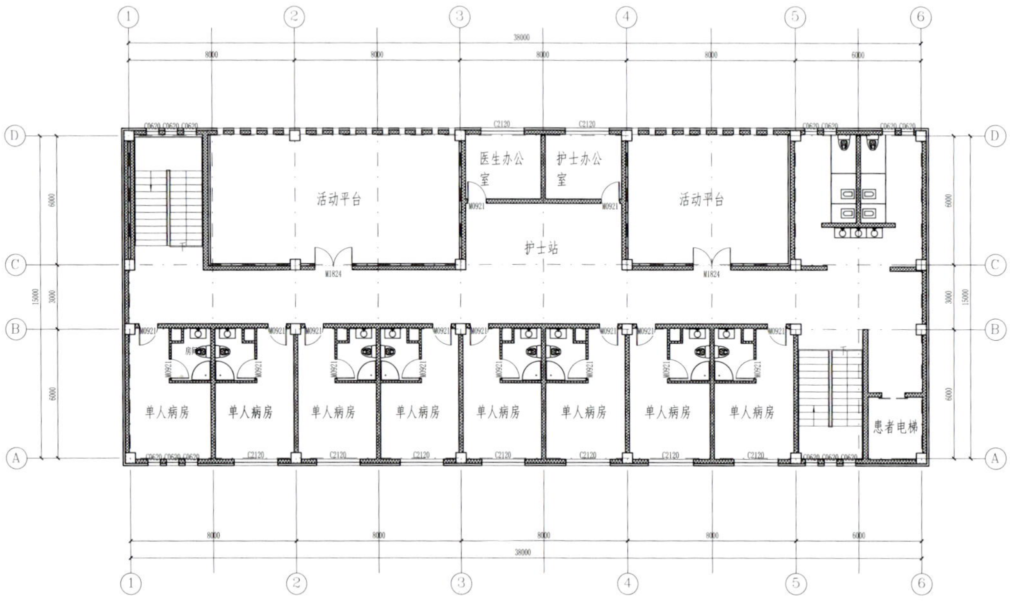
活动平台
医生办公室
护士办公室
活动平台
护士站
单人病房
单人病房
单人病房
单人病房
单人病房
单人病房
单人病房
单人病房
患者电梯
38000
8000
6000
15000
3000

二层平面图

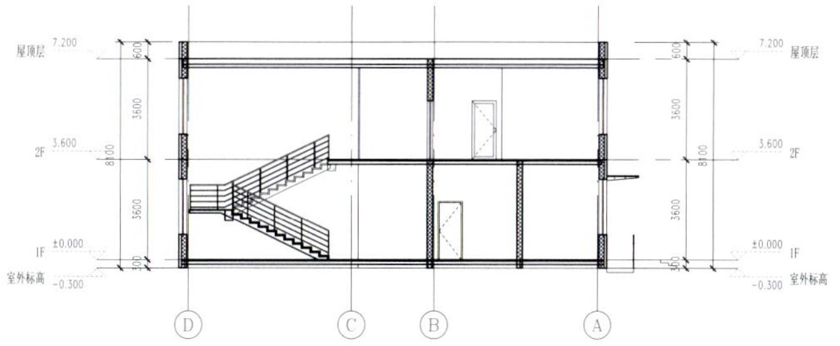

1–1 剖面图

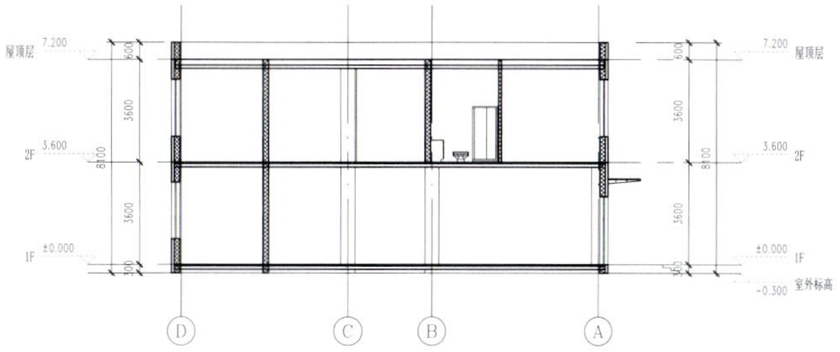

2–2 剖面图

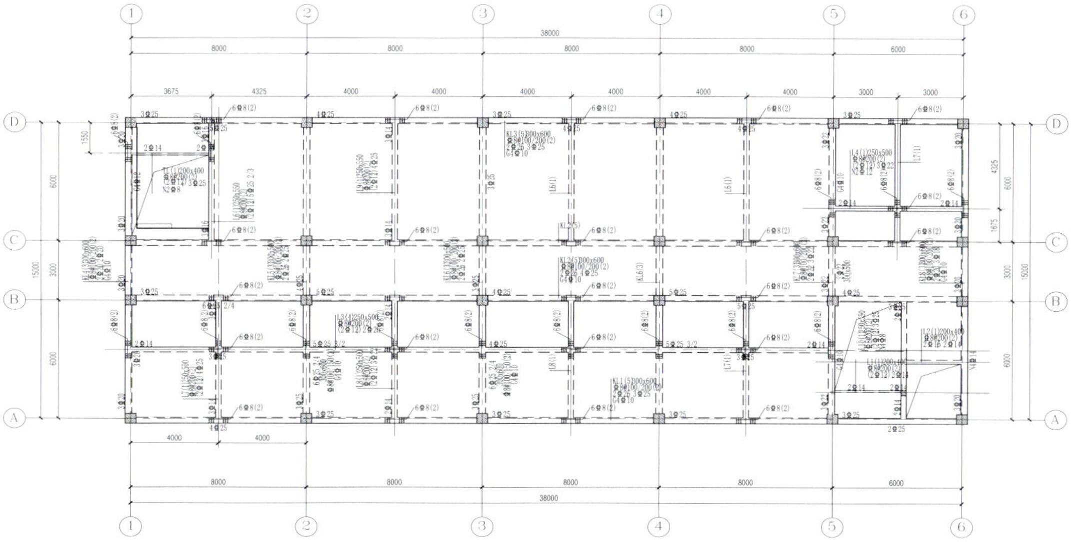

3.550 m 梁平法施工图

参赛单位：河北北方绿野建筑设计有限公司

建筑：刘晓强　　结构：韩　星

● 作品介绍

本项目运用 Revit 等软件进行 BIM 正向设计，通过 BIM 模型进行可视化方案比选，直观地表达出建筑的空间形态及效果。运用 BIM 技术进行正向设计，形成了以模型为设计核心的“一模多图”正向设计流程，有效地提高了设计效率，从生产方式上解决了图模不一致的问题，跨越了设计质量瓶颈。

通过 BIM 正向设计手段，完成了建筑、结构施工图的设计，并通过软件统计出了门、窗、墙体等的施工量，为后期施工作业带来了便利。

● 交通组织设计

本项目为小型社区卫生院，共 2 层，局部一层，建筑高度为 8.350 m。项目所在场地的东侧为原有 3 层建筑，南侧为景观水体，新建建筑坐落在场地的东南侧。新建建筑的主出入口位于地块南侧，车行出入口位于东侧，通过环路提高了内部交通的便利性。

建筑形态为“L”形，与场地内水景形成拥抱态势，并可与东侧原有建筑遥相呼应。两个出入口均满足设计要求。在道路一侧设置停车场。在建筑的北侧设置景观水系公园，使二者有机结合，动静分离，为患者提供舒适的休憩场所。

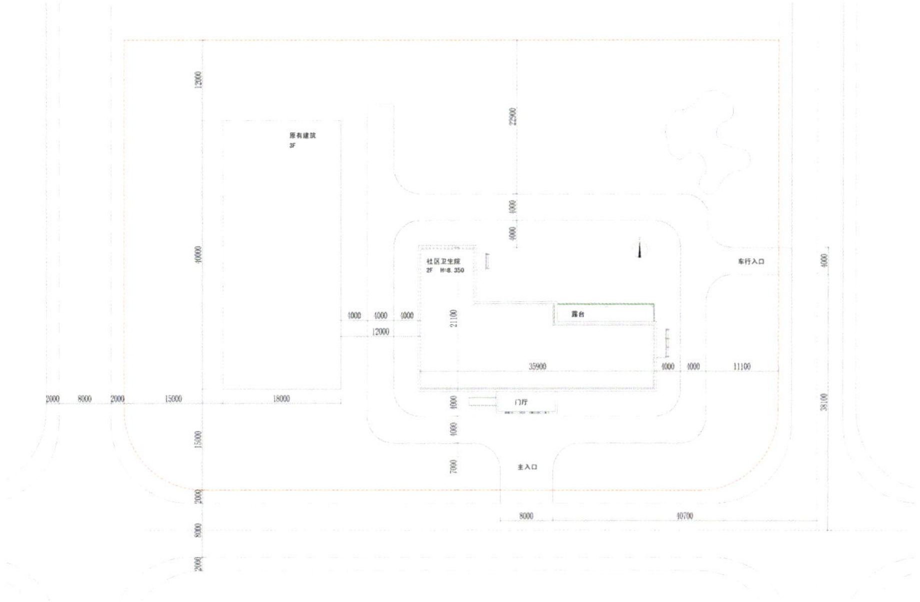

● 建筑功能分区

在一层主出入口处，利用门厅将诊疗区与急诊急救区分隔。护士办公室位于咨询台北侧，便于通达诊疗与急诊急救两个区域，流线便捷、通畅。两个分区内各有一部楼梯与二层相通，既满足了疏散要求，又加强了各分区之间的直达性。

二层建筑平面功能分区以病房区为主，所有病房均设置于南侧，以提供最佳的采光条件。西北侧设值班诊疗区。护士站设置于中北侧，便于观察各个病房情况并及时做出反应。

结合场地内水景观的位置，将露台设置于建筑二层东北角区域，便于患者进行室外活动。同时外墙设置落地门联窗，增加室内通透性，在增强采光的同时，拉近了患者与景观之间的距离。

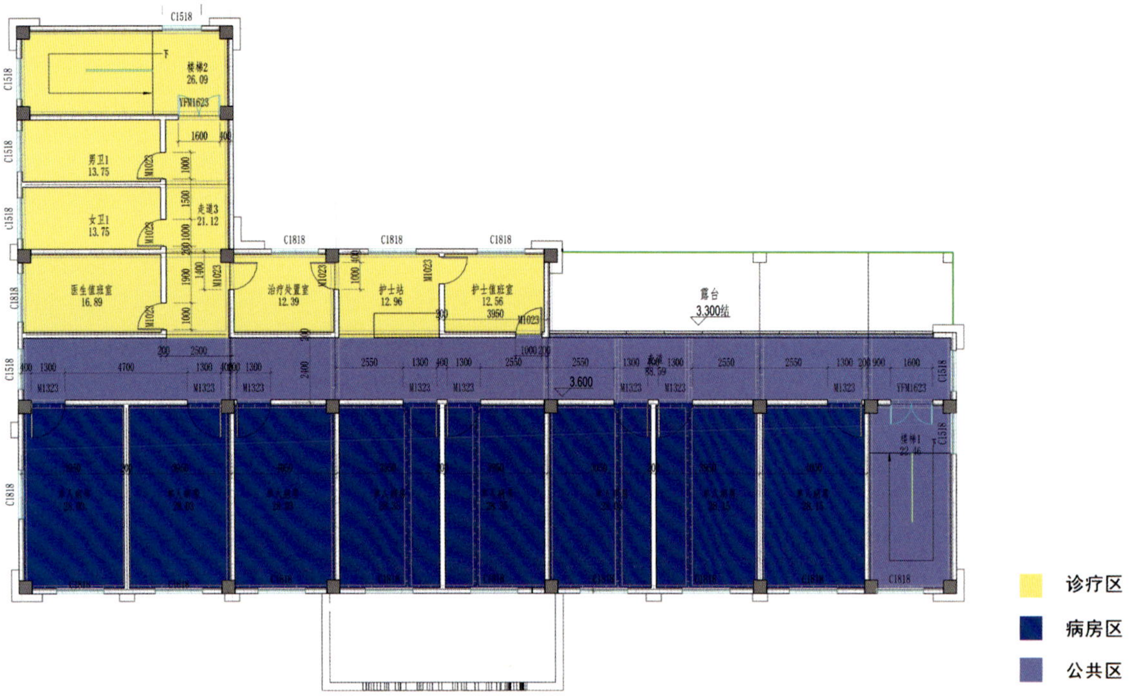

● 结构设计合理性

本项目地上采用钢筋混凝土框架结构，基础采用现浇混凝土独立基础。混凝土的强度等级为 C30, 钢筋的强度等级为 HRB400。房屋为地上两层，建筑层高为 3.6 m，屋顶标高为 7.2 m，室内外高差为 0.45 m。本项目按 7 度抗震设防，设计地震分组为第二组，设计基本地震加速度为 0.1 g，场地类别为Ⅱ类，不考虑风、雪荷载。结构安全等级为一级，设计使用年限为 50 年。根据《建筑抗震设计规范》及《建筑工程抗震设防分类标准》，本项目为乙类建筑，抗震等级为二级。

本项目采用现浇混凝土框架结构，内墙采用双面抹灰条隔墙，外墙采用蒸压粉煤灰加气混凝土砌块。考虑建筑使用功能，要求最大柱跨度取 8.1 m；考虑立面效果及结构跨度影响首层边框梁取 800 mm 高，二层边框梁取 900 mm 高，内部次梁尽量顺隔墙布置，高度采用 250 mm×600 mm。

本项目结构平面布置简单、规则，结构竖向构件刚度均匀连续，房屋总长度控制合理，结构构件类型、尺寸规格统一协调，方便施工。

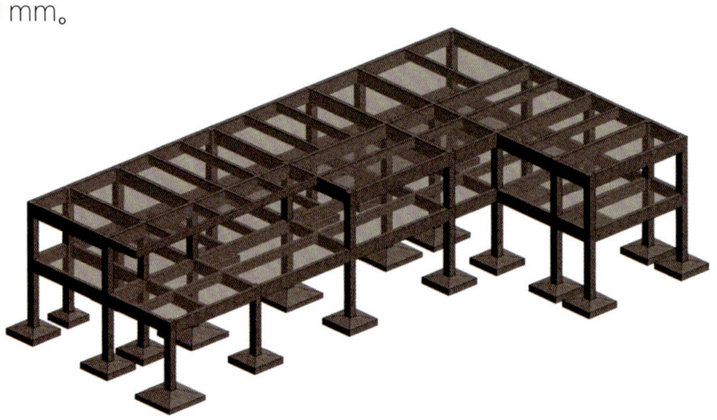

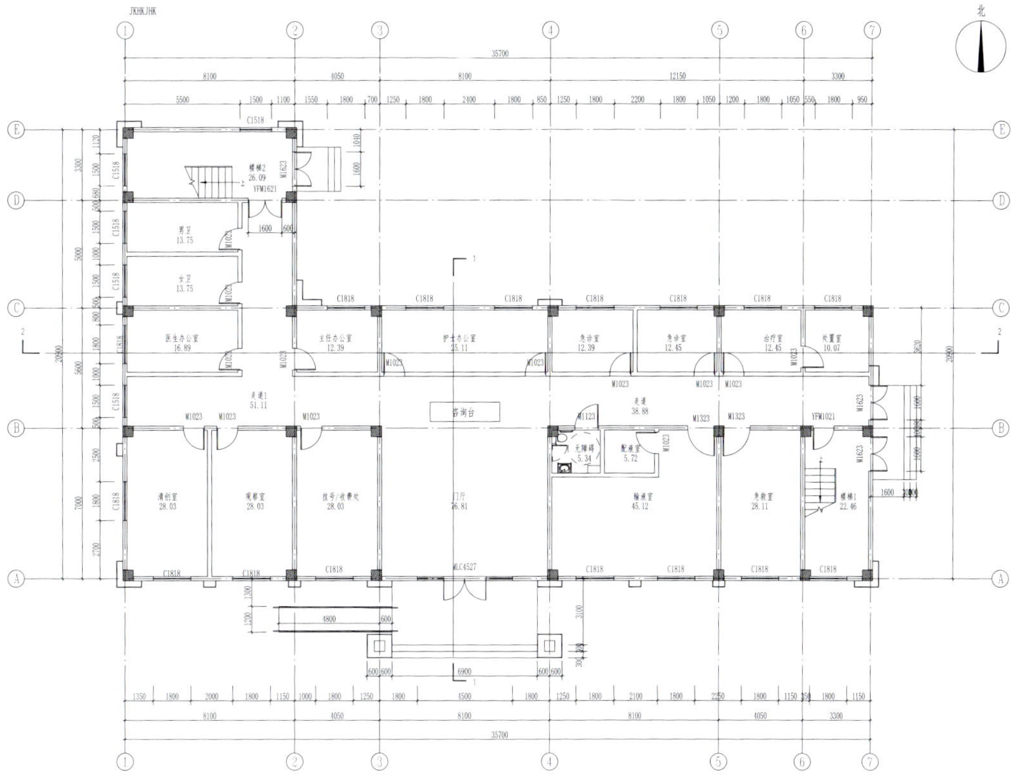

一层平面图

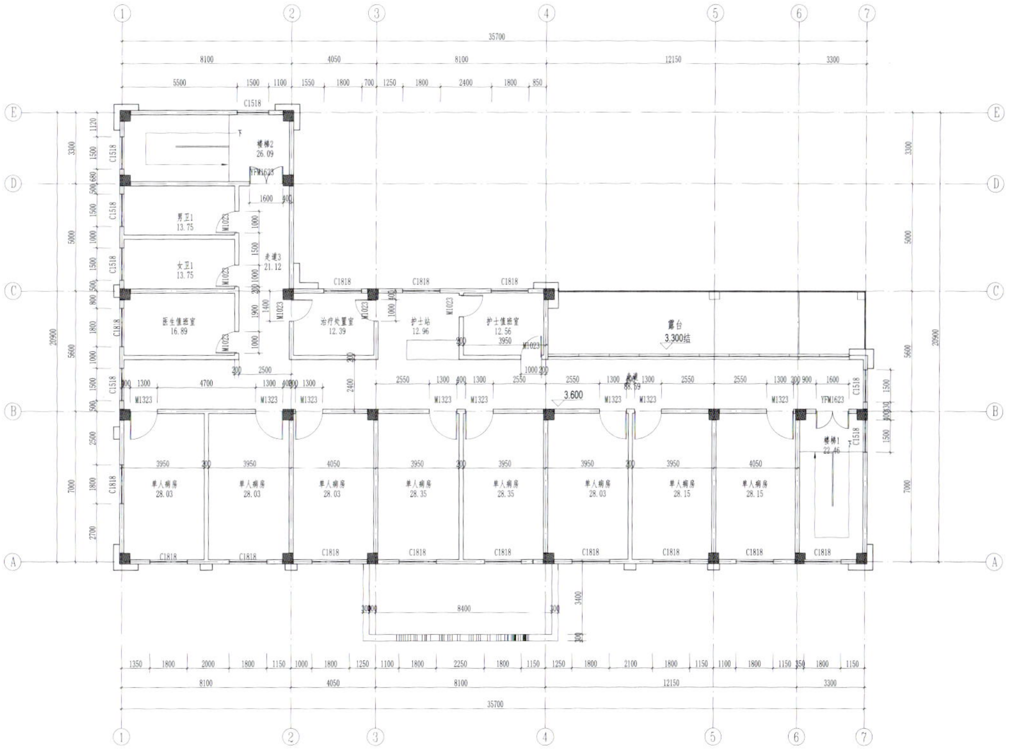

二层平面图

北立面图

南立面图

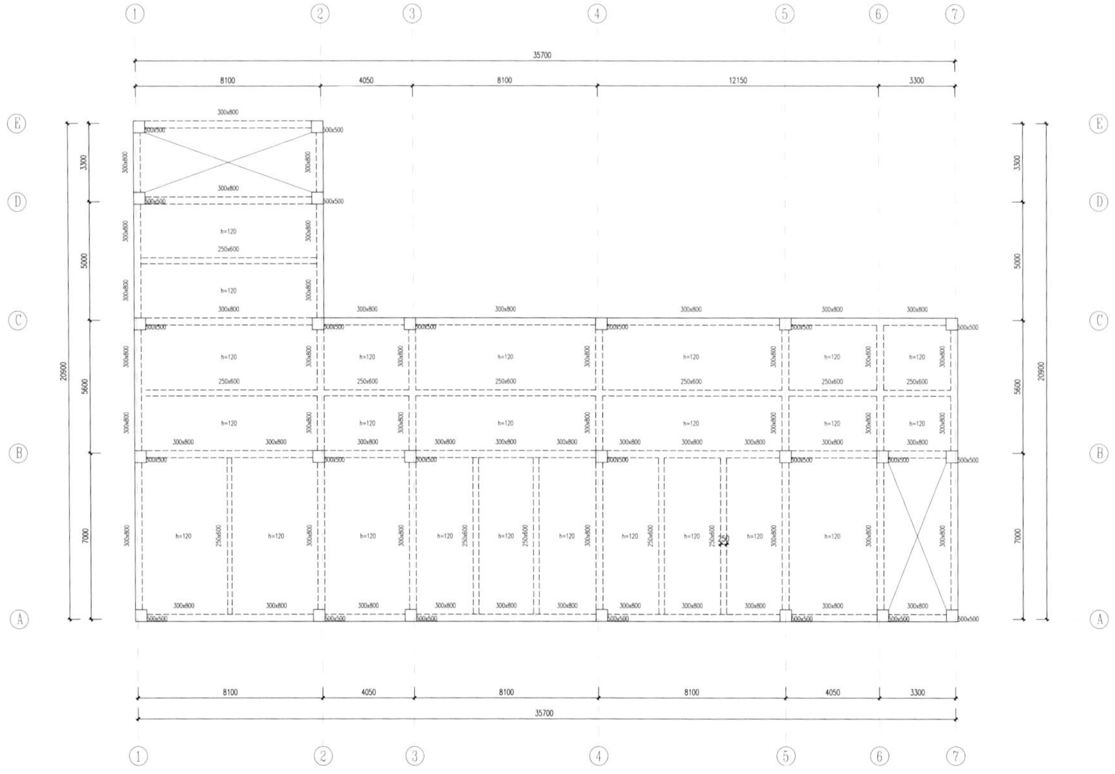

3.550 m 结构模板图

建筑：刘梦田

结构：江梦帆

参赛单位：北方工程设计研究院有限公司

• 作品介绍

方案阶段：利用 BIM 模型对方案进行修改完善（包括柱网、跨数、层数、造型等）。

施工图阶段：首先，在方案 BIM 模型基础上利用 PKPM 软件对结构构件的截面、配筋、位移等大指标进行优化，然后将 PKPM 模型导出为 Revit 模型（包括梁、柱、板及基础）；在结构 BIM 模型基础上建立建筑 BIM 模型（增加门窗、填充墙、功能分区等）。

施工图出图阶段：完善细部构造；生成平立剖图、梁板柱基础图、节点详图、设计说明，及工程量统计、门窗明细表等。

● 交通组织设计

本项目拟在原有一栋建筑和水体的场地内新建小型社区医院，在保留原有建筑和水体的情况下保证建筑退道路红线大于 8 m，退用地界线大于 5 m，满足消防要求，并在南侧和东侧设置两个出入口。

建筑设置在水体附近，方便人员在水边散步、休息，二层露台的设置也让病房的病人可以更加方便地欣赏水体景观。

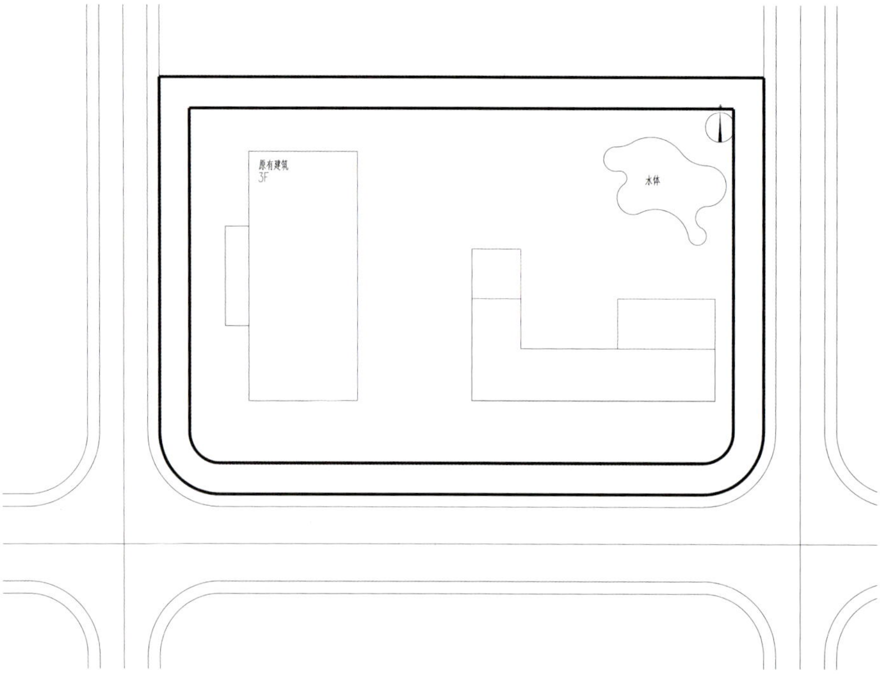

● 建筑功能分区

在一层建筑平面主出入口附近布置和急诊功能相关的功能用房，“L”形布置减小了步行距离。

首层设置三个出入口，其中南侧的为主出入口，北侧的为疏散口，东侧的为污物通道，二层病房区的污物通过楼梯并经污物通道运出。

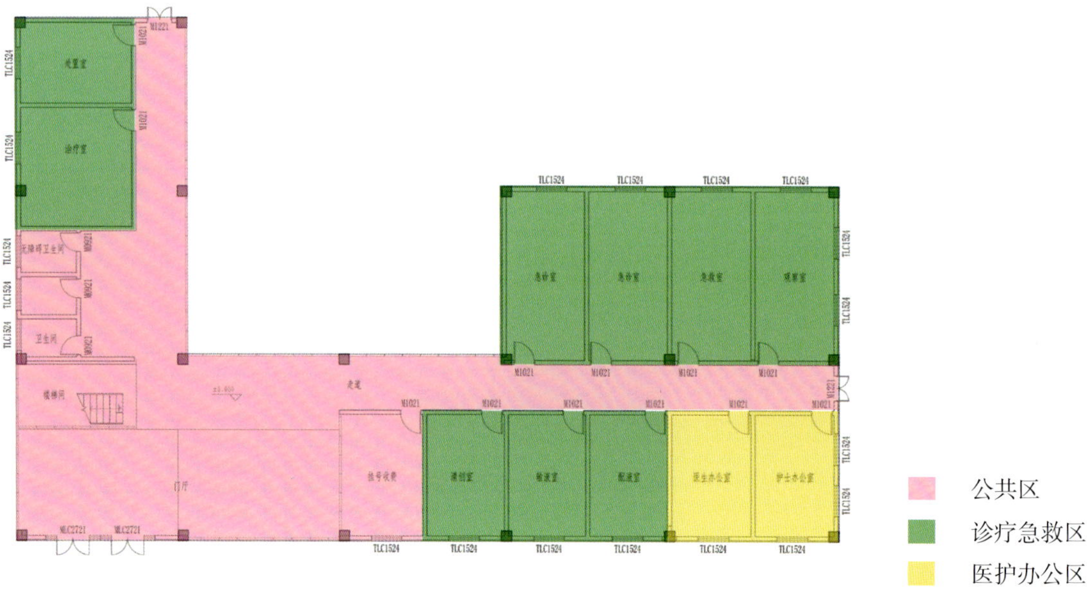

二层建筑平面布置分区明确，功能合理。南侧房间全部为病房，满足采光通风要求；北侧为医护工作区域，便于医护人员迅速地对患者进行护理。

在二层北侧设置的两个露台为患者和医护人员提供了休息场所。

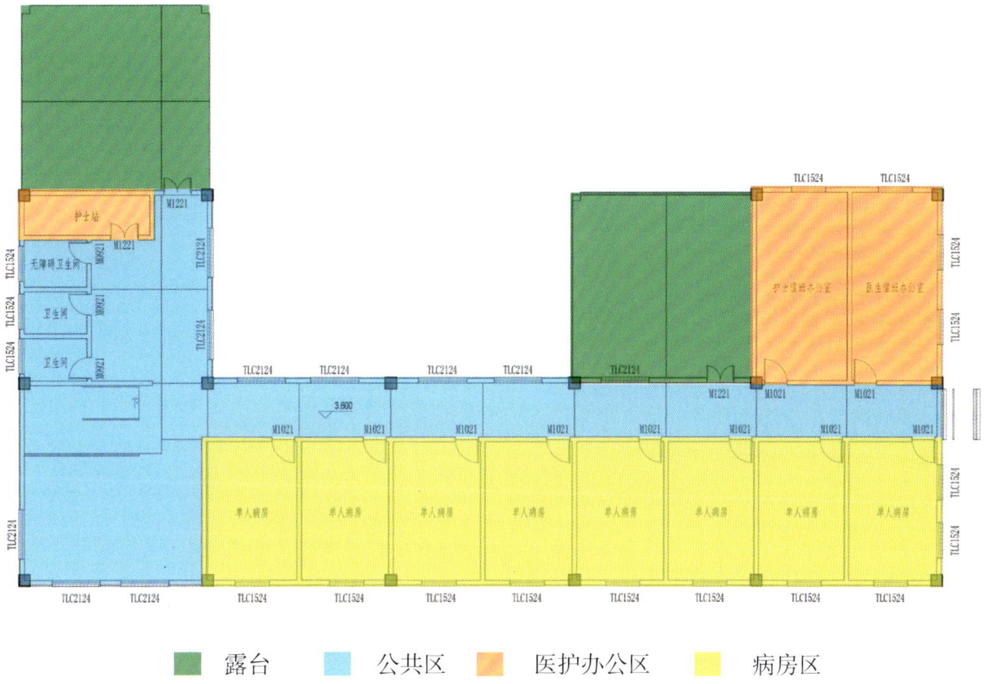

● 结构设计说明

建筑物主体高度为 7.2 m，为地上两层，层高为 3.6 m；抗震设防烈度为 7 度，设计基本地震加速度为 0.10 *g*，设计地震分组为第二组；抗震设防类别为重点设防类，设计使用年限为 50 年，耐久年限为 50 年；建筑的结构安全等级为二级。

结构选型：主楼采用现浇钢筋混凝土框架结构；楼板、屋盖体系采用现浇筑钢筋混凝土梁板结构；主楼部分基础采用柱下独立基础。

结构材料：选用 C30 混凝土；钢筋的主筋采用 HRB400 级钢筋，构造钢筋采用 HPB300 级钢筋；填充墙采用加气混凝土砌块墙；与土接触的墙采用水泥实心砖。

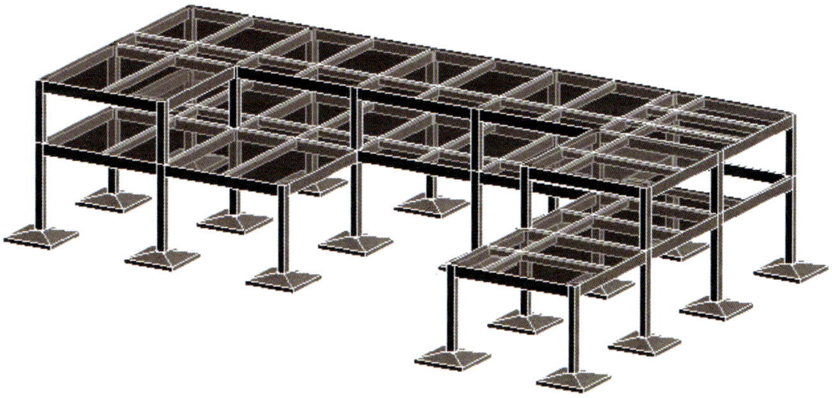

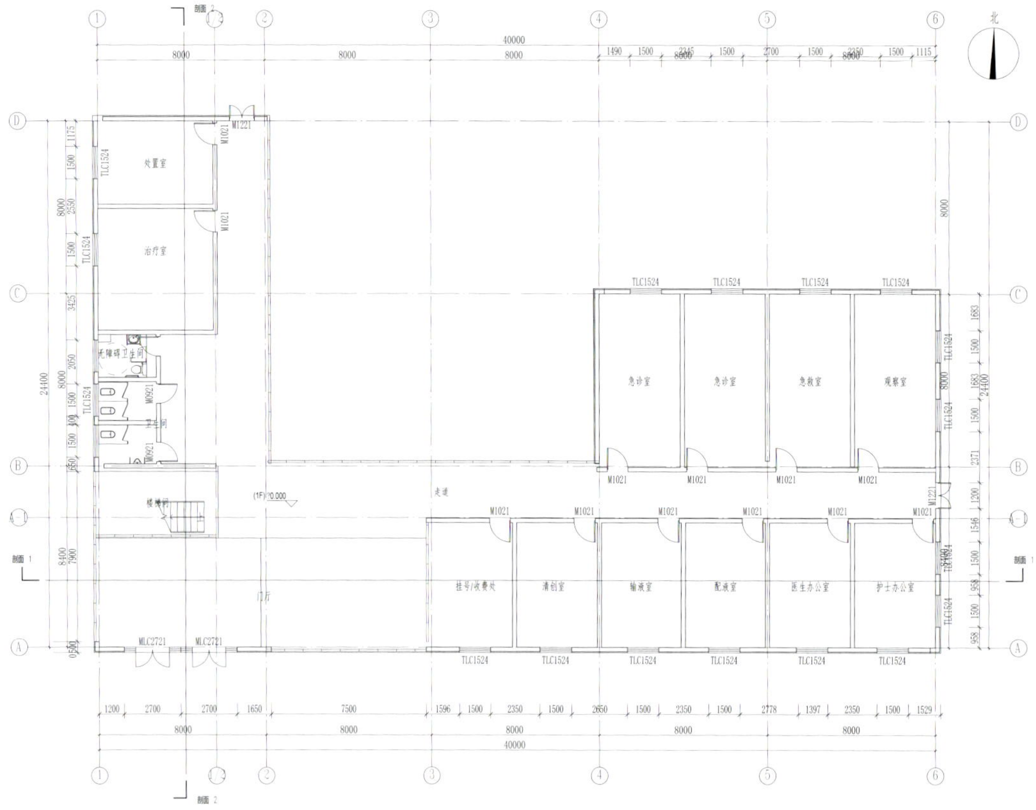
处置室
治疗室
急诊室
急诊室
急救室
观察室
挂号/收费处
清创室
输液室
配液室
医生办公室
护士办公室
门厅
走道

一层平面图

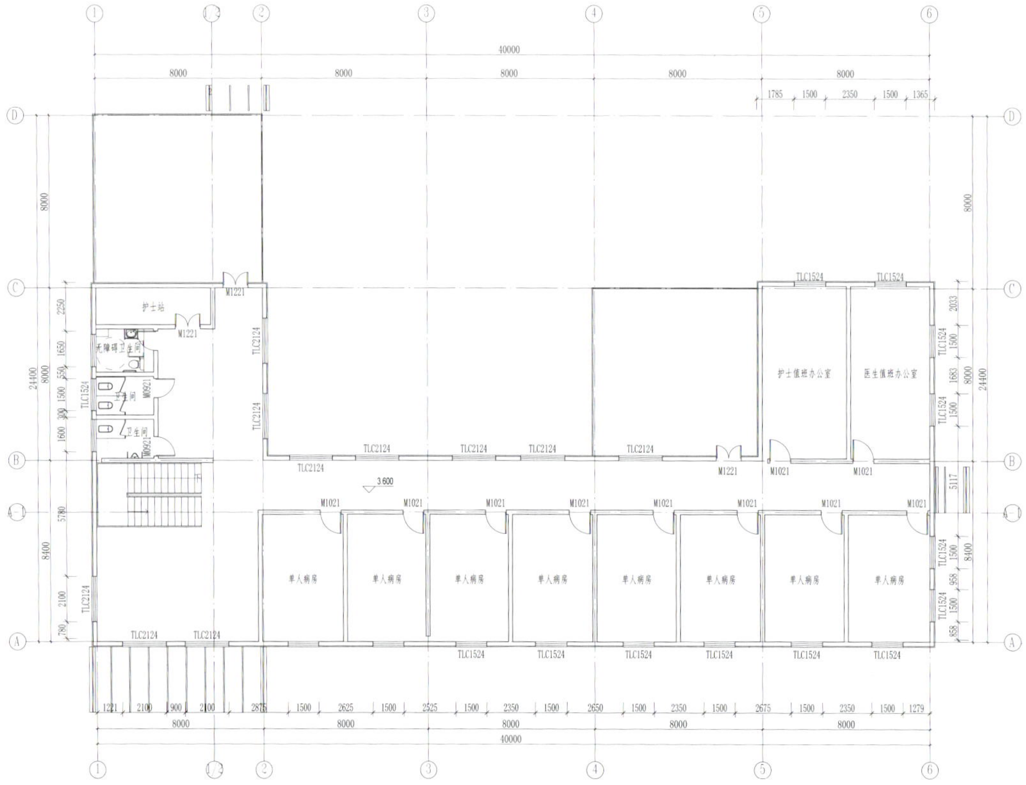
护士站
护士值班办公室
医生值班办公室
单人病房

二层平面图

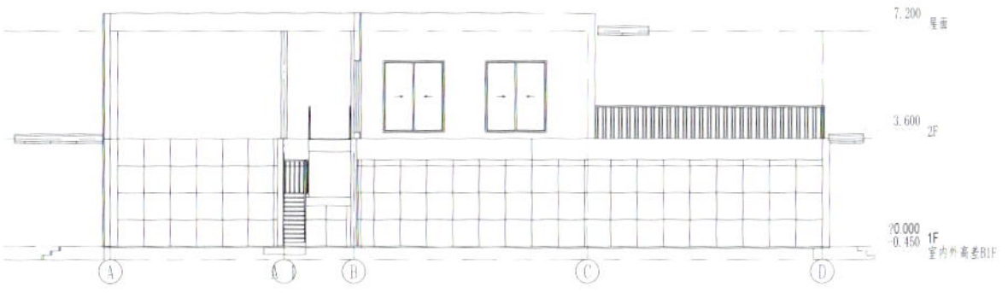

东立面图

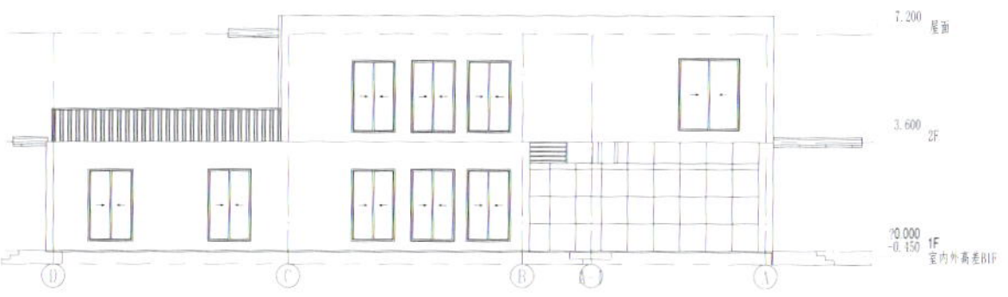

西立面图

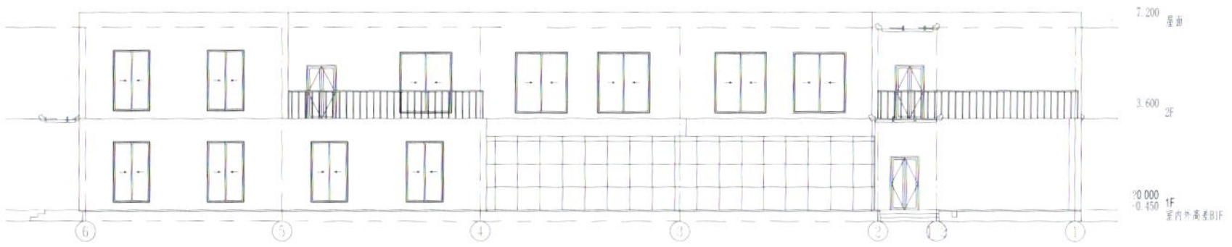

北立面图

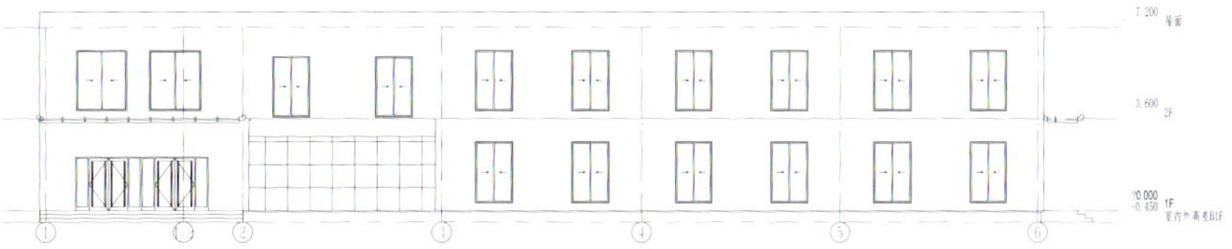

南立面图

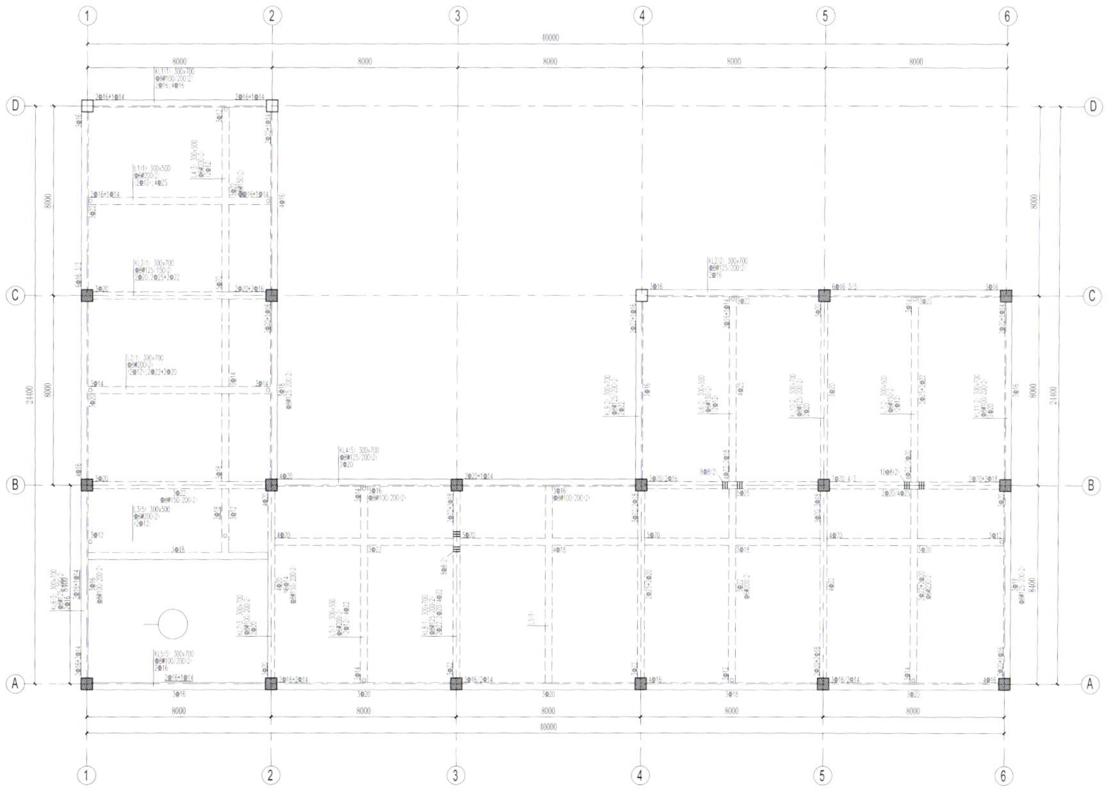

3.550 m 梁平法施工图

建筑：苑启繁

结构：朱晓航

参赛单位：保定市建筑设计院有限公司

• 作品介绍

本项目利用 BIM 技术进行正向设计，预防建筑项目在规划阶段可能发生的潜在冲突。

利用创建好的 BIM 模型提升设计质量，完成建筑、结构专业施工图设计，有效提升协同效率。

施工图出图阶段：完善建筑、结构模型细部构造，进行平立剖图、详图大样、设计说明等图纸绘制，完成明细表统计工作。

● 交通组织设计

本项目拟扩建一小型社区卫生院。该项目建筑总层数为二层，允许局部为一层，基地内水体及原有建筑保留。建筑退道路红线大于 8 m，退用地界线大于 5 m，所以新建建筑满足消防要求。本项目主出入口和车行出入口分别设置在两条马路上，入口中心距道路红线交叉点均大于 30 m，满足设计要求。

在本项目主出入口与车行出入口处设置停车场，规范车辆停放。在社区卫生院后侧靠近水体的地方设置休闲公园。

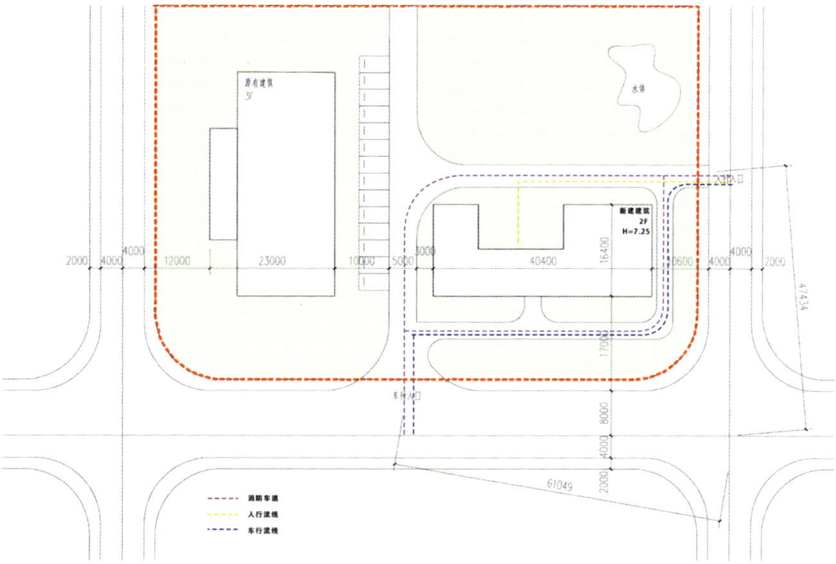

● 建筑功能分区

在建筑首层平面主出入口处围绕门厅区域设急诊区，包括急诊室、急救室、挂号 / 缴费处等功能房间。首层设置两个出入口，南北布置，方便服务来诊患者。

在走廊西侧，依次分布观察室、清创室、输液室、配液室、护士值班室和医生办公室等功能房间。

分别在东侧、西侧合理布置男、女卫生间和一个无障碍卫生间，方便服务普通与残障人士。

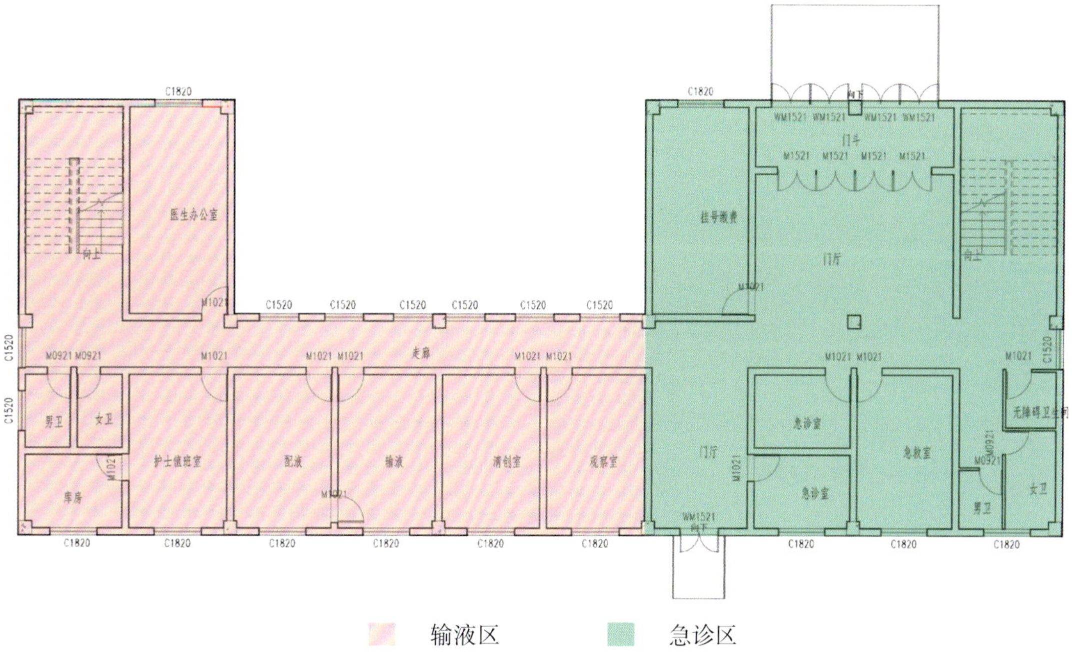

二层建筑平面南侧为病房区和医护工作区，通风采光良好；北侧为库房和处理间。

二层局部结合水面景观设置了露台区，充分利用场地中原有的景观条件，满足人们休闲放松的需要；东侧楼梯直通门厅，西侧楼梯连通上下两层的医护工作区。

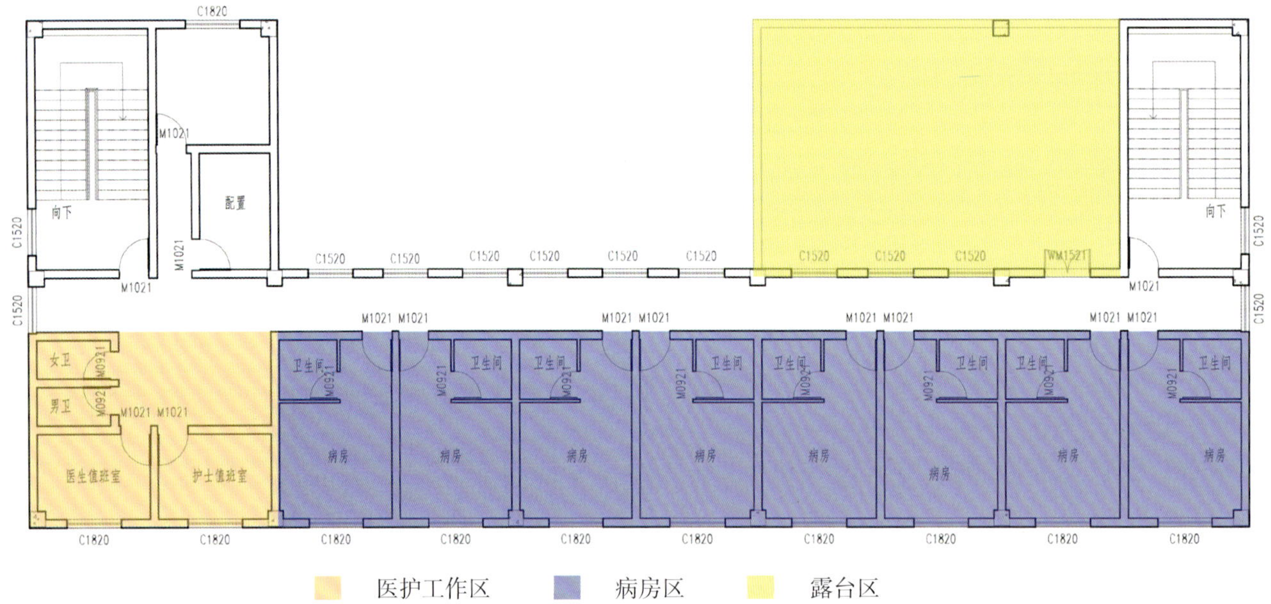

- **结构设计合理性**

房屋高度为 7.5 m，地上为两层，层高均为 3.6 m，室内外高差为 0.3 m。结构形式为钢筋混凝土框架结构，基础形式为独立基础，楼板采用现浇混凝土楼板，为重点设防类别，抗震等级为二级。

框架梁柱、楼板及基础均采用 C30 混凝土，基础垫层采用 C20 混凝土，填充墙采用 MU20 混凝土普通砖 /A3.5 加气混凝土砌块，砌体中圈梁、构造柱、现浇过梁采用 C25 混凝土，钢筋的强度等级为 HRB400。

结构平面布置采用主次梁体系，简单对称，受力明确，轴网为 8000 mm×8000 mm，板跨为 4000 mm，基本满足结构在安全、适用、经济方面的要求。

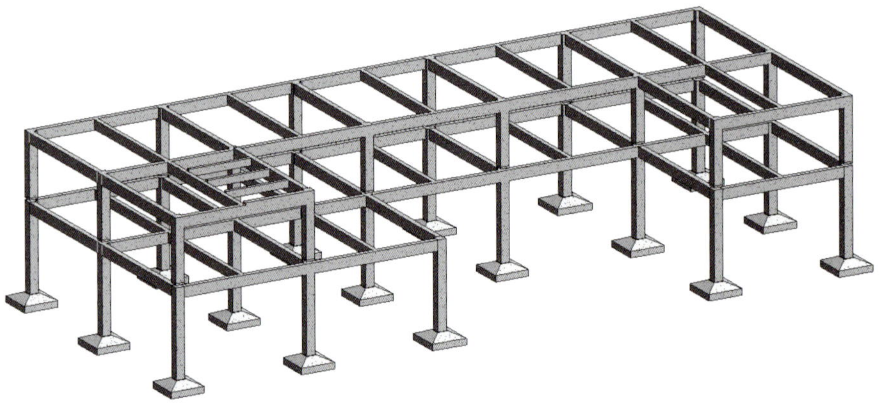

一层平面图

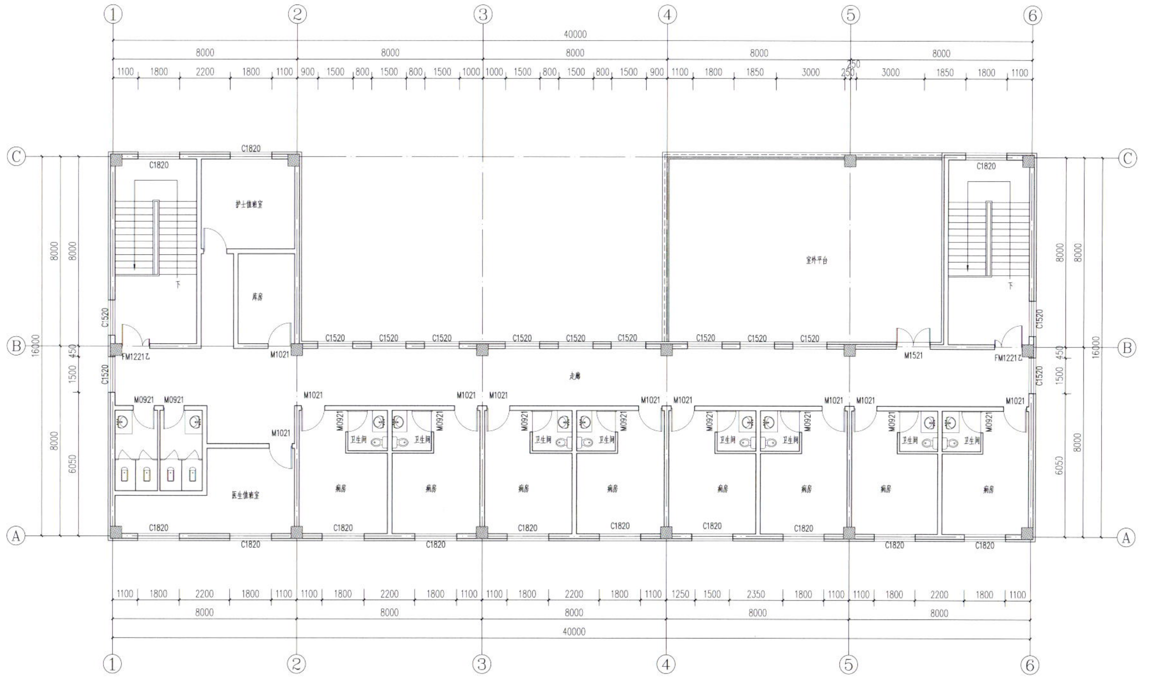

二层平面图

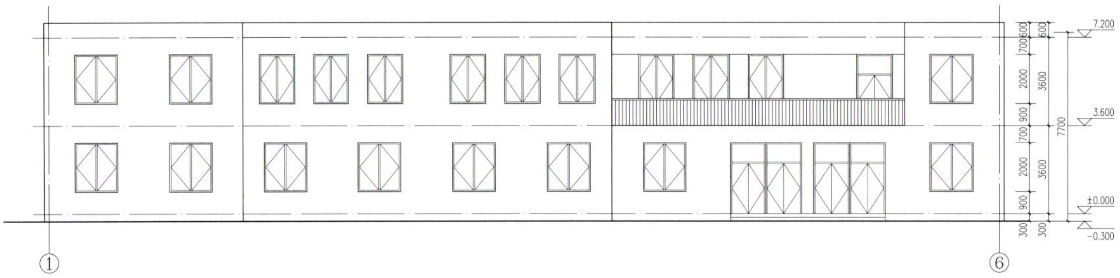

南立面图

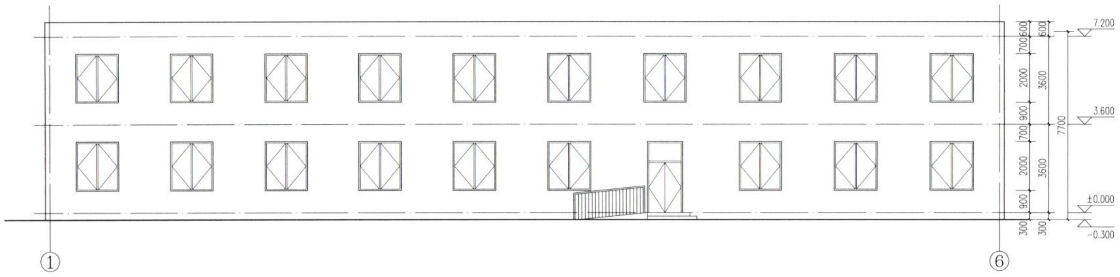

北立面图

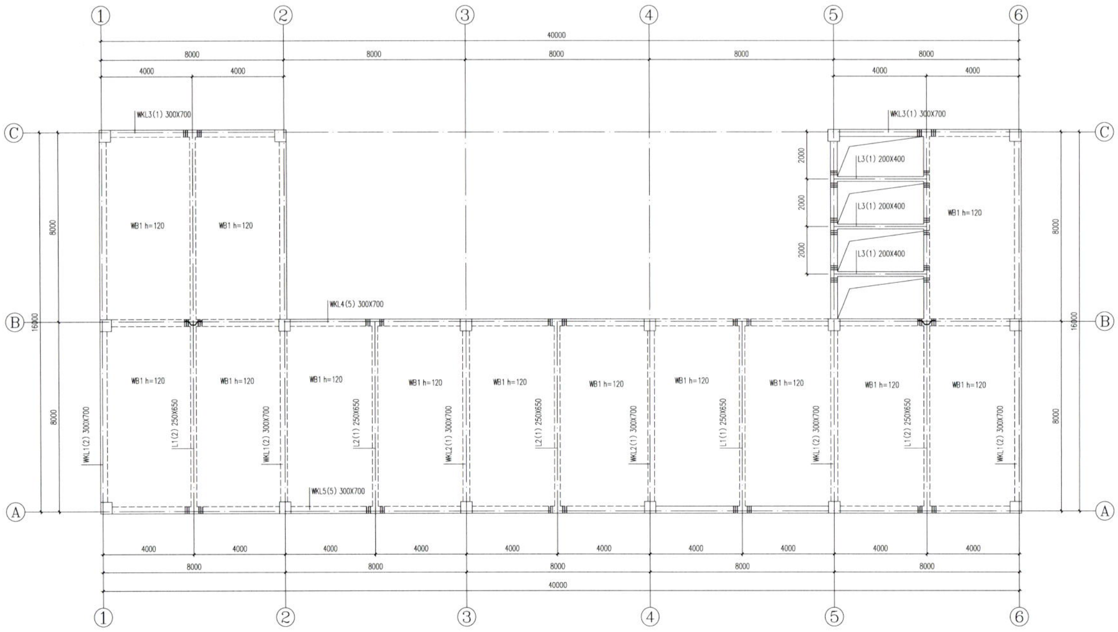

7.200 m 结构模板图

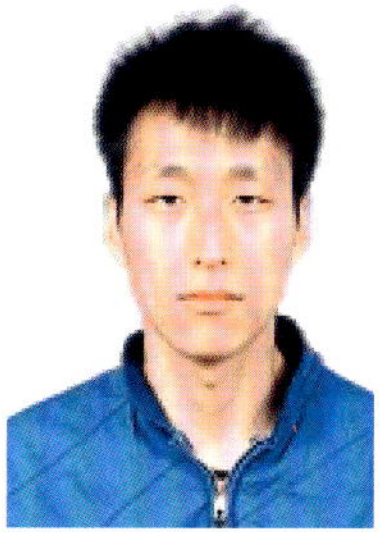

建筑：智利江

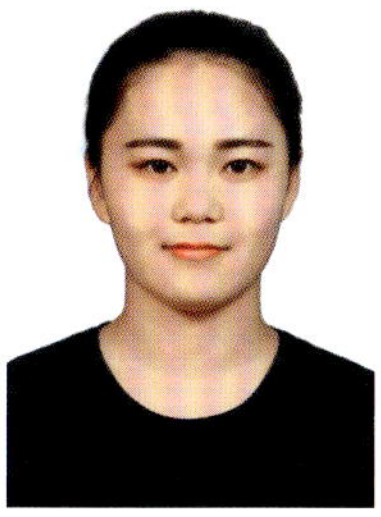

结构：王恩利

参赛单位：河北大成建筑设计咨询有限公司

● 作品介绍

本项目运用 BIM 系列软件进行正向设计。

在方案创作阶段，通过三维比选进行设计决策；通过 BIM 模型研究空间关系，对重点区域净高进行推敲，确保在设计阶段不会因前期决策失误而带来无法挽回的损失；随着方案不断的深化完善，同时建立施工图，利用 Revit 插件对平立剖面图、三维轴侧图等内容进行规范检查及快速标注，达到事半功倍的效果。

利用软件的优势统计出门、窗、墙体等工程量，为后期施工造价等提供参考依据。

• 交通组织设计

本项目为城市社区卫生院，西侧为三层原有建筑，北侧为绿地景观，东西两侧为城市道路。项目共设计两个出入口，东侧为车行出入口，南侧为人行出入口。交通组织遵循人车分流原则，整个设计按照现行防火规范设计，满足人员的疏散和进入需求。

建筑结合室外场地特点呈长方形布置，因地制宜，充分利用地块特点及周边现有状况，对用地区域进行合理功能分区并实现现有景观利用。整体布局将围合式庭院加以深化，形成“围而不闭，通而不透”的空间形态。

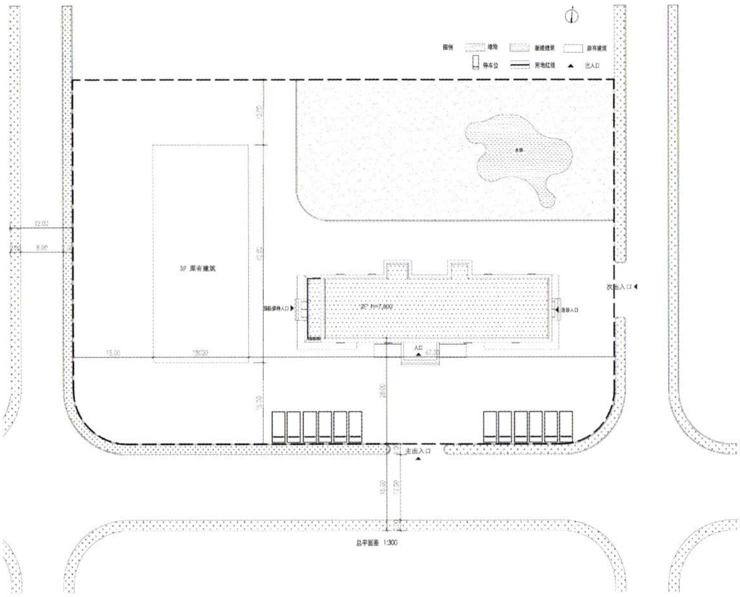

• 建筑功能分区

一层建筑平面功能分区主要围绕预防接种和诊疗急诊两个功能展开，通过主出入口大厅将接种区和诊疗急诊区分隔。 两个区域各设独立出入口，具有联系方便，流线互不交叉，各功能相对独立、互不干扰的特点，满足社区卫生院的各项功能需求。

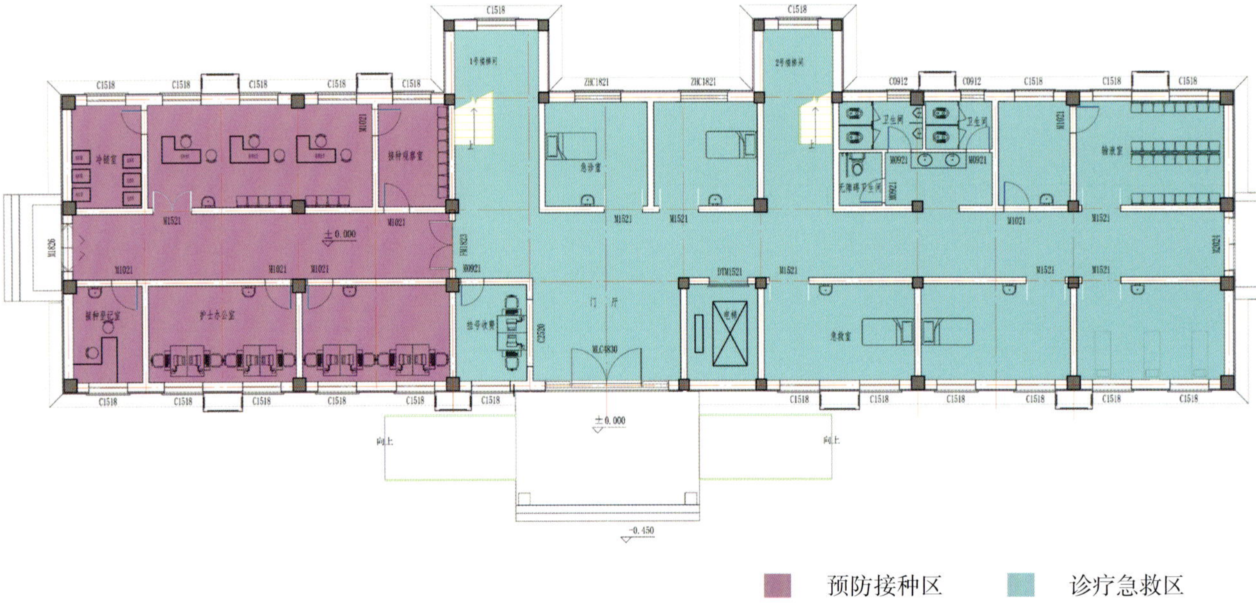

二层建筑平面功能分区主要以病房区为主，提供良好的通风采光条件。医生和护士值班室设置在二层中部，方便其为每间病房的患者提供医辽服务。

二层东侧搭配局部玻璃幕墙，达到了节能减排的绿色建筑标准；西侧设置露台，既能增加室内外绿色景观相互渗透，又能丰富视觉景观效果，减轻患者的疲劳感，为患者提供健康舒适的环境。

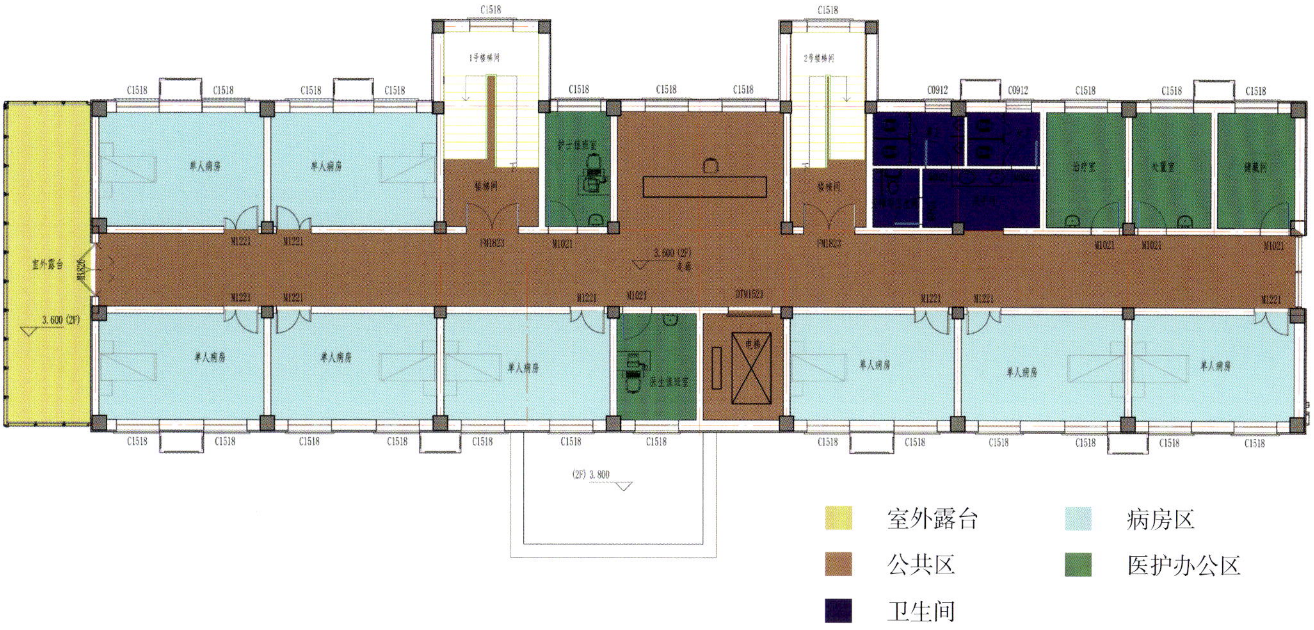

• 结构设计合理性

本项目地上采用钢筋混凝土框架结构，基础采用现浇混凝土独立基础。结构材料：C30 混凝土 ,HRB400 钢筋。根据使用功能，本建筑为乙类建筑，抗震等级为二级。建筑物总高度为 7.2 m，为地上两层，层高为 3.6 m；结构安全等级为一级，设计使用年限为 50 年；抗震设防为 7 度，设计地震分组为第二组，设计基本地震加速度为 0.15 *g*，场地类别为二类。

本项目注重概念设计，重视结构选型和平立面布置的规则性，加强构造措施，保证结构的整体抗震性能，使整个结构具有必要的承载能力、刚度和延性。在设计过程中在关键楼梯部位增设 4 道柱间支撑，承担部分水平力，提高整体抗扭刚度，整体结构受力更加合理，降低配筋。本项目设计安全可靠，经济合理。

根据建筑物的使用功能进行结构选型，考虑房间的使用功能、面积大小及结构体系等要求，进行结构体系布置，梁柱截面协调，整体简单规则，传力明确，体系清晰。

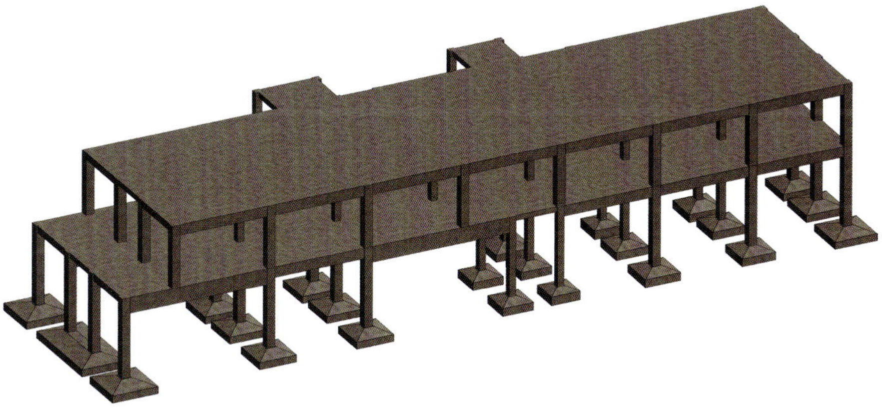

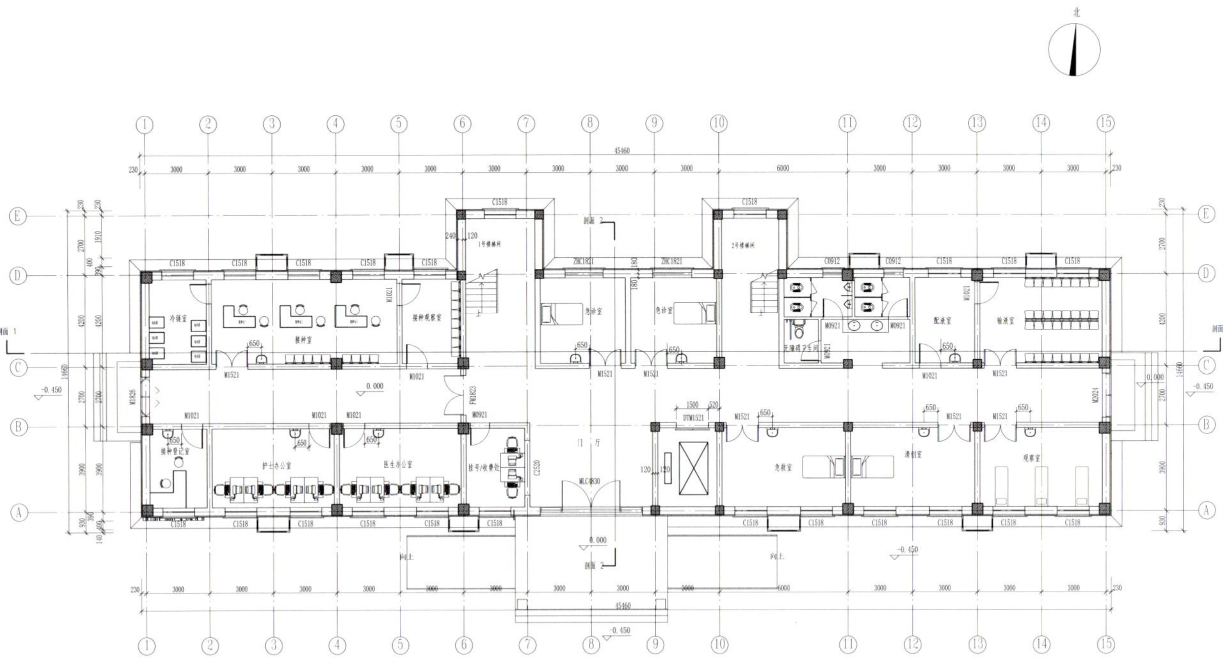

一层平面图

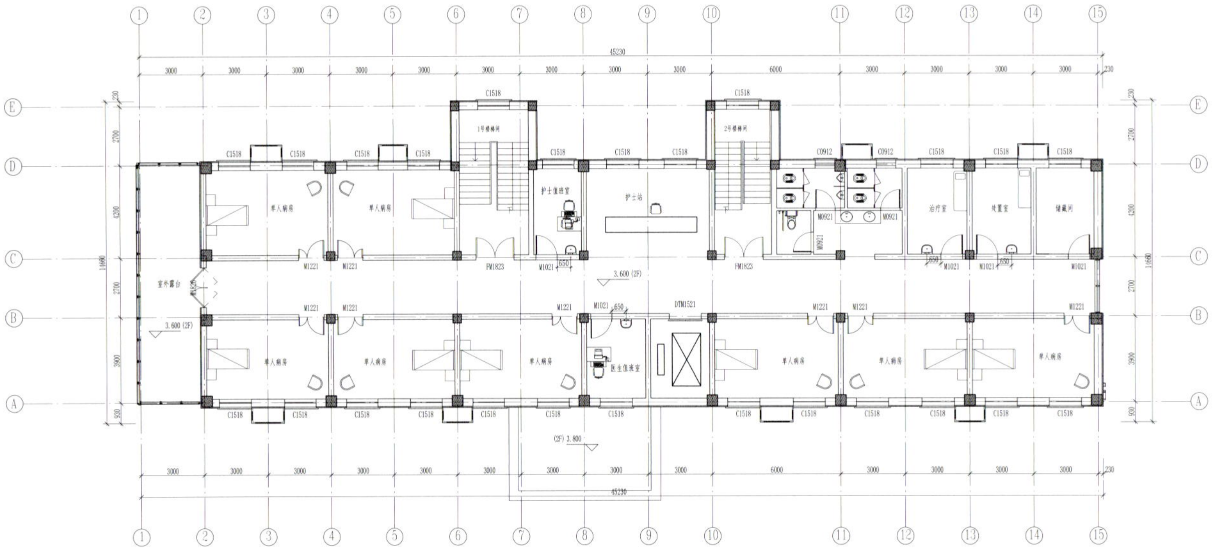

二层平面图

南立面图

北立面图

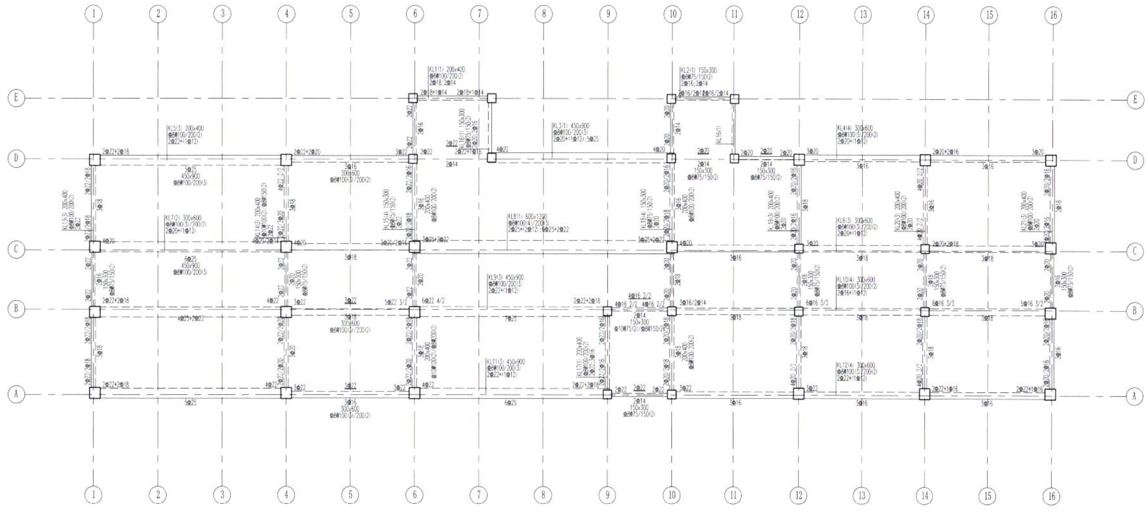

3.550 m 梁平法施工图

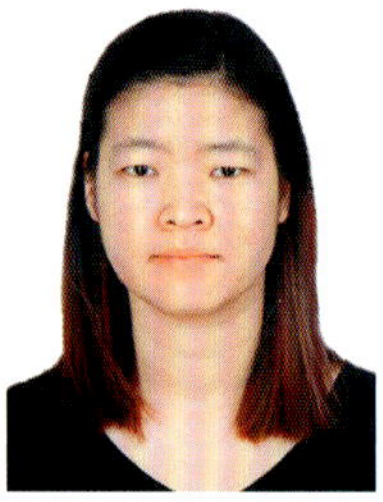

参赛单位：中土大地国际建筑设计有限公司

建筑：魏　祎

结构：马颖飞

● 作品介绍

本项目利用 BIM 技术进行正向设计。BIM 正向设计的核心是“多维”和“正向”。“正向”引发的不仅是设计过程、生产工具的改变，它还实现了对设计标准的重新定义；“多维”全面提升了设计维度，无限扩展了设计信息。充分运用多维模型自身优势，可实现“关联设计”“主动检查”“主动统计”“批量标注”等功能，达到 360°无死角地消除本专业内以及专业间由于错漏空缺造成设计错误的目的。

BIM 正向设计将传统的设计管理流程与模型生产管理流程合并成以模型为设计核心的“一模多图”正向设计流程，所形成的 BIM 模型既包含三维几何模型又包含相关信息数据，从生产方式上解决“图模不一致”的问题，有助于跨越设计质量的瓶颈。

● 交通组织设计

本项目为社区卫生院。该项目建筑总层数为二层，功能合理，布局灵活。合理的建筑布局与功能分区可以给入院患者提供一个舒适、优美的环境，患者可以及时迅速地就医。医院交通组织与城市道路相结合，出入口与卫生院内部道路相连通，人员进出非常便利。

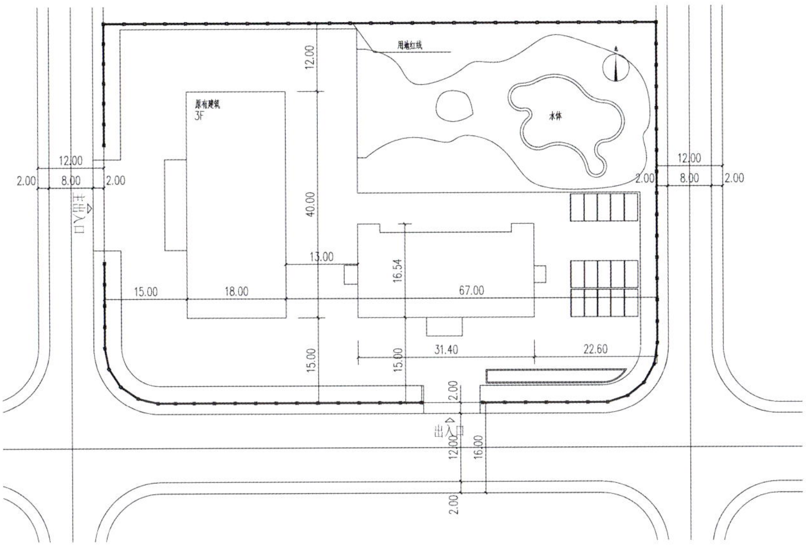

总体布局：新建建筑物退道路红线大于 8 m，退用地界线大于 5 m，满足消防要求。

交通设计：秉承“人物分离、医患分离、洁污分离、避免交叉”的原则；充分考虑住院患者、医务工作人员、外来人员及后勤服务人员等几部分，使不同的人员与物品、车辆分流，路线简捷流畅，医疗流程合理。

总体路网规划遵循“通而不畅、近而不入”的原则，构筑“人车适度分流”的较为理想的交通网络体系。

● 建筑功能分区

一层门厅左侧为医生、护士办公区，门厅右侧为急诊室、清创室、观察室，门厅北侧为药房、输液室。

总体上，办公区在建筑左侧，治疗区在建筑右侧，功能分区明确合理，路线清楚，避免或减少出现交叉感染，既可以避免不必要的相互干扰，又可以便于医生快速到达治疗区进行治疗。建筑平面布置分区明确，功能合理。一层共设置三个出入口，建筑物两侧各设置一个楼梯，以满足建筑功能及消防疏散要求。

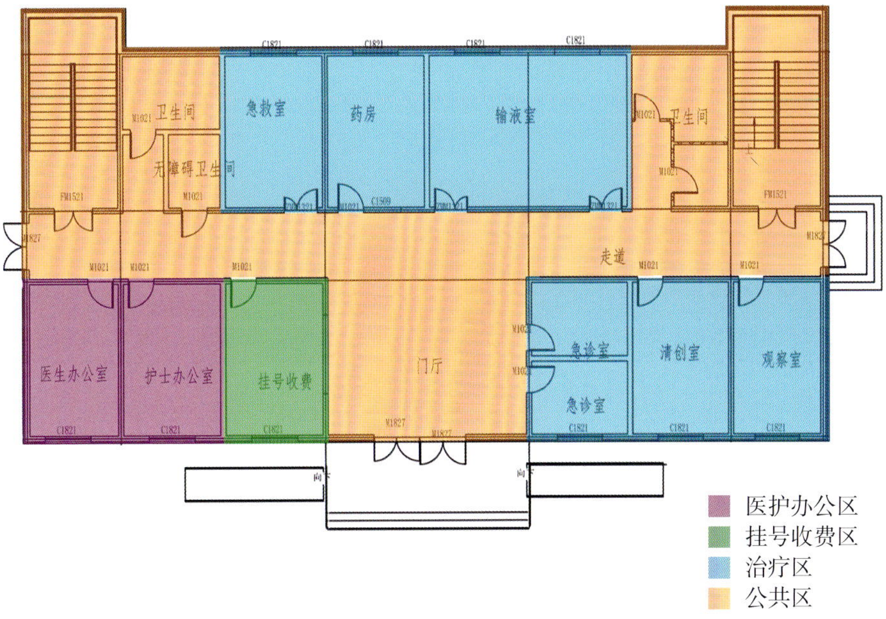

二层建筑平面布置原理与一层一致。二层主要用作病房区，病房全部位于南侧，采光通风均满足规范要求；北侧中部位置为护士站及医护值班办公室，便于医护人员迅速地为患者提供医辽服务。同时，在医护值班办公室右侧设置了露天看台，满足患者、医护人员休闲放松的需求。

二层建筑平面平面布局紧凑，大大缩短工程管线，从而降低能耗，节省能源；布置紧凑的诊断、治疗路线，可使患者方便地就医。

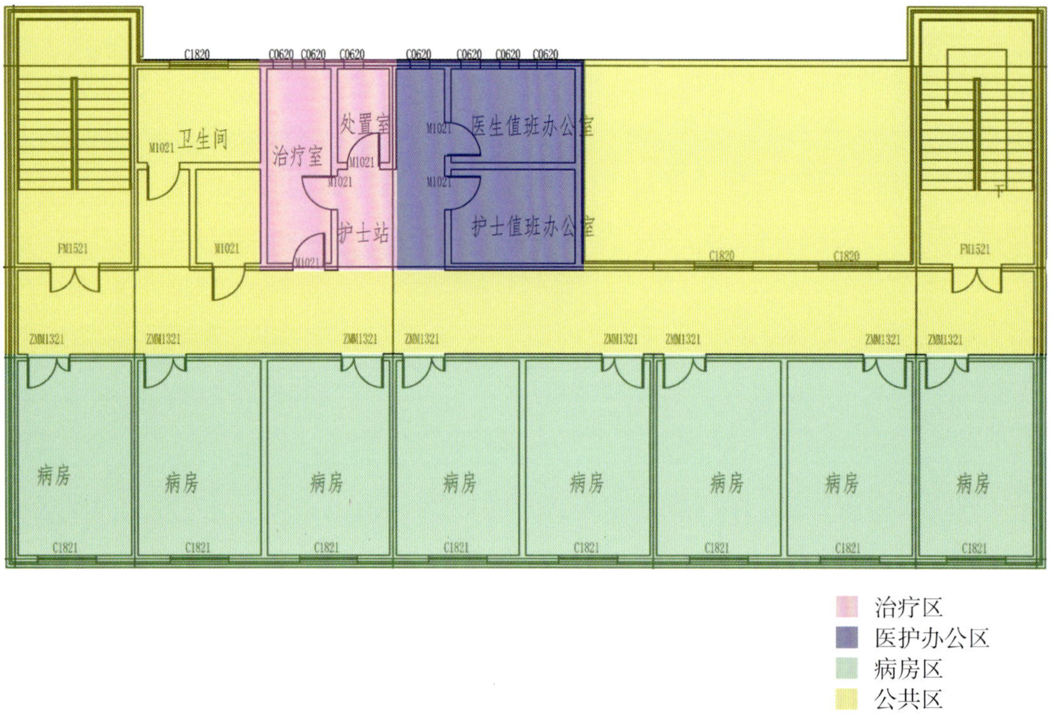

● 结构设计合理性

根据本项目建设用地属性，建筑采用框架结构体系，方便实现功能布局。本项目地上为两层，层高为 3.6 m，主体高度为 7.2 m。混凝土强度等级为 C30，钢筋强度等级为 HRB400。抗震等级为二级。

依据建筑功能布局选择在墙下布梁，建筑轴网开间分别为 3700 mm/8000 mm/8000 mm/8000 mm/3700 mm；进深为 6000 mm/2700 mm/6000 mm；柱子尺寸为 400 mm×400 mm。主梁根据经验和实际受力情况，一般主梁结构高度取跨度的 1/12，由于医院实际荷载较大，框架梁最终截面选为 300 mm×600 mm。次梁根据经验，截面高度为长度的 1/20，次梁截面选为 250 mm×500 mm 和 200 mm×400 mm。

在板的布置方面，采用大跨度板，减少一些不必要的次梁，让较薄且荷载较小的建筑隔墙直接落在板上，充分发挥板的受力，减少混凝土和钢筋的用量，达到经济合理的目的。

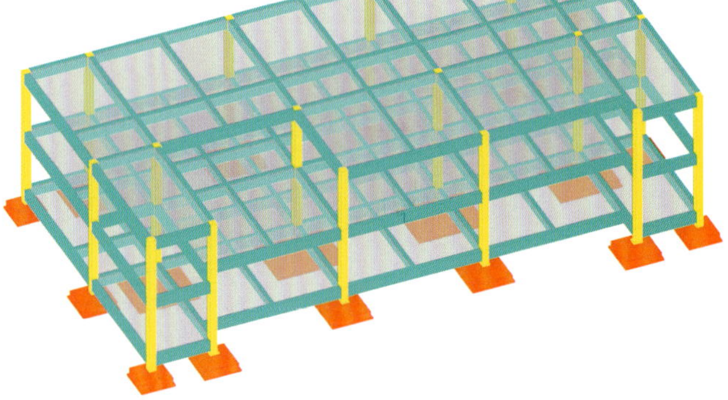

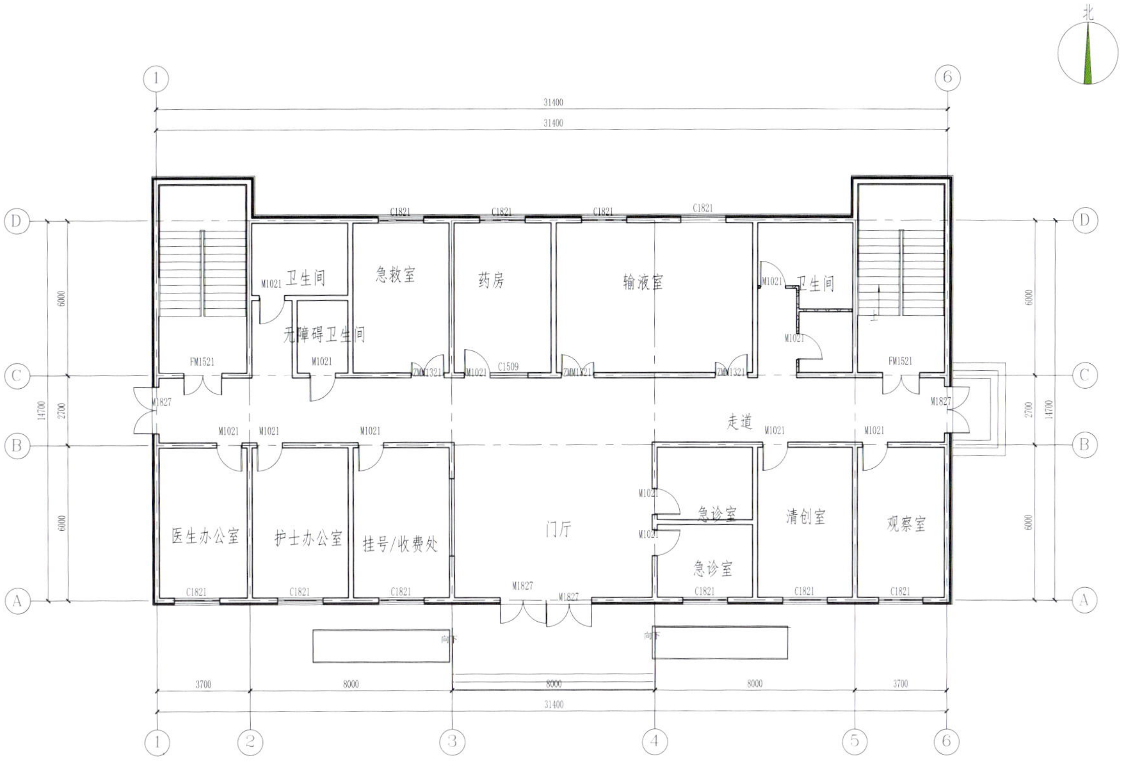
北
31400
卫生间
急救室
药房
输液室
无障碍卫生间
走道
医生办公室
护士办公室
挂号/收费处
门厅
急诊室
急诊室
清创室
观察室
3700
8000
8000
8000
3700

一层平面图

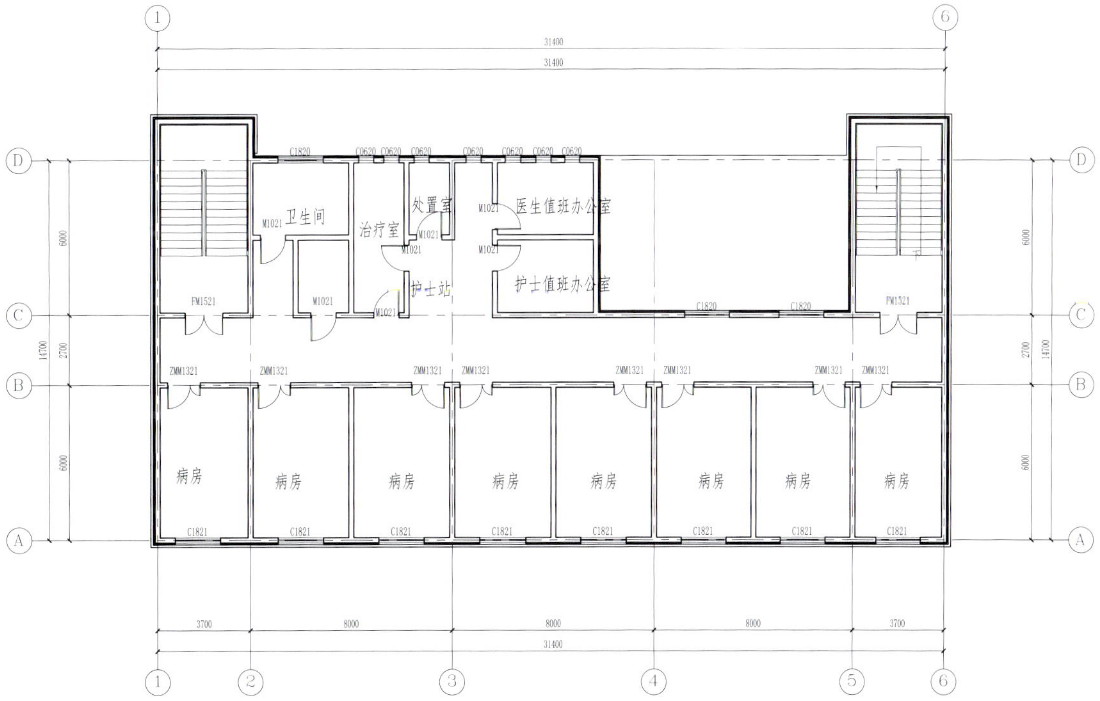
31400
卫生间
治疗室
处置室
医生值班办公室
护士站
护士值班办公室
病房
病房
病房
病房
病房
病房
病房
病房
3700
8000
8000
8000
3700

二层平面图

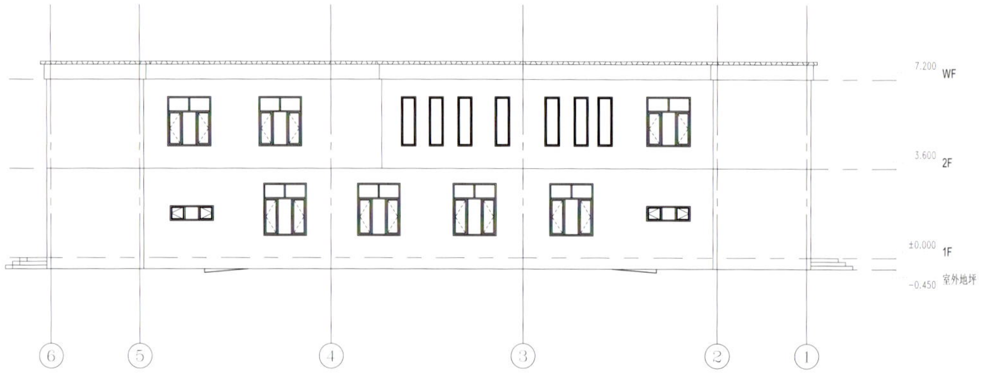

北立面图

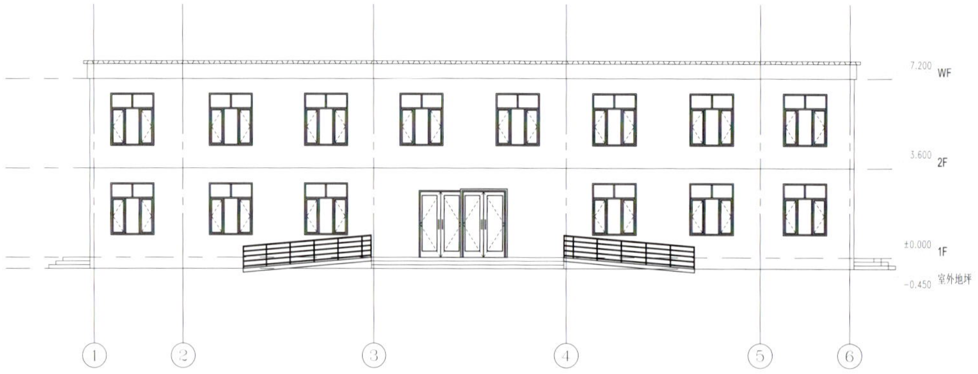

南立面图

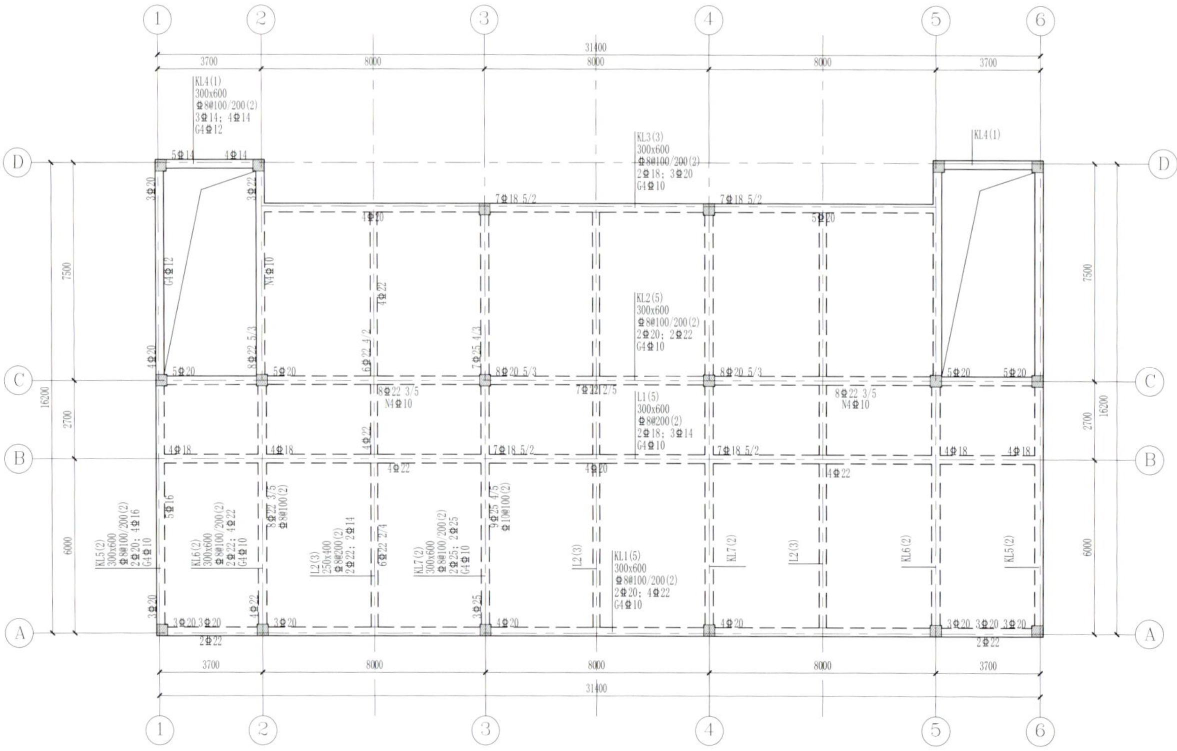

3.550 m 梁平法施工图

建筑：聂子峰

结构：梁徐杰

参赛单位：河北建筑设计研究院有限责任公司

• 作品介绍

本项目为 BIM 辅助下的正向设计。

在方案阶段，进行了场地和空间的生成和推敲，布置了内部使用功能，进而深化设计内容。基于三维环境的概念方案模型，完成了建筑、结构专业模型搭建，并利用碰撞问题排查、规范校验等应用调整完善模型；在已有模型的基础上，优化建筑、结构模型细部构造，输出了效果图、总图、平立剖图、详图明细表格等设计成果；最后，将成果整理成档，并制作漫游动画、渲染效果图，说明设计意图，完成整个 BIM 正向设计任务。

● 交通组织设计

按照任务书的要求，本项目拟扩建一小型社区卫生院。建筑总层数为二层，基地内水体及原有建筑保留；建筑退道路红线大于 8 m，退用地界线大于 5 m。

由总图可见，本次设计项目位于十字路口处，交通便捷，场地主出入口和车行出入口分别设立在南侧和东侧道路上，其中急诊出入口靠近车行出入口，所有出入口中心距道路红线交叉点均大于 70 m，满足设计要求。

本项目在主出入口与车行出入口处，均设置了地上停车位；在社区卫生院北侧——相对安静的内区，结合水体设置了集中绿地，供患者休闲疗养。

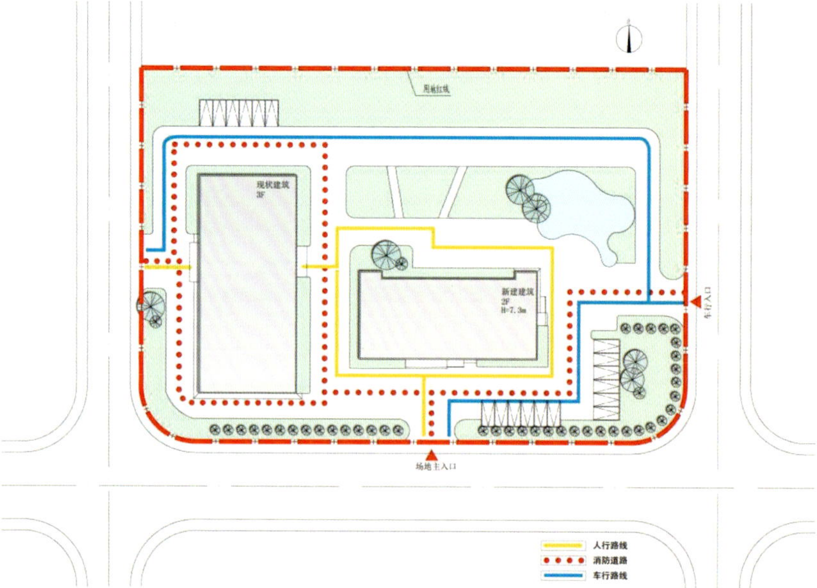

● 建筑功能分区

一层建筑平面：流线间接，整体由中间走廊成一字形串联，竖向交通对称地布置在两侧；功能分区明确，西侧门厅附近为普通门诊及办公用房，东侧车行出入口附近为急诊区，局部加大走廊，留出了一定的回转空间。

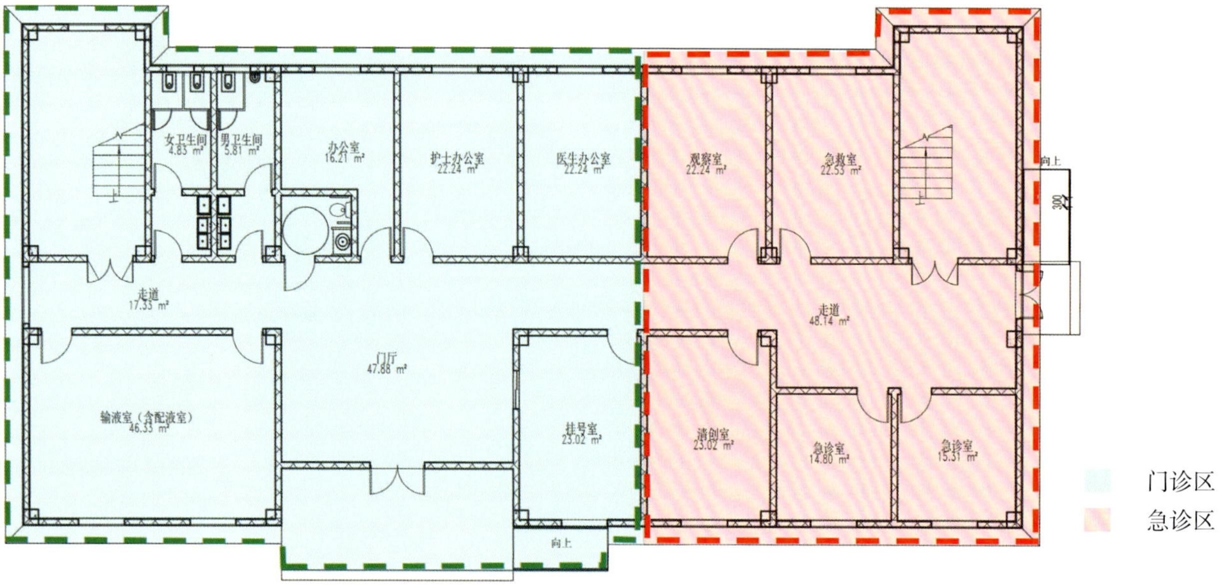

二层平面功能分区由中间走廊划分。北侧为医护工作区，方便随时护理患者，同时窗外视野开阔；南侧为病房区，通风采光条件好；病房内配置独立卫生间及独立风道，避免发生交叉感染。

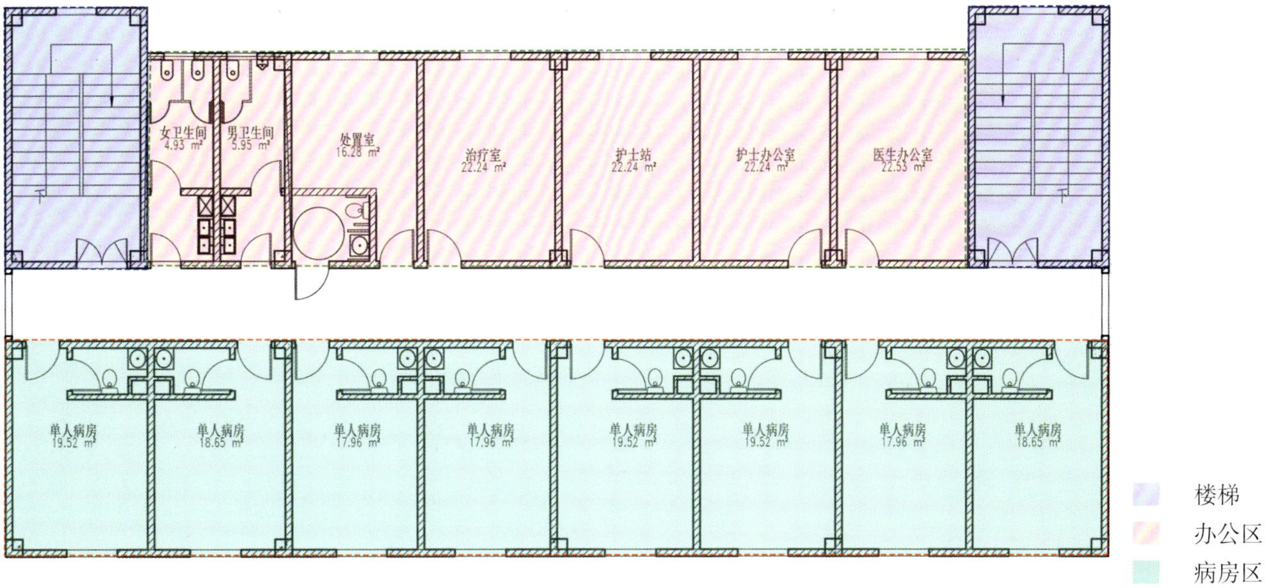

• 结构设计合理性

建筑物主体高度为 7.2 m，地上为两层，层高为 3.6 m；结构安全等级为一级，设计使用年限为 50 年。根据建筑物的使用功能，本建筑为乙类建筑，抗震等级为二级。

室内地面设计标高为 ± 0.00 m，室内外高差为 0.4 m，建筑内外墙均采用砌块。结构形式为钢筋混凝土框架结构，选用 C40 混凝土、HRB400 钢筋材料。根据房间的使用功能和结构受力分析，柱网间距为 8.1 m，进深为 6.0 m，柱网结构布置简单规则。基础形式为筏板，整体受力性较好。

在建筑概念设计段，在满足建筑使用功能的同时，保证结构选型的规则性，并通过加强构造措施，保证结构的整体抗震性能，使结构满足规范要求，实现经济合理的目标。

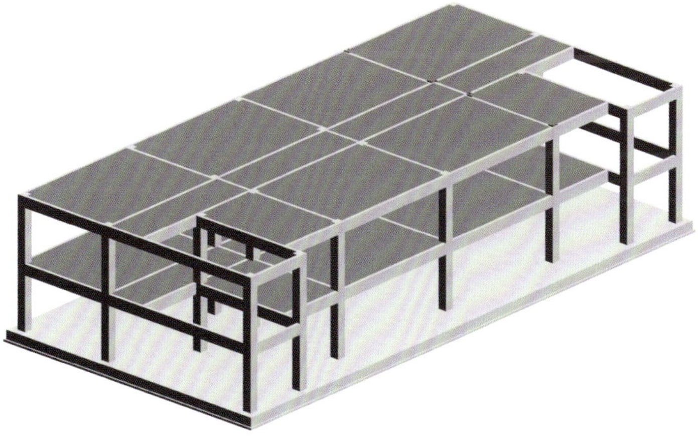

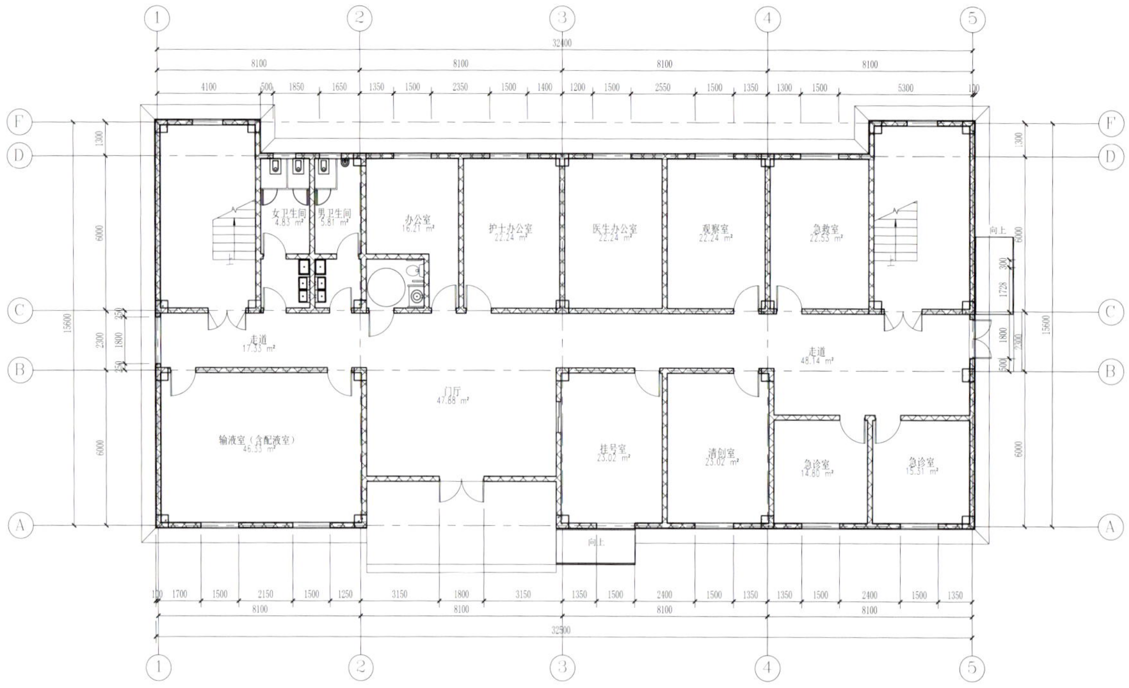
女卫生间
男卫生间
办公室
护士办公室
医生办公室
观察室
急救室
走道
走道
门厅
输液室（含配液室）
挂号室
清创室
急诊室
急诊室
向上
向上

一层平面图

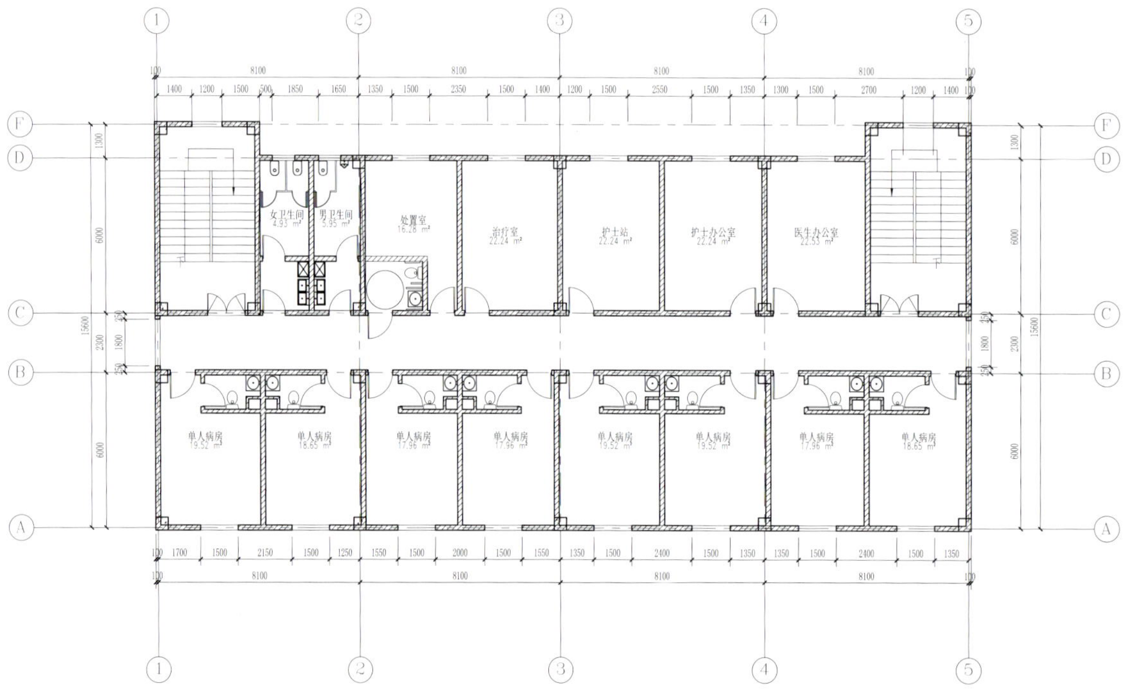
女卫生间
男卫生间
处置室
治疗室
护士站
护士办公室
医生办公室
单人病房
单人病房
单人病房
单人病房
单人病房
单人病房
单人病房
单人病房

二层平面图

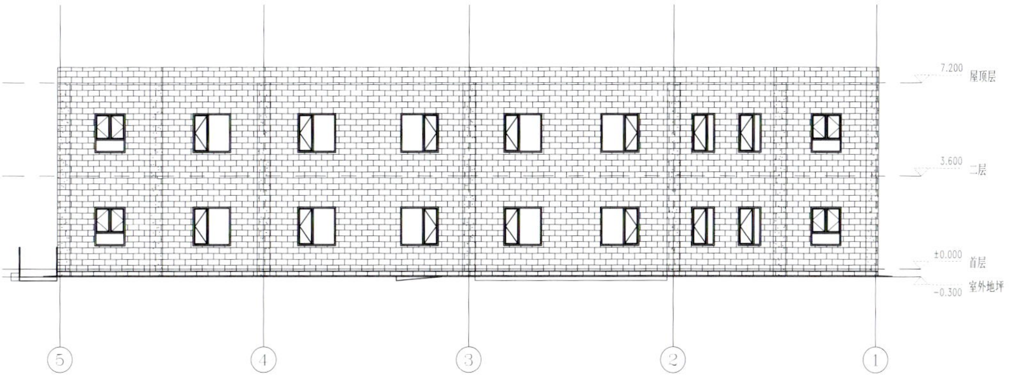

北立面图

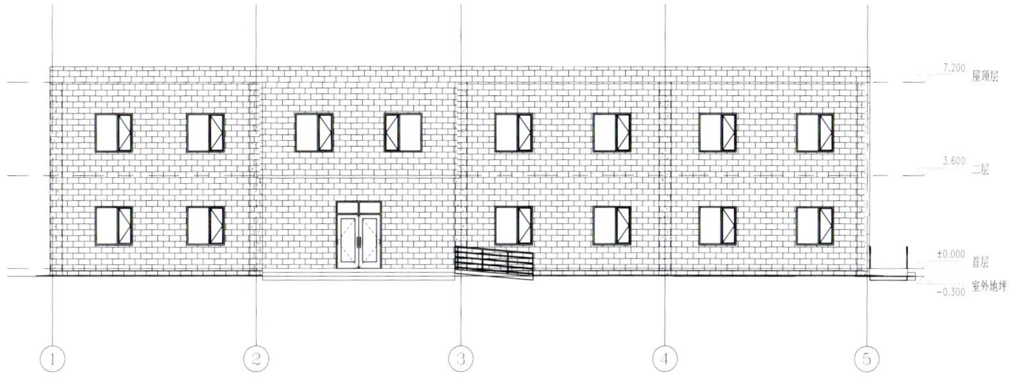

南立面图

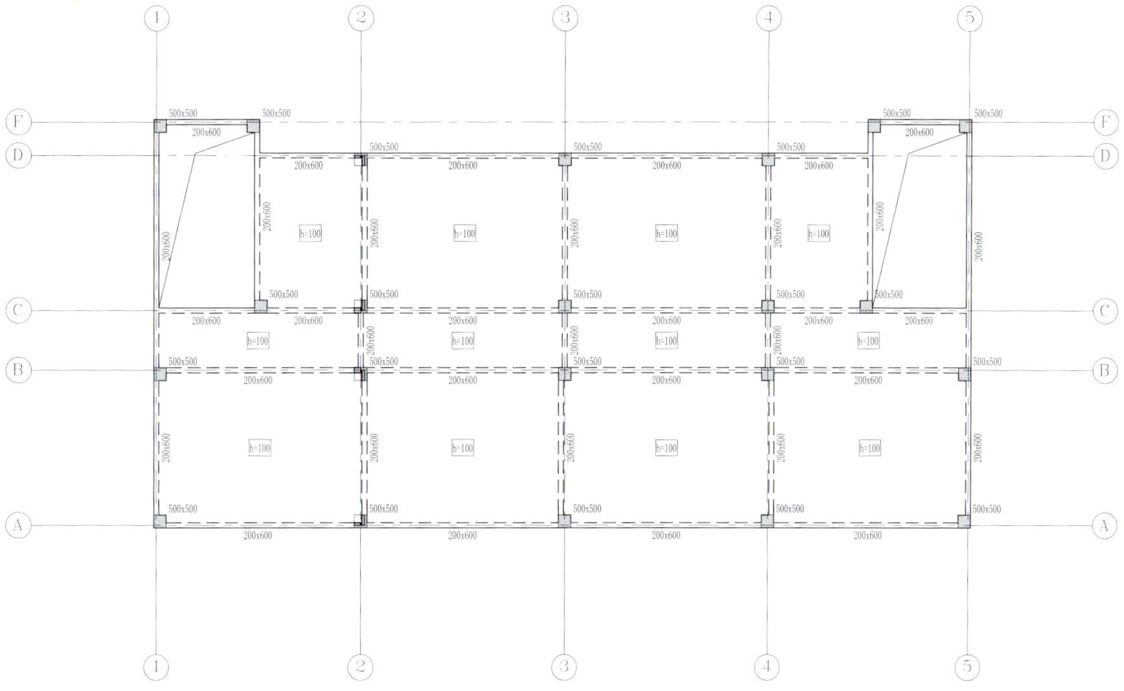

3.550 m 结构模板图

参赛单位： 河北建筑设计研究院有限责任公司

建筑：王旭光　　结构：米　珂

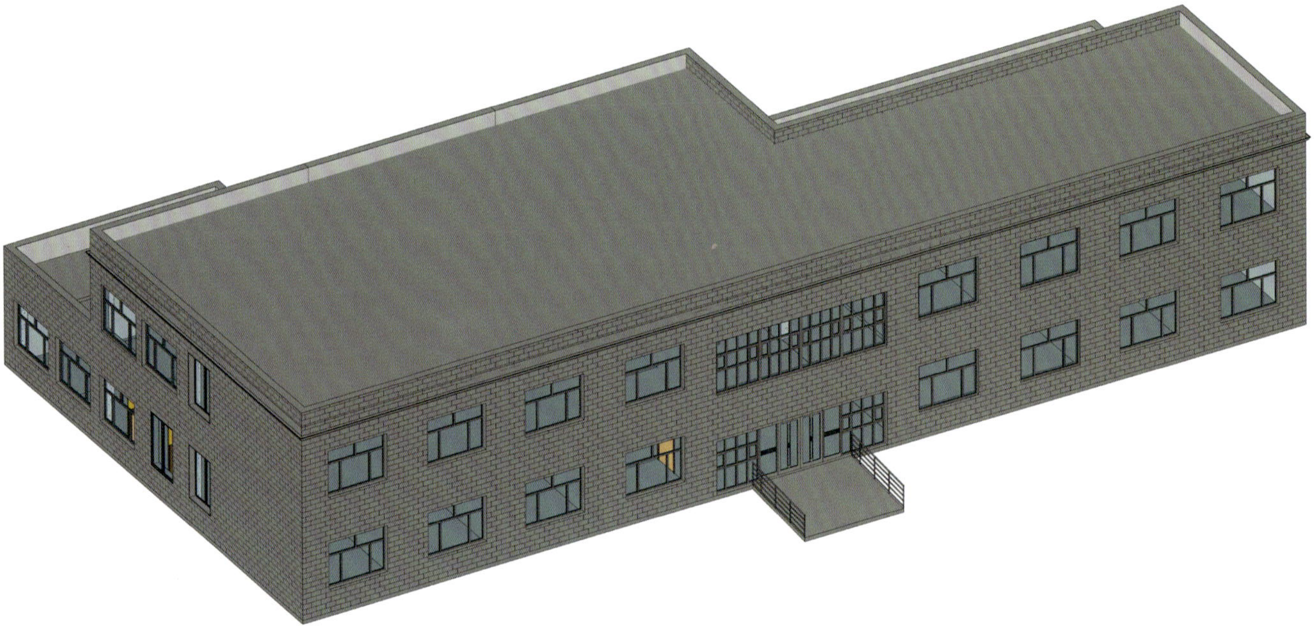

● 作品介绍

本项目在设计过程中采用 BIM 正向设计。

方案创作阶段：绘制建筑草图对方案进行确定；在概念方案模型基础上由建筑、结构专业进行施工图设计，同时进行碰撞问题排查、规范校验等。

施工图出图阶段：对建筑、结构模型进行完善设计，如门窗、楼梯、细部构造等，进行平立剖面图、详图大样、设计说明等图纸设计，完成明细表统计工作。

● 交通组织设计

本项目拟扩建一小型社区卫生院。项目建筑总层数为二层，允许局部为一层；基地内水体及原有建筑保留。建筑退道路红线大于 8 m，退用地界线大于 5 m，新建建筑满足消防要求。本项目主出入口和车行出入口分别设立在两条马路上，出入口中心距道路红线交叉点均大于 30 m，满足设计要求。

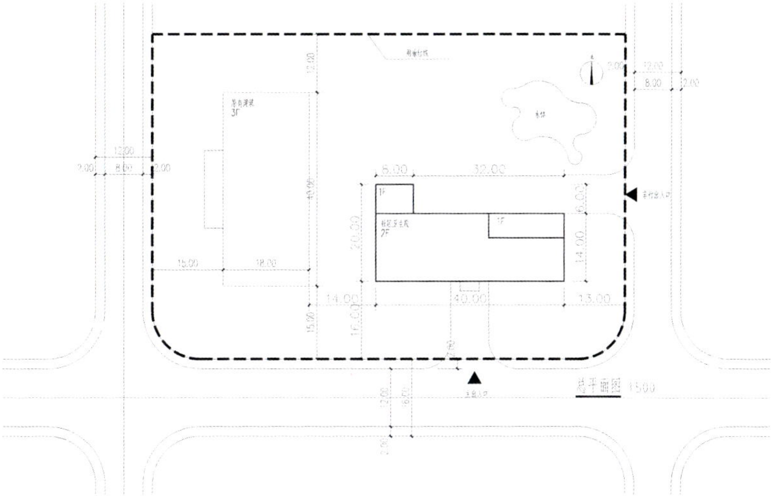

● 建筑功能分区

一层建筑平面布置分区明确，功能合理。主入口为通高两层的门厅；门厅左侧设置急诊室、急救室、清创室等功能房间，其临近医护办公区域，方便医护人员快速到达；门厅右侧设置候诊室以及输液室等房间，方便患者就诊；医护办公区域与患者区域相对隔离。

首层设置两个出入口，主出入口主要供患者出入，次出入口主要供医护人员使用。

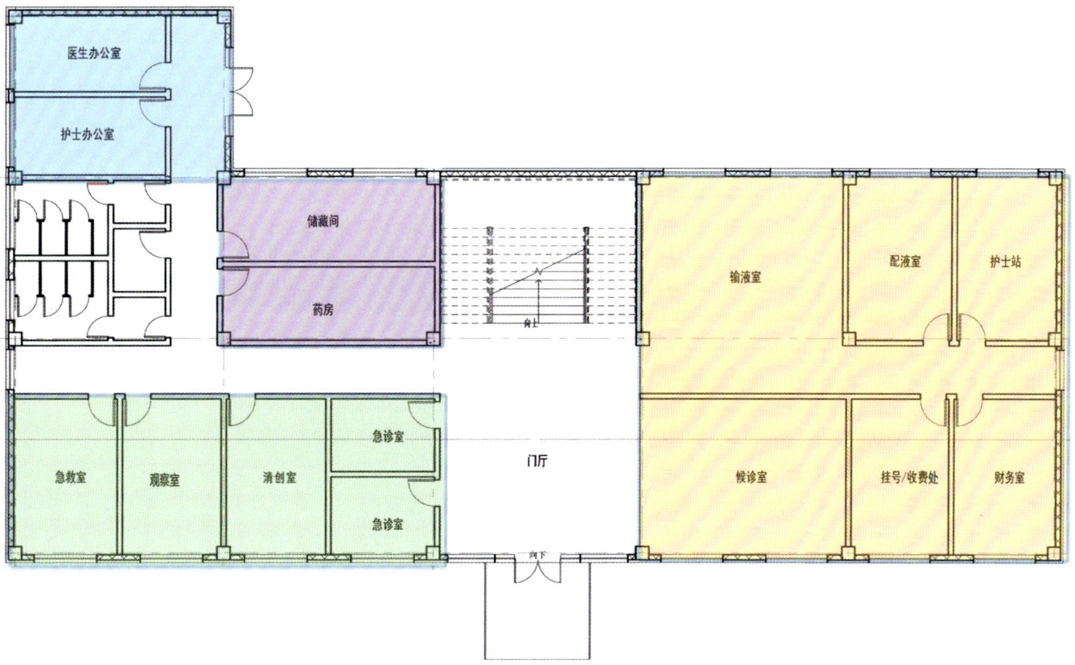

医护办公区　药房　急救区　就诊区

二层建筑平面布置分区明确，功能合理。中央为楼梯、通高门厅休息区；病房全部设置在南侧，满足采光通风要求；北侧为护士站及医护工作区域，方便医护人员迅速为患者提供医疗服务。

二层结合水面景观在东北角以及西北角设置了室外露天平台，满足患者及医护人员休闲放松及观景的需要。中央楼梯直通门厅，方便患者以及医护人员使用楼梯。

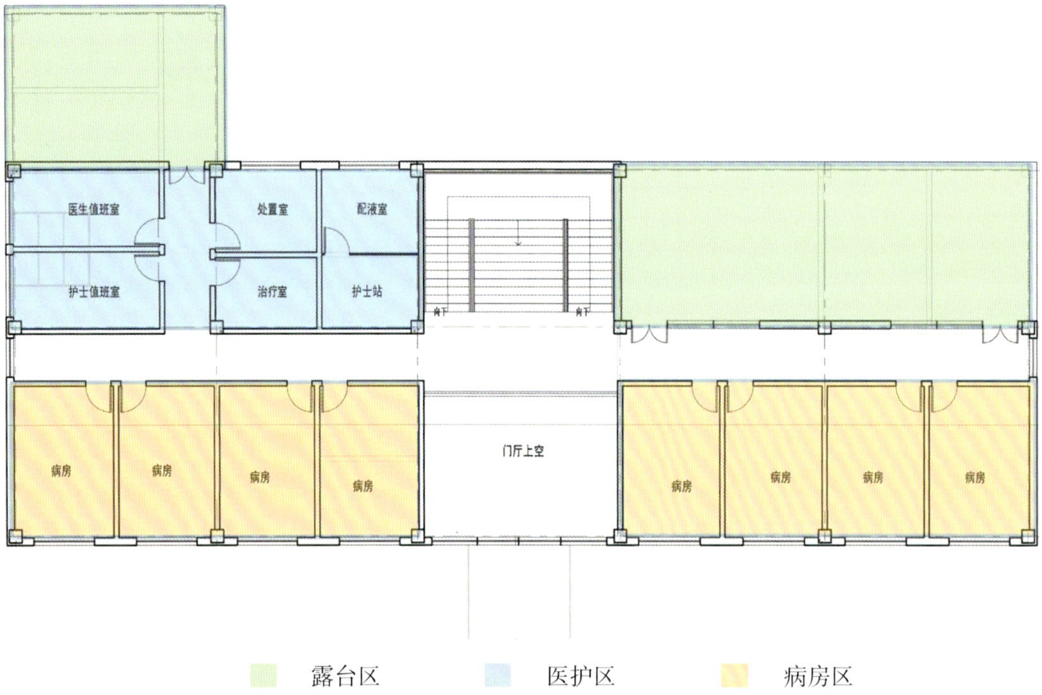

● 结构设计合理性

本项目为河北某居住区内扩建的小型社区卫生院为地上两层，无地下设计。根据题目要求，本项目为 7 度抗震设防，设计地震分组为第二组，设计基本地震加速度为 0.1 *g*，场地类别为Ⅱ类，不考虑风、雪荷载。

结构选型：根据建筑方案，本项目采用钢筋混凝土框架结构，抗震等级为二级，抗震构造措施的抗震等级不改变；楼屋盖为现浇混凝土板；内外墙采用加砌块。柱网布置时考虑房间的使用功能、面积大小以及结构对柱子截面尺寸的要求，采用 *X* 向 8 m，*Y* 向 6 m，柱网结构简单、规则。

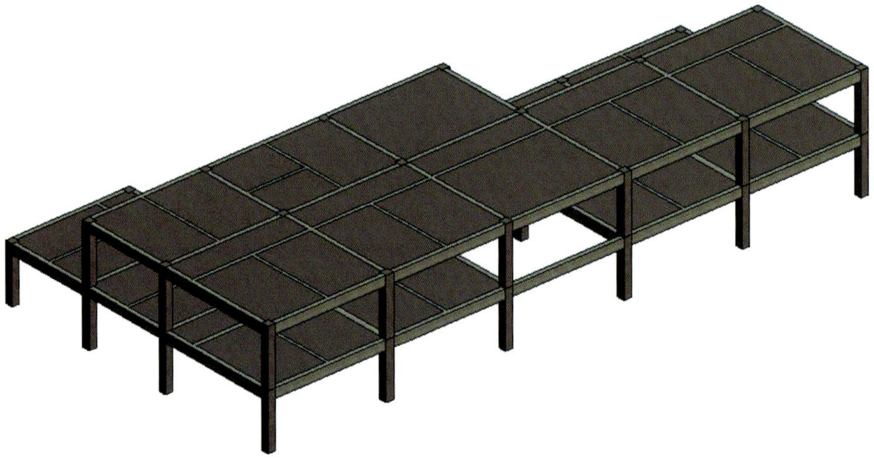

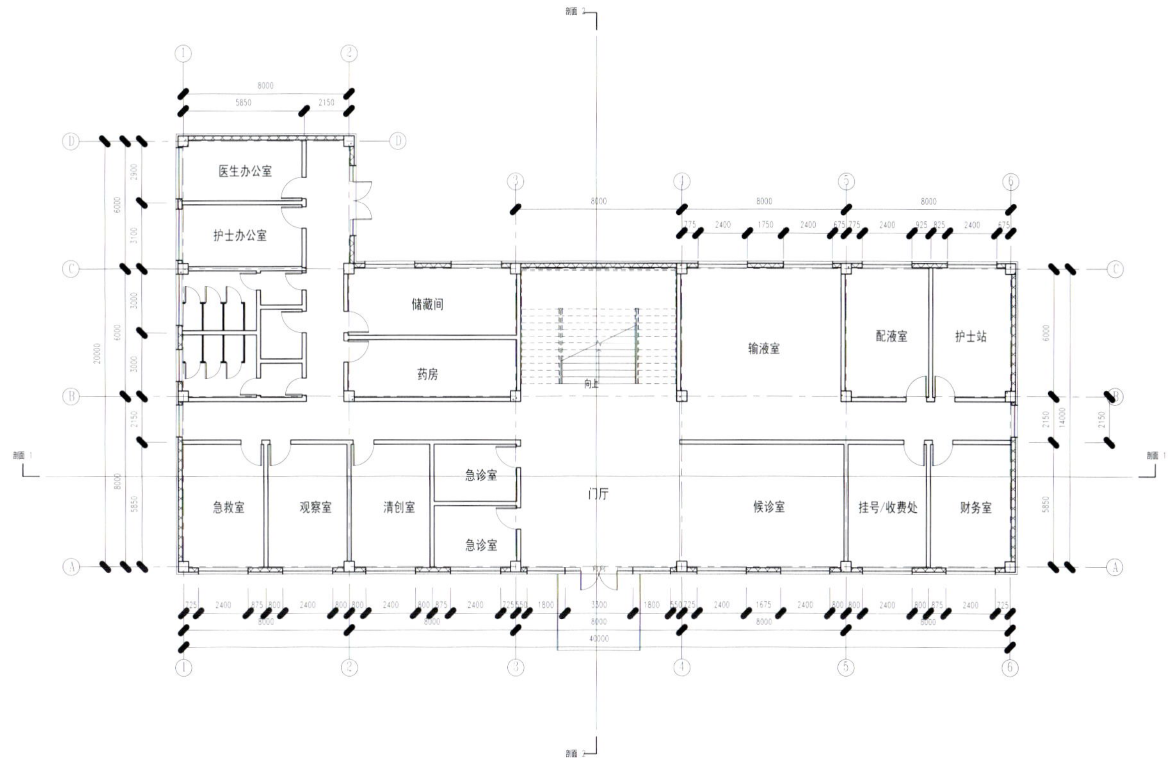
医生办公室
护士办公室
储藏间
药房
输液室
配液室
护士站
急救室
观察室
清创室
急诊室
急诊室
门厅
候诊室
挂号/收费处
财务室

一层平面图

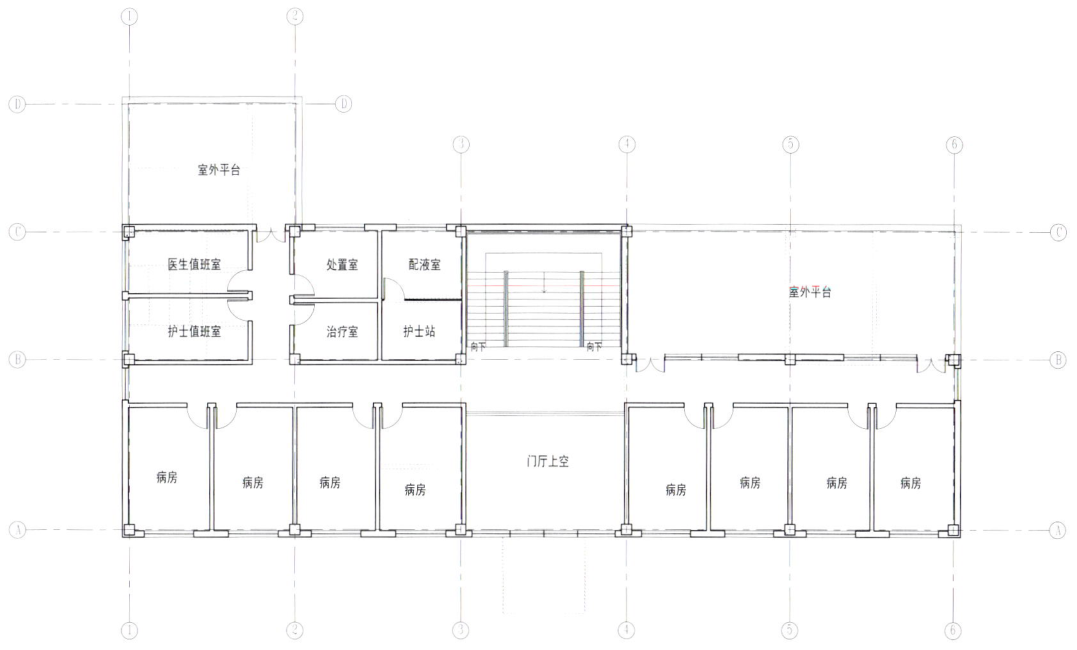
室外平台
医生值班室
护士值班室
处置室
配液室
治疗室
护士站
室外平台
病房
病房
病房
病房
门厅上空
病房
病房
病房
病房

二层平面图

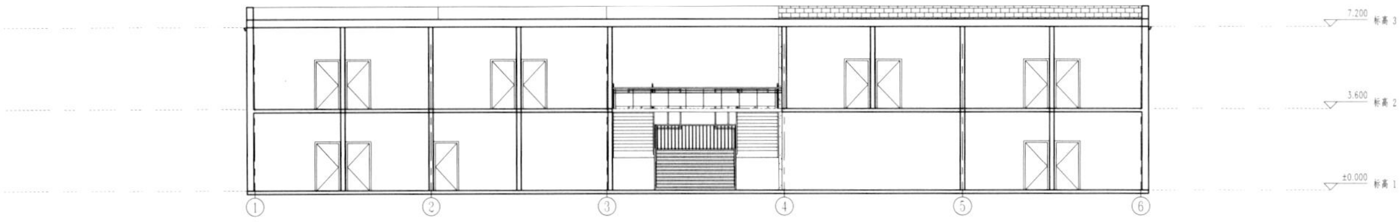

1-1 剖面图

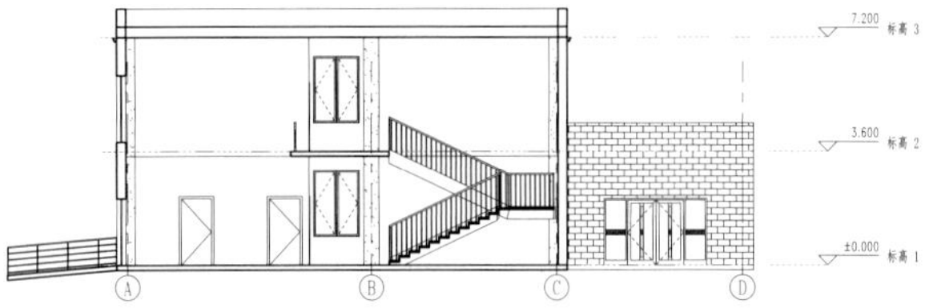

2-2 剖面图

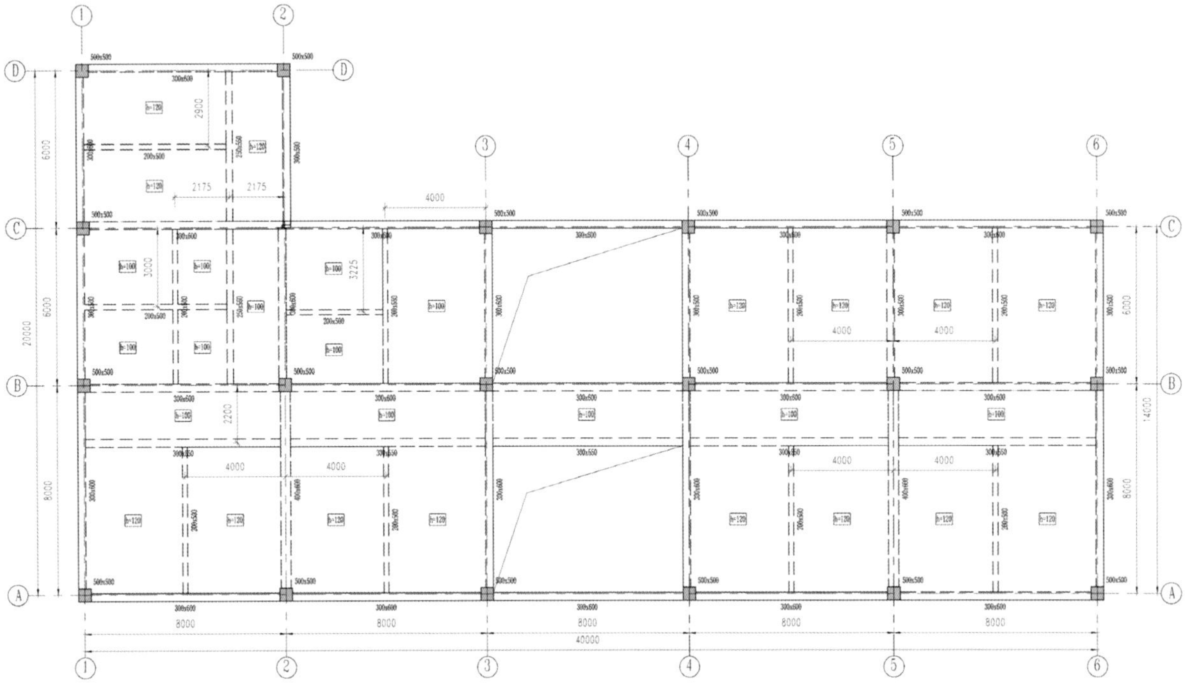

3.550 m 结构模板图

建筑：张　治

结构：赵泽华

参赛单位：河北建工集团工程设计研究总院

• 作品介绍

本项目基于“建勘杯”职业技能竞赛组委会提供的社区卫生院设计要求展开 BIM 正向设计。

该项目东、西、南侧邻接城市道路，交通便利；北侧有公共绿地与一处天然水体景观，资源丰富。项目总用地 6665.23 m^2，项目用地中含有一栋 3F 现有建筑。此次新建建筑，层数为 2 层，总建筑面积为 973.44 m^2，其中地上建筑面积为 973.44 m^2，无地下建筑。

本项目以 Autodesk Revit 软件为载体，在概念设计、可视化、分析、方案设计以及施工图等项目阶段做了应用。首先，在三维环境中准确精细地建立场地、周围环境、建筑模型，随着精准模型的建立，软件自动更新楼层平面图、立面图、剖面、明细表等，提高了项目运行的效率和准确性。

• 交通组织设计

本项目用地南北短，东西长，新建建筑位于整个用地的南侧。充分利用现有场地北侧绿地资源，为住院患者提供良好的室外环境。新建建筑南侧无遮挡物为卫生院提供了充足的采光、通风条件。

本项目的主要出入口设于南侧道路上，次要出入口设于东侧道路与道路红线交叉处，保证合理间距。建筑室内外高差为 450 mm，人流主要出入口采用三步台阶和轮椅坡道相结合的方式。

在建筑南侧设置公共出入口，北侧设置急诊出入口，西侧设置医务人员出入口，东侧设置污染物出入口。基地内机动车停车按医务内部停车位和急诊停车位为布置核心，在南侧出入口和东侧出入口附近布置机动车停车位，兼顾电动停车充电和无障碍停车的需求。

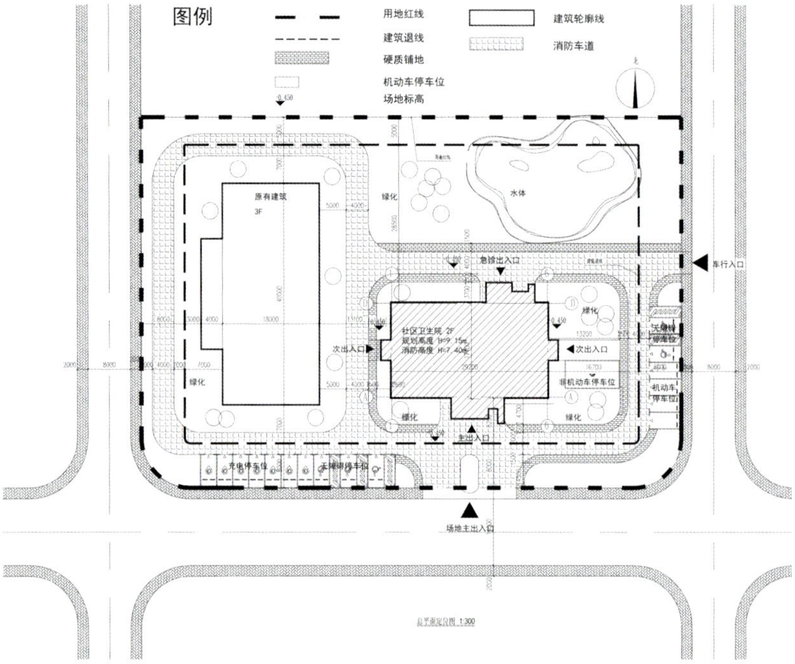

• 建筑功能分区

一层功能房间包括包含门厅（50.40 ㎡）、观察室（25.2 ㎡），清创室（25.2 ㎡），急救室（25.2 ㎡），两间急诊室（共 14 ㎡），护士办公室（25.2 ㎡），医生办公室（25.2 ㎡），挂号 / 收费处（25.2 ㎡），输液室含配液室（50.40 ㎡），卫生间（47.95 ㎡含两间无障碍卫生间），医用电梯（6.63 ㎡），两部疏散楼梯（42.35 ㎡），走廊 / 候诊区（83.52 ㎡）等。

公共出入口与城市道路相邻，方便交通联系，建立无障碍坡道为老幼病残孕人群提供便捷通道。在平面布局中，洁、污流线各自独立不交叉。围绕建筑中心门厅展开设计，力求简洁。急诊室、清创室、急救室、观察室集中布置，形成急诊区，方便医务人员迅速展开救助。设置北侧急诊入口为患者迅速进入卫生院提供便利。设置东侧出入口作为污染物出口，其与清洁物出入口区分避免污染。医生办公室、护士办公室与挂号 / 收费处组成医护办公区，其属于建筑内部区域与急诊区、输液治疗区等对外区域通过走廊连接，达到内外分区明确、方便管理的目的。走廊加宽为 2.7m，满足双侧候诊功能，合理利用空间，节约用地、降低造价。

二层功能房间包括单人病房（25.2 m²）共 8 间、医生值班办公室（12.78 m²）、护士值班办公室（12.78 m²）、处置室（14 m²）、治疗室（25.2 m²）、护士站 / 开敞办公区（24.84 m²）、卫生间（47.95 m²），医用电梯（6.63 m² 含两间无障碍卫生间）、疏散楼梯（42.35 m²）共 2 部、走廊（83.52 m²）等。

交通核　公共走廊　住院部　辅助用房　医护工作区

病房层以护士站为中心，设置医护人员工作区和病房。病房全部朝南向布置，满足采光通风要求，每间病房设置卫生间并提供患者、陪护独立清洁、优质舒适的辅助设施。护士站为居中开敞设计与护理单元走道连通并与治疗室以门相连。患者能够及时反馈救治需求，医务人员能直接接收住院患者的身体信息；治疗室与护士站连接紧密，方便医护人员救治患者，护士站与走道连接为患者与医护人员之间建立畅通的通道；公共走廊宽度满足推床的空间要求，为治疗、移动患者提供方便，体现以人为本、治病救人的核心功能。

三层建筑分区设计充分考虑屋顶的空间特点，设置了活动空间（166.71 m²）、种植区（110.57 m²）和辅助空间（269.31 m²）等。结合绿色建筑因素、功能性和实用性需求，在屋顶建立种植区，布置大片绿地并种植不同树种及花草，将绿地与硬地有机结合起来，同时设置绿色长廊、公共座椅等，不仅分割了设备繁多的辅助空间和活动空间，而且为改善患者心情、病情恢复提供了优质环境，同时拓展空间让绿色向上延伸，为医院的职工提供了一个供其在工作之余休闲的场所。充分利用现有绿地地形设置活动空间，使患者、医护人员、景观绿地与水体视线通视建立有机联系，为患者疗养创造一个良好的环境。

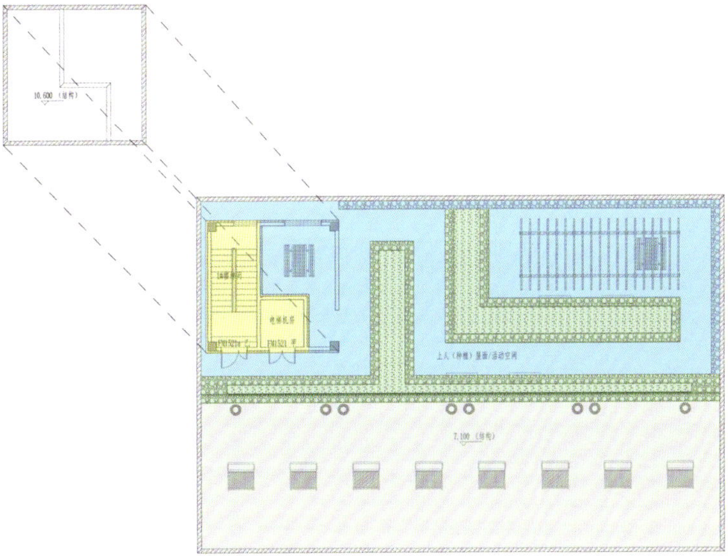

交通核　活动空间　种植区　辅助空间

• 结构设计合理性

该项目长为 28.8 m，宽为 16.9 m，为地上两层，每层层高均为 3.6 m，结构主体高度为 7.2 m，室内外高差为 0.45 m。

根据建筑物形体，采用全现浇钢筋混凝土框架结构。因为是社区医院，安全等级为一级，重点抗震设防，设计使用年限为 50 年，抗震等级二级。结构材料为（混凝土强度等级为 C30）和钢筋（强度等级为 HRB400）。

结构选型：本项目采用现浇框架结构。根据建筑功能要求，考虑房间面积的大小，合理布置柱网，柱子截面根据计算结果确定；外圈框架梁根据建筑门窗洞口大小确定，窗顶与梁底平齐；采用钢筋混凝土楼板，根据房间跨度合理选择板厚；建筑物形体对称规则，有利于结构整体抗震，同时加强了抗震构造措施，保证结构安全。

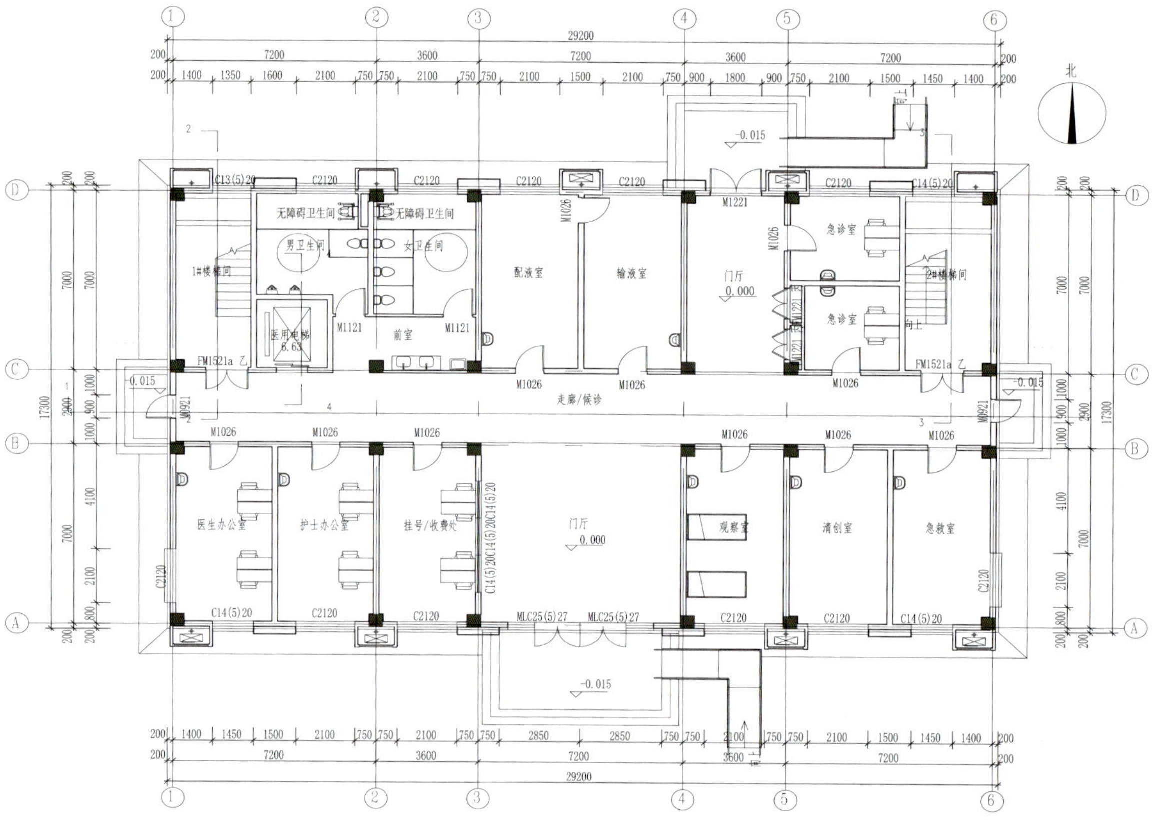
北
29200
7200
3600
7200
3600
7200
无障碍卫生间
男卫生间
女卫生间
1#楼梯间
医用电梯
前室
配液室
输液室
门厅
0.000
急诊室
2#楼梯间
走廊/候诊
医生办公室
护士办公室
挂号/收费处
观察室
清创室
急救室
-0.015
M1026
M1121
M1221
FM1521a 乙
C2120
C13(5)20
C14(5)20
MLC25(5)27
M0921
17300
7000
2900

一层平面图

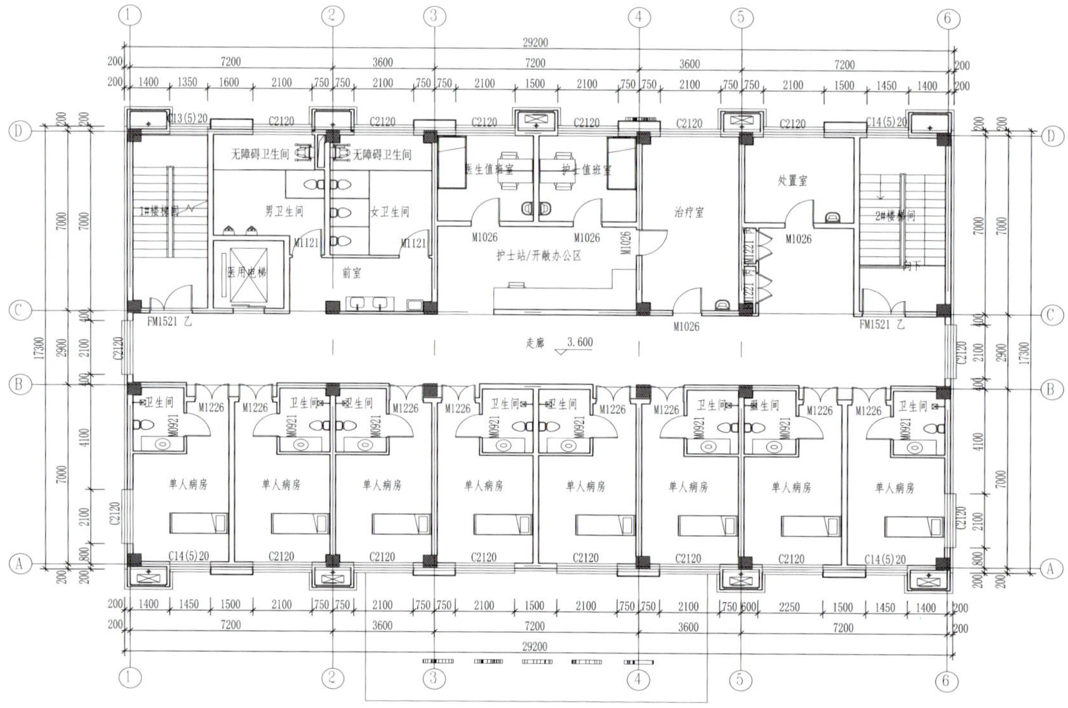
29200
7200
3600
7200
3600
7200
无障碍卫生间
男卫生间
女卫生间
1#楼梯间
医用电梯
前室
医生值班室
护士值班室
护士站/开敞办公区
治疗室
处置室
2#楼梯间
走廊
3.600
卫生间
单人病房
M1026
M1121
M1226
M0921
FM1521 乙
C2120
C13(5)20
C14(5)20
17300
7000
2900

二层平面图

南立面图

北立面图

图例

深咖色真石漆

米白色真石漆

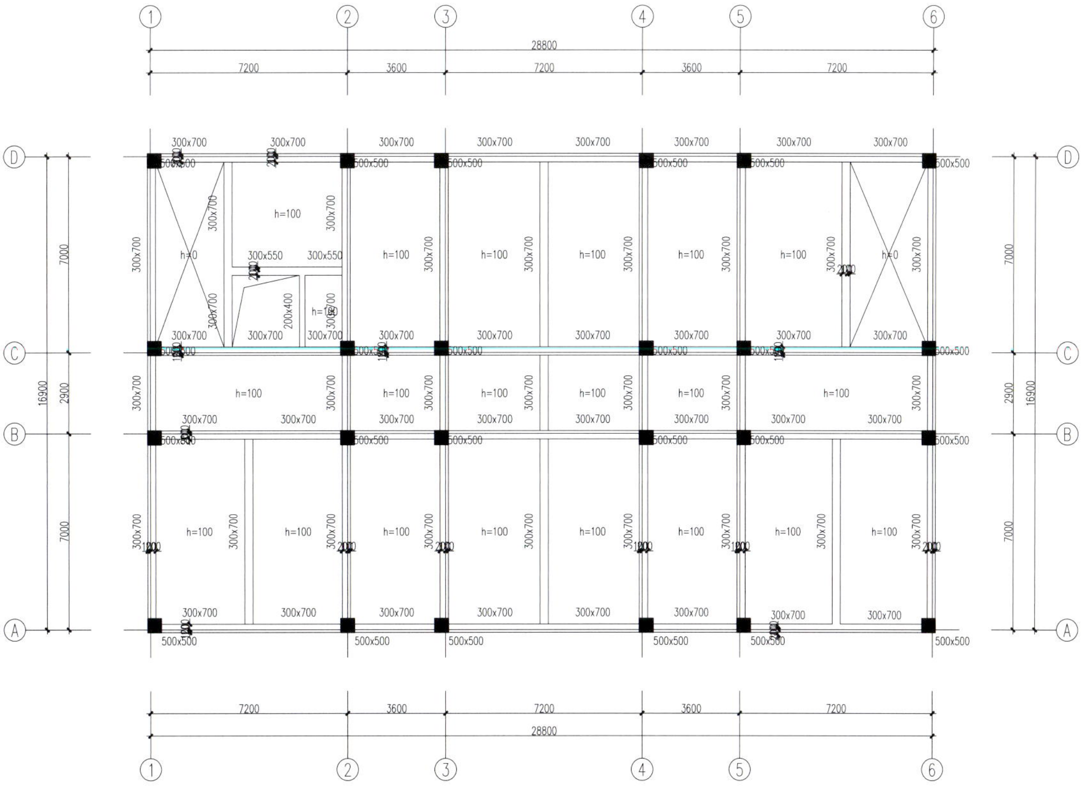

3.550 m 结构模板图

参赛单位：保定市建筑设计院有限公司

建筑：王　刚

结构：申奥南

● 作品介绍

本项目利用 BIM 技术进行正向设计。在前期方案阶段，建筑专业进行场地构建，明确建筑物周边的建筑与场地因素，通过三维建模，进行初步设计。结构使用 YJK 结构计算软件试算，得到梁、板、柱、基础等结构构件的尺寸，并在 Revit 软件中建模与建筑专业进行交互。建筑与结构专业在模型的搭建过程中，随时进行碰撞检查，完善模型。

本项目不仅在前期能够快速地确定方案，而且能够将结构专业前置，避免了后期结构进入项目时，结构布置、构件尺寸计算方面的问题引起的平面布局、立面效果等建筑方案的大量整改。同时，实时的线上绘图，避免了大量的返工。与传统施工图的绘制相比，BIM 正向设计技术可以大大提高效率，减少设计师的返工，提高图纸质量。

● 交通组织设计

本项目是在基地原有状况下扩建一小型社区卫生院，设计卫生院共二层，位于基地的东南角，与原有建筑南向对齐。基地内水体保留并用道路单独划分出来，提供一处休闲散步场所。建筑退道路红线 13 m，退用地界线大于 9 m，新建卫生院满足相应的消防要求。本项目的主出入口位于南侧道路上，东侧道路也开启一个出入口，供原有建筑使用。

本项目将场地划分为前院与后院，南门直通新建卫生院，东门直通原有建筑，围绕现状水池，给就诊人员保留一块完整的休养场地。上述设计不仅保证了新建卫生院通达便利，也保证了原有建筑交通进出的便利。

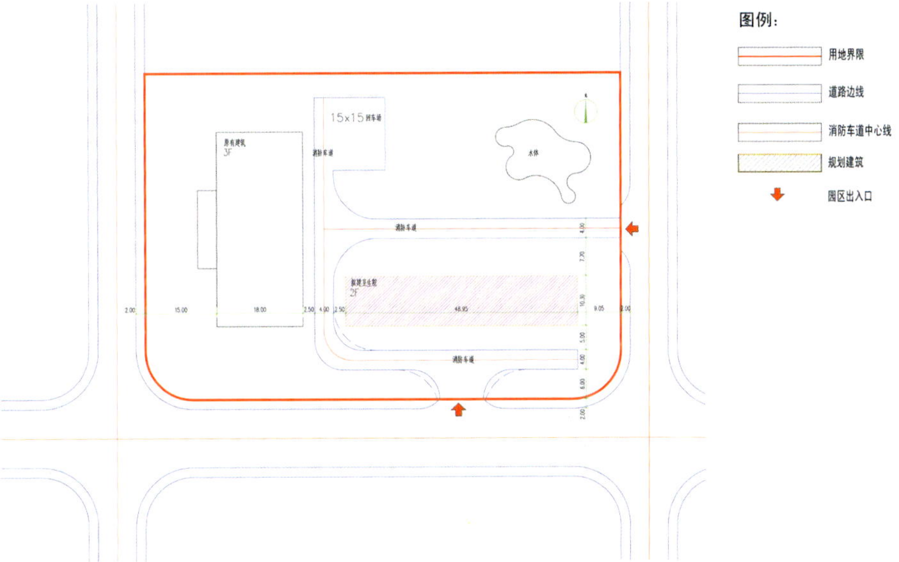

● 建筑功能分区

首层为输液区、办公区、诊室区（诊室、急救室、清创室等）以及公共空间。流线清晰，功能合理。

门厅西侧为输液室以及医、护办公室等区域；门厅东侧区域为诊室区，包括挂号 / 收费处、急诊室、急救室、清创室等房间。

首层设置三个出入口，中间为主出入口东侧为疏散口，西侧为污物通道。

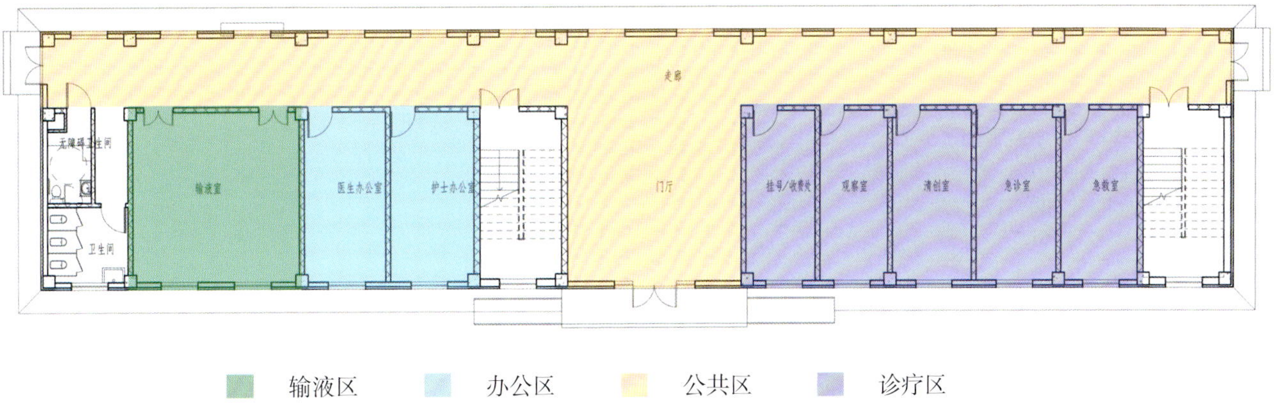

二层为病房区和医护办公区。围绕中心的医护办公区，二层东西两侧均为病房。病房均有南向外窗，满足采光通风要求；中部位置为护士站及医护工作区域，便于医护人员在最短距离内为两侧病房内患者提供医疗服务。

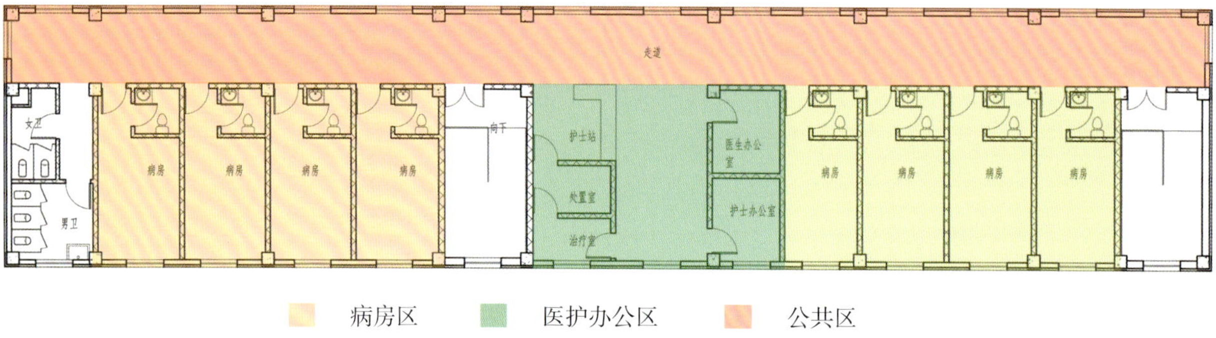

● 结构设计合理性

本工程采用钢筋混凝土框架结构，楼板采用现浇板。工程主体分为两层，每层层高均为 3.6 m。柱子截面采用 500 mm×500 mm 现浇框架柱，混凝土等级为 C30，钢筋强度等级为 HRB400；主梁梁高选用 300 mm×700 mm 现浇框架梁，次梁截面选用 250 mm×600 mm，混凝土等级均为 C30，钢筋强度等级为 HRB400。

建筑抗震设防类别为重点设防类，抗震设防烈度为 7 度，设计基本地震加速度为 0.15 *g*，设计地震分组为第三组。地震作用按 7 度设防要求，抗震措施按 8 度设防要求。场地特征周期为 0.65 s，结构阻尼比为 0.05，水平地震影响系数的最大值为 0.12。

本工程结构专业注重安全性与经济性，结构布局合理，既保证了结构的整体抗震性能，使整个结构安全而稳定，而且截面选取合理经济，保证了造价的经济性。

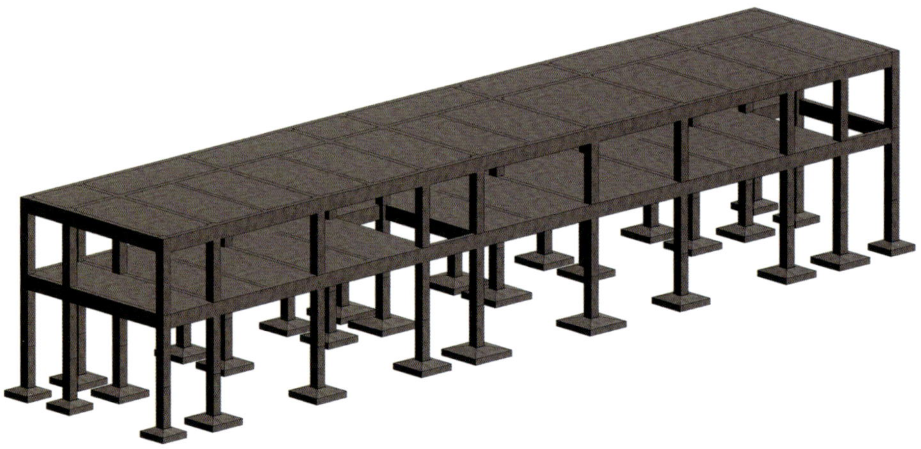

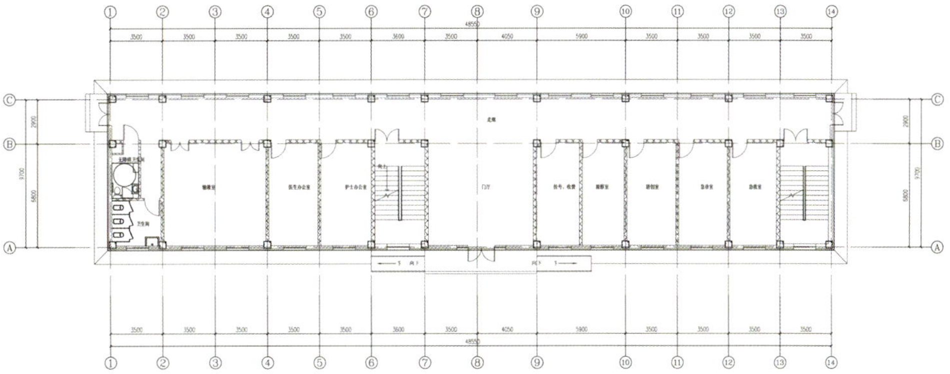

一层平面图

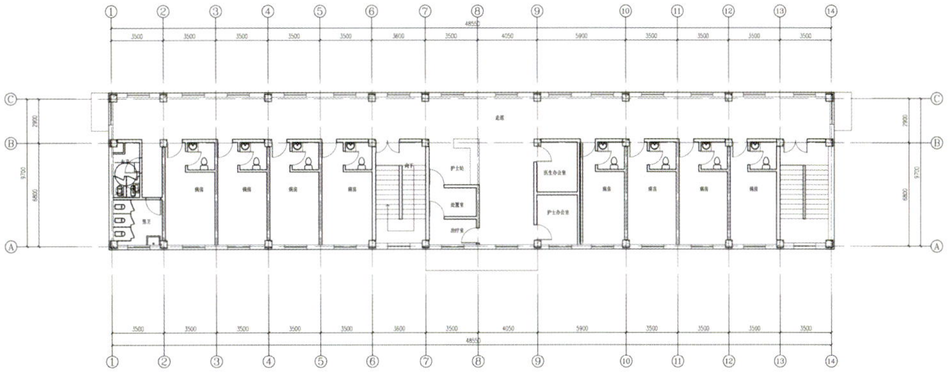

二层平面图

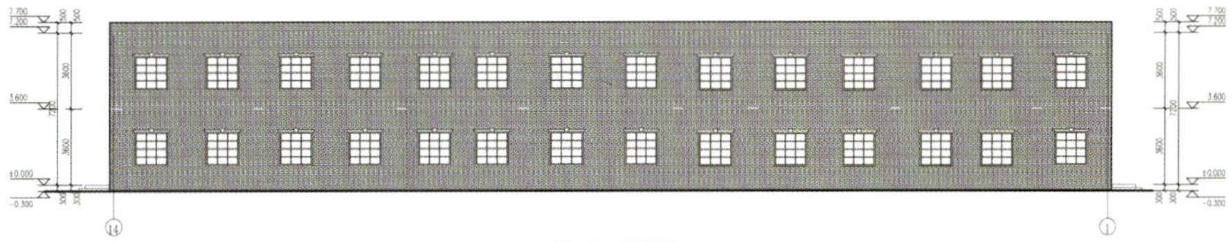

北立面图

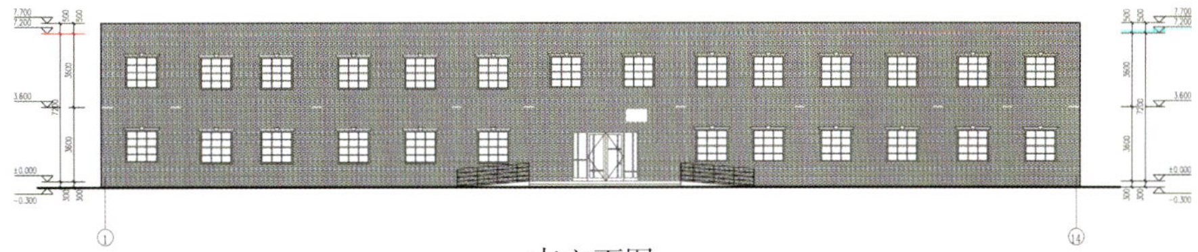

南立面图

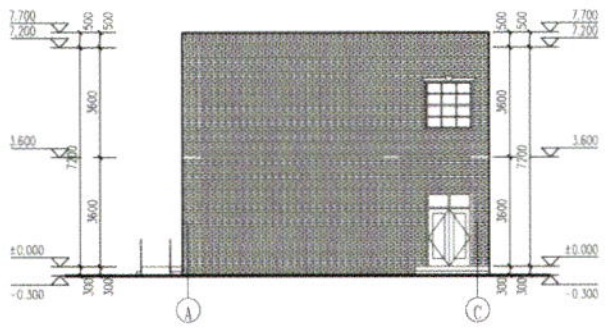

西立面图

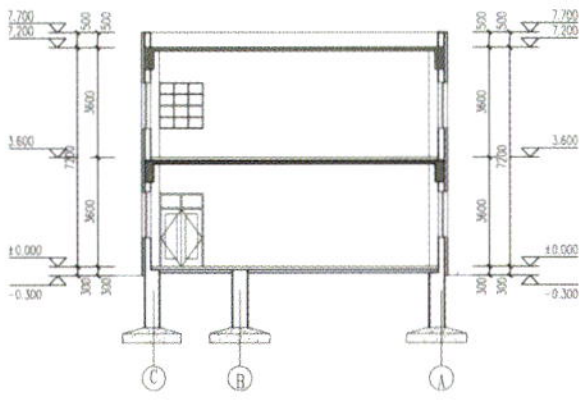

1–1 剖面图

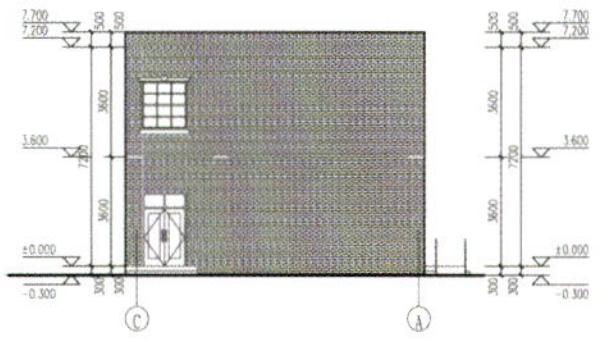

东立面图

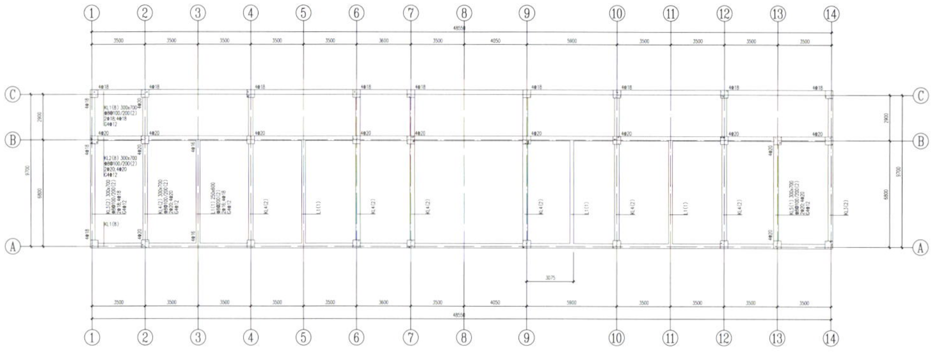

3.550 m 梁平法施工图

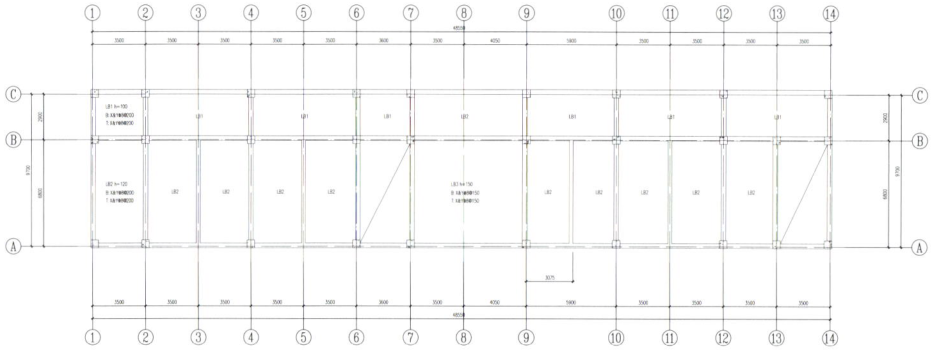

3.550 m 板平法施工图

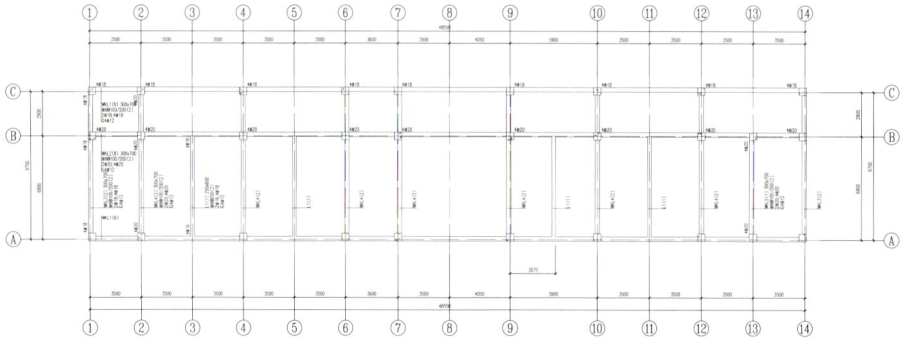

7.200 m 梁平法施工图

7.200 m 板平法施工图

建筑：叶 良

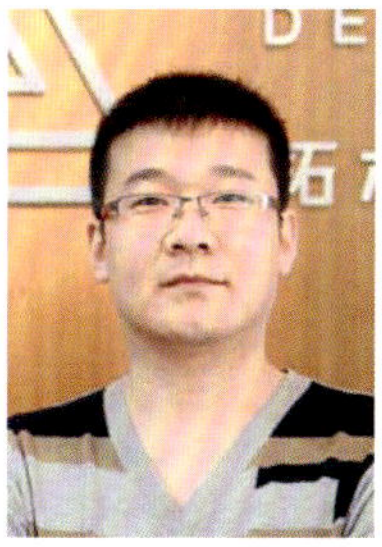

结构：张 亮

参赛单位：河北拓朴建筑设计有限公司

● 作品介绍

本项目采用 Revit 软件进行 BIM 正向设计。使用 BIM 技术进行建筑与结构协同设计，运用 BIM 三维可视化特点保证了设计质量。初步设计完成后使用鸿业乐建软件进行设计方案的深化与校验。模型完成后直接使用 Revit 软件进行平面、立面、剖面等图纸出图，缩短了设计周期。

● 交通组织设计

本项目为卫生院，层数为二层，长为 40 m，宽为 14.3 m。卫生院周围设有环形道路，满足消防要求。东南侧设置机动车与非机动车停车位。

卫生院建筑后院设置休闲公园，是患者与医护工作者休闲散步、运动健身的最佳去处。

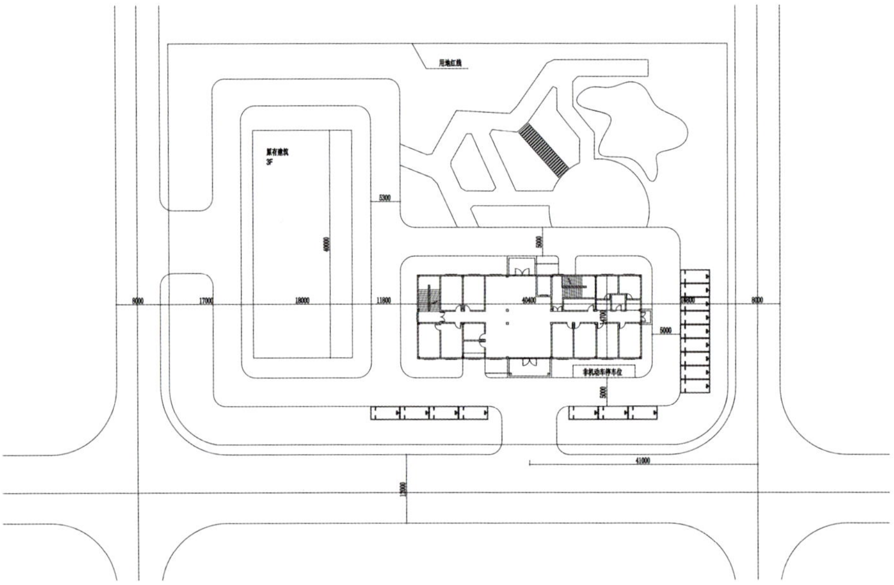

● 建筑功能分区

一层建筑布置输液治疗区与急诊急救区。主出入口右侧区域为急诊室、急救室、清创室等应急诊室。左侧为输液治疗区，以及医护办公室，便于医护如人员对输液室内的突发情况做出应急反应。

一层布置三个出入口：南侧为主出入口，东侧为应急疏散口，北侧为后院休闲区出入口。

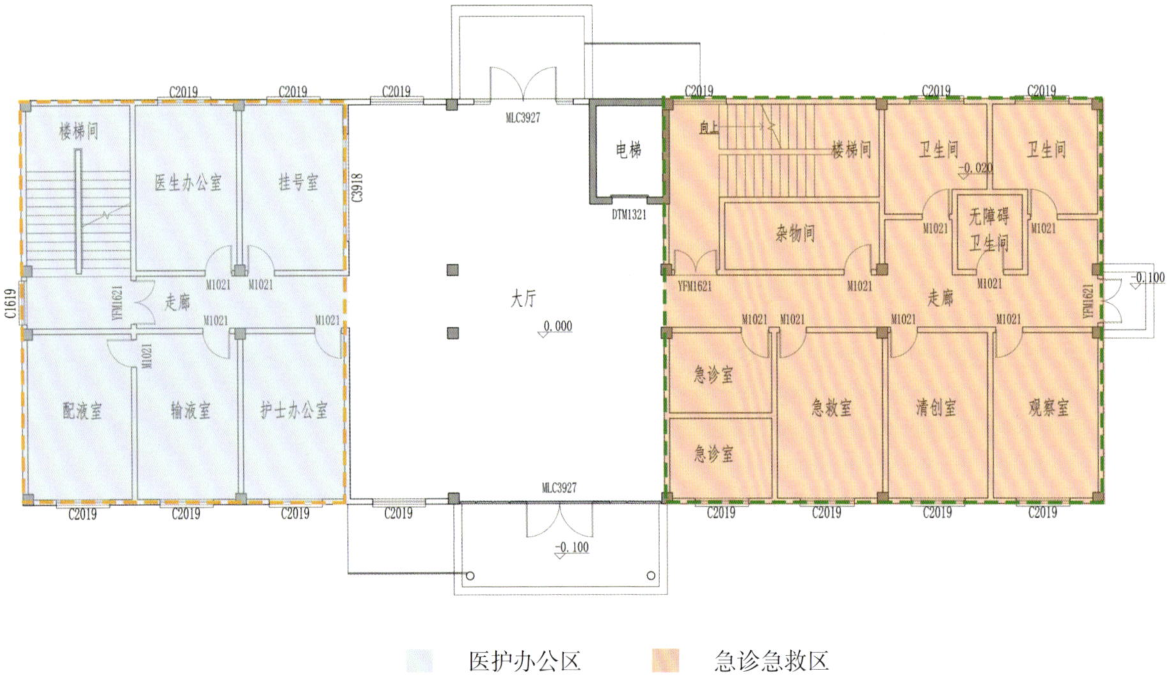

二层建筑南侧为病房区；北侧为医护工作区；东侧为露台，满足患者休闲及晾晒衣物的需要。

卫生院中部大厅处设置无障碍电梯，满足特殊人员需求，解决其上、下楼等问题。

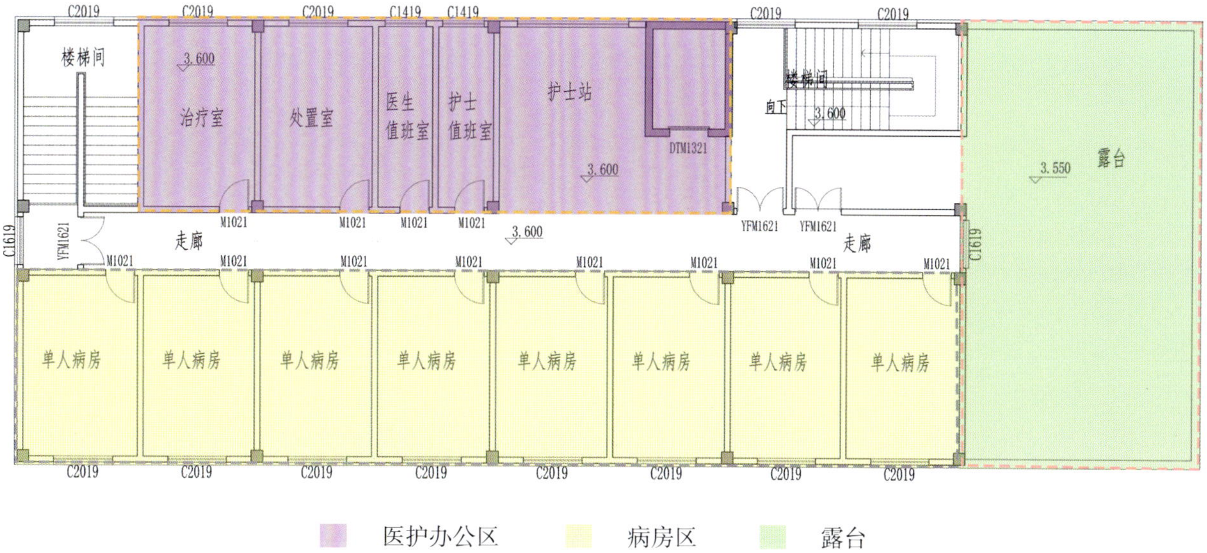

● 结构设计合理性

结构设计方案：本工程为地上二层，抗震等级为二级；基础形式为独立基础 + 条形基础；建筑结构安全等级为二级；结构设计使用年限为 50 年。

结构布置：结构采用现浇框架结构体系，采用规则简单的柱网排列。框架结构合理，结构布置安全简单。

受力体系：卫生院为重点设防类建筑；在满足建筑使用功能的前提下，充分考虑结构安全；梁、板、柱全部采用现浇混凝土现浇。结构规则简单，受力体系明确。

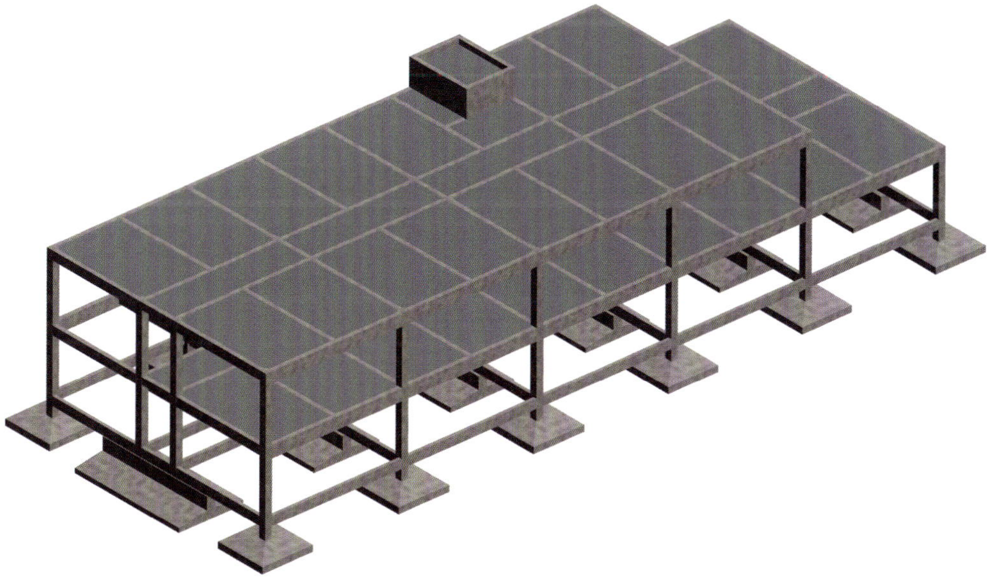

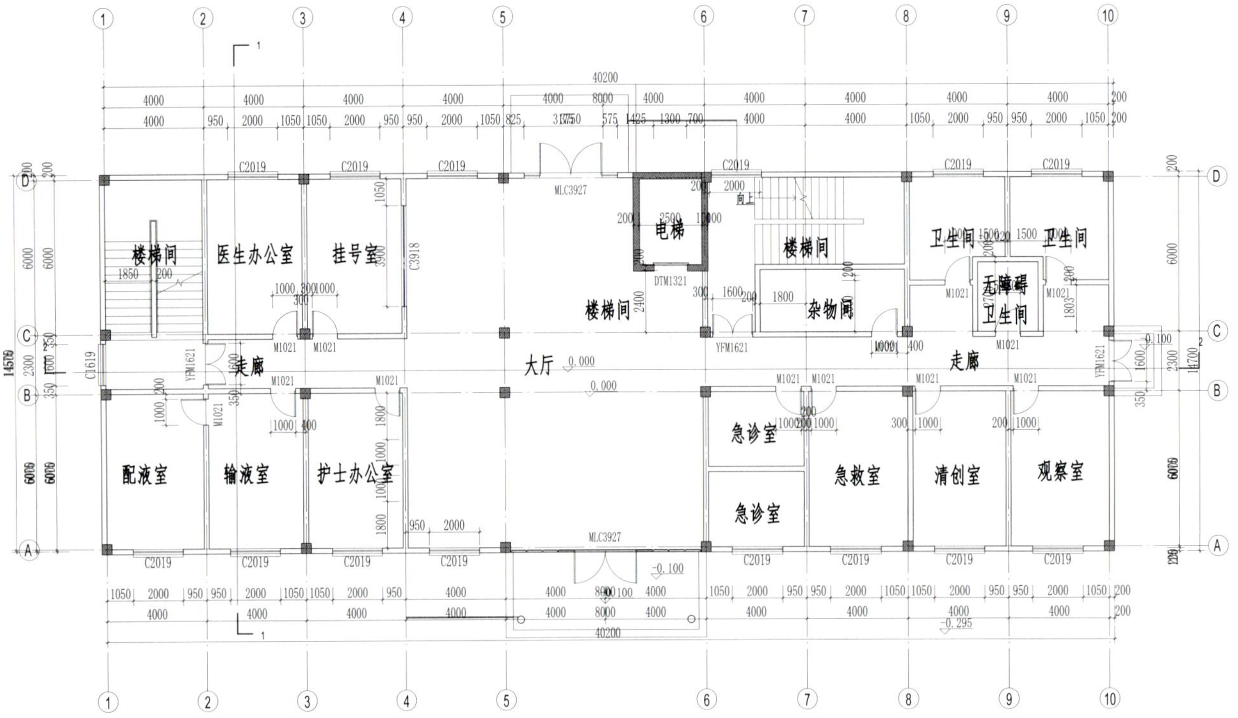
楼梯间
医生办公室
挂号室
电梯
楼梯间
卫生间
卫生间
无障碍卫生间
楼梯间
杂物间
大厅
走廊
走廊
配液室
输液室
护士办公室
急诊室
急救室
清创室
观察室
急诊室
40200

一层平面图

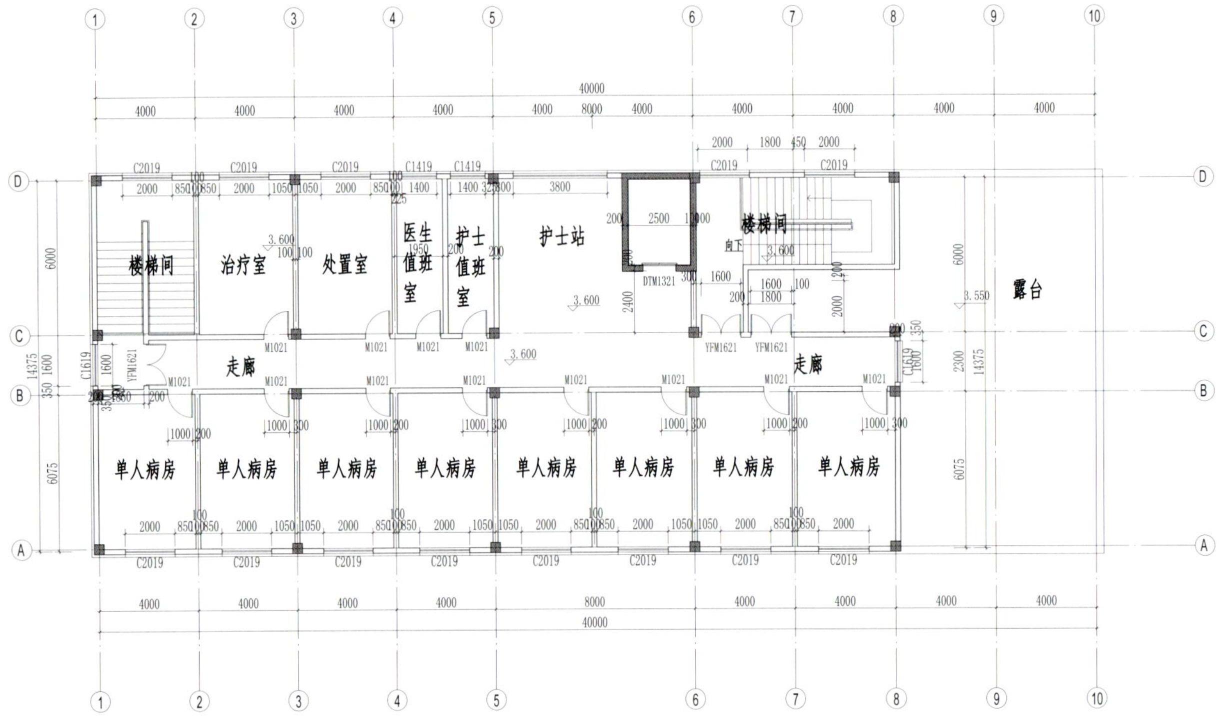
楼梯间
治疗室
处置室
医生值班室
护士值班室
护士站
楼梯间
露台
走廊
走廊
单人病房
单人病房
单人病房
单人病房
单人病房
单人病房
单人病房
单人病房
40000

二层平面图

南立面图

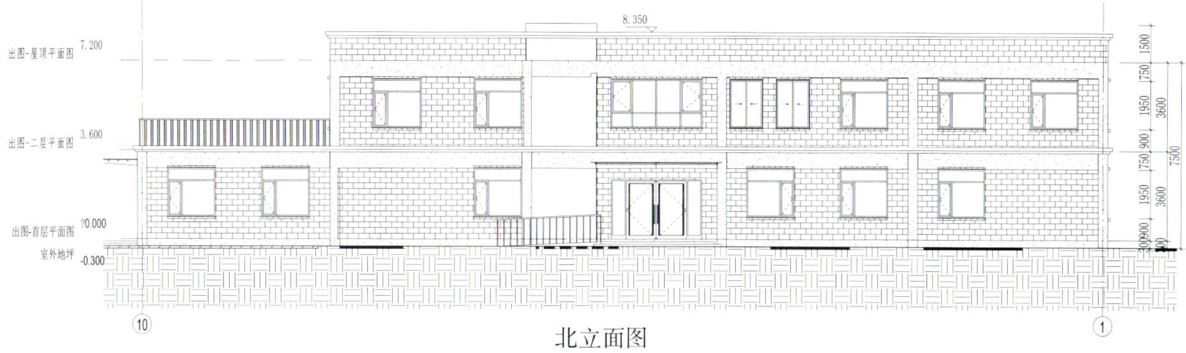

北立面图

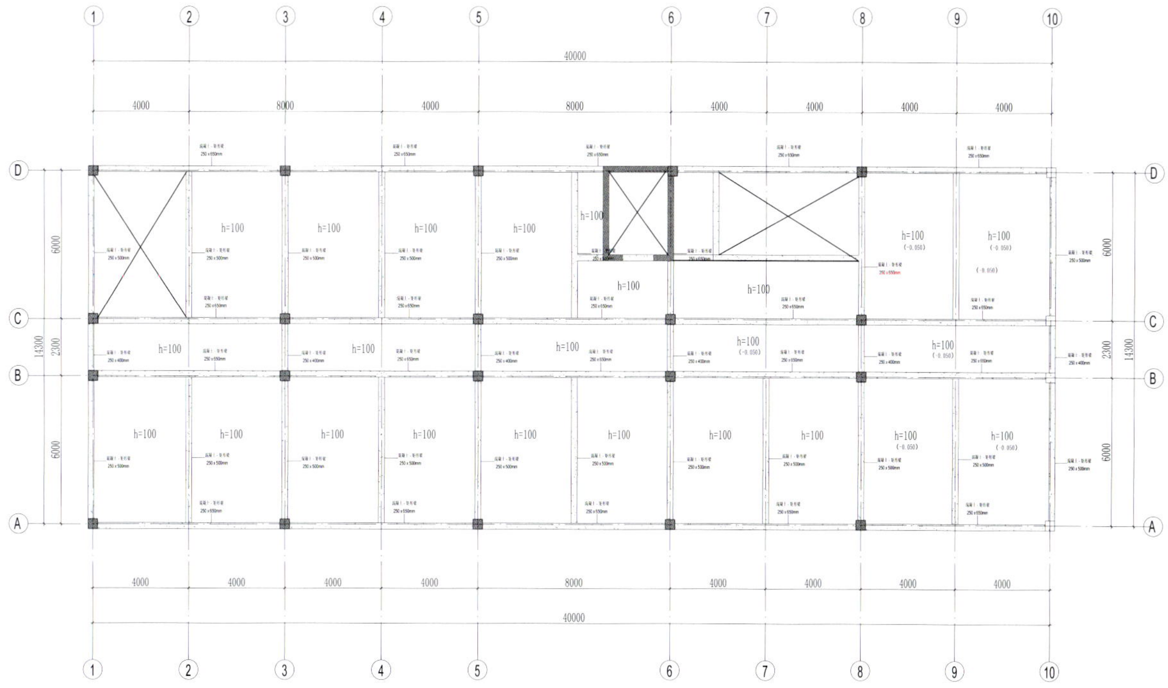

3.550 m 结构模板图

建筑：孙天成

结构：张长健

参赛单位：河北天艺建筑设计有限公司

● 作品介绍

本项目对某社区卫生院的建筑和结构专业进行 BIM 正向设计。

通过 BIM 技术建立三维模型，可直接建立梁、板、墙、柱、门窗等的三维模型，实现各专业设计之间的联动性，最终将项目的平面、立面、剖面等进行出图展示，形成最终 CAD 图纸，进行项目设计内容交付。

• 交通组织设计

本项目为居住区内扩建的小型社区卫生院。建筑总层数为二层，出入口中心距道路红线交叉点均大于 30 m，满足设计要求；北侧设置停车场；东侧有双向救护车专用车道，缩短其进入时间；院内环境舒适。

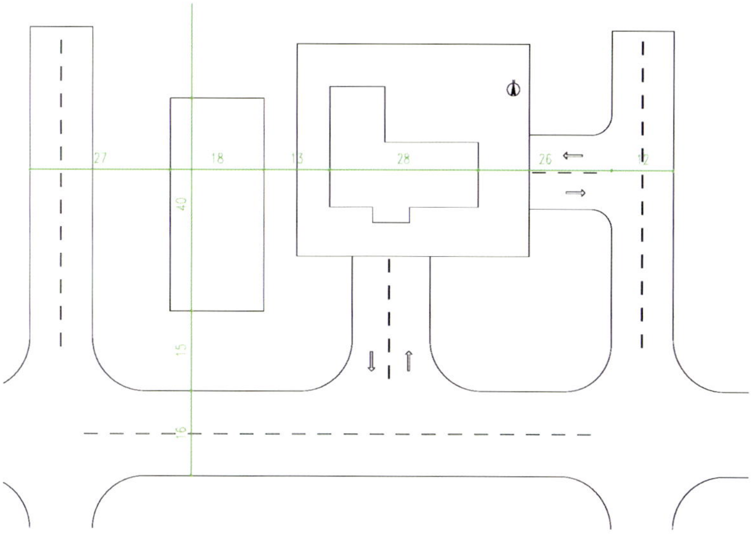

• 建筑功能分区

一层建筑平面布置：主出入口左侧区域为观察室、输液室、护士办公室、卫生间等，护士人员可以迅速到达输液室为患者提供医疗服务；主了入口右侧区域为医生办公室、急诊室、急救室、清创室等，医生可以迅速到达急救室与急诊室， 对患者进行救治。

一层设置三个出入口：南侧为主出入口；东侧为救护车专用通道；西北方向为疏散通道。

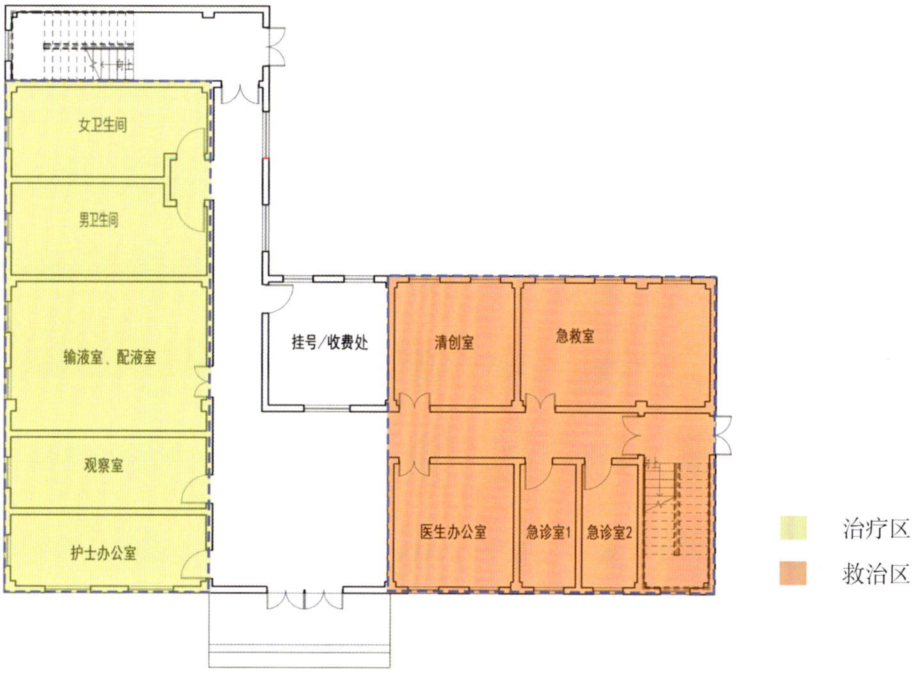

二层建筑平面布置：左侧为病房和卫生间，右侧为护士值班室、医护值班室、局部病房区域，便于医护人员对病人进行观察。

• 结构设计合理性

本项目为小型社区卫生院，采用现浇混凝土框架结构，基础采用柱下独立基础，结构主体梁、板、柱均采用现浇结构。地上共两层，无地下室，层高为 3.6 m，室内外高差为 0.3 m，建筑总高度为 7.5 m。

本项目的设计使用年限为 50 年，抗震设防烈度为 7 度，地震分组为第二组，设计基本地震加速度为 0.1 *g*，场地类别为Ⅱ类，抗震设防类别为重点设防类，框架抗震等级为二级。材料强度：混凝土为 C30，钢筋为 HRB400。

本项目设计满足项目房间使用功能，结构主体均采用混凝土现浇结构，墙体均采用轻质加气混凝土砌块。

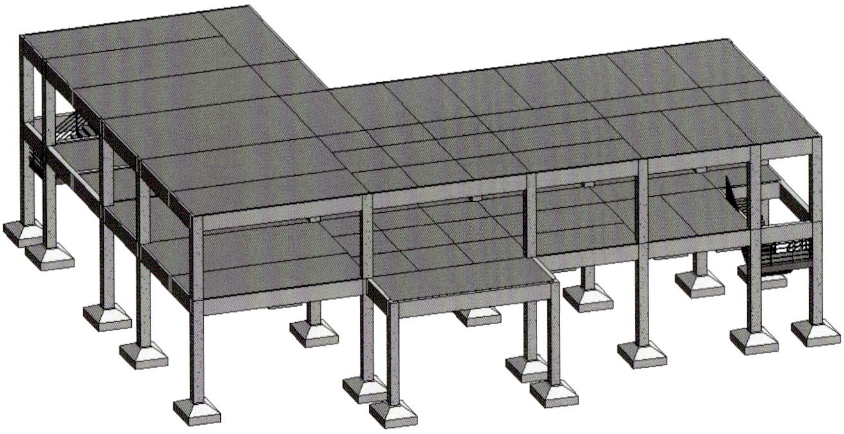

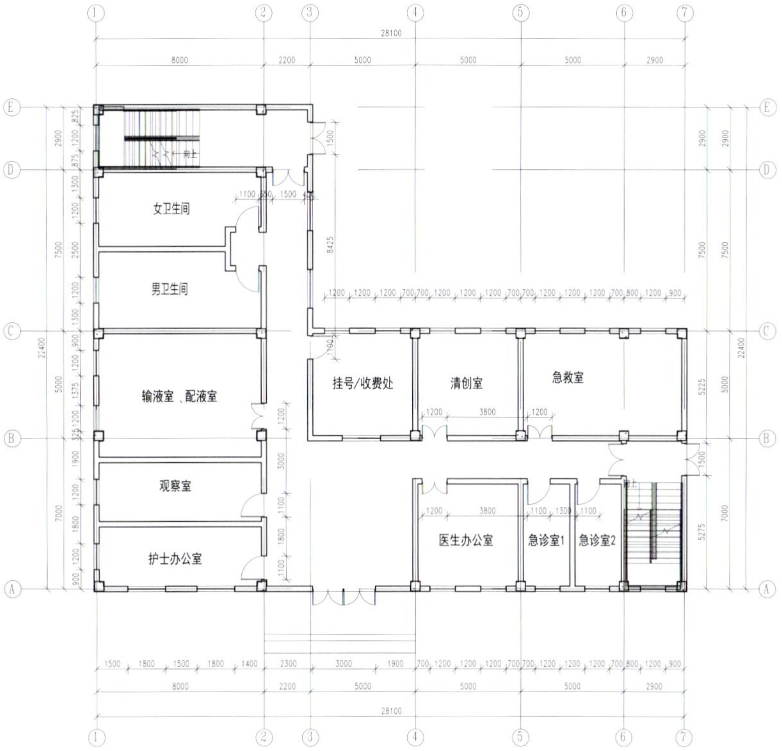
女卫生间
男卫生间
输液室、配液室
观察室
护士办公室
挂号/收费处
清创室
急救室
医生办公室
急诊室1
急诊室2

一层平面图

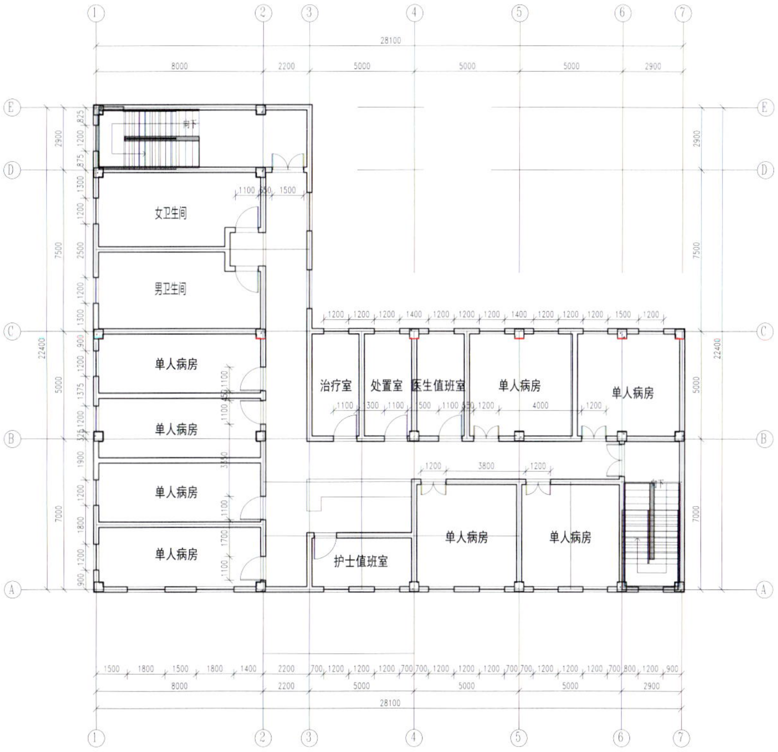
女卫生间
男卫生间
单人病房
单人病房
单人病房
单人病房
治疗室
处置室
医生值班室
单人病房
单人病房
护士值班室
单人病房
单人病房

二层平面图

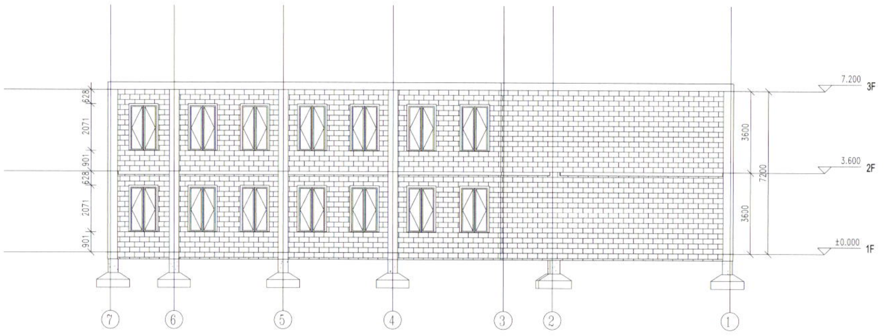

南立面图

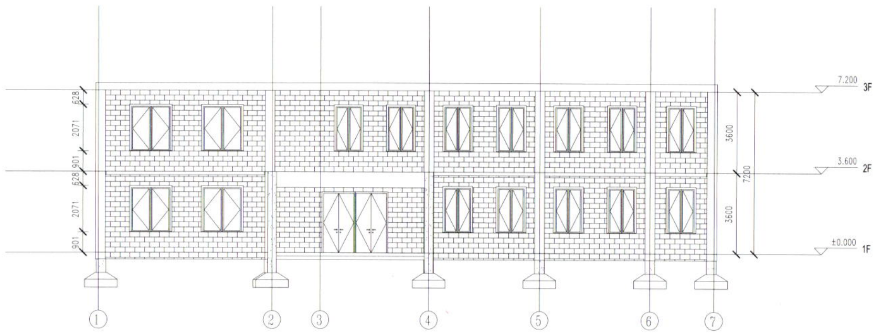

北立面图

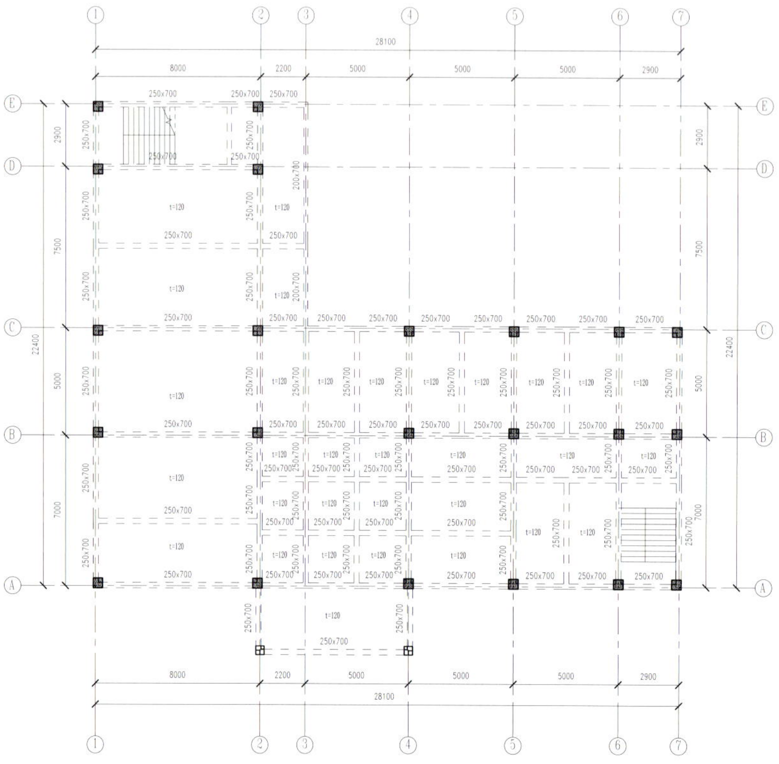

3.550 m 结构模板图

建筑：杨汝佳

结构：李艳秋

参赛单位： 河北博科工程咨询有限公司

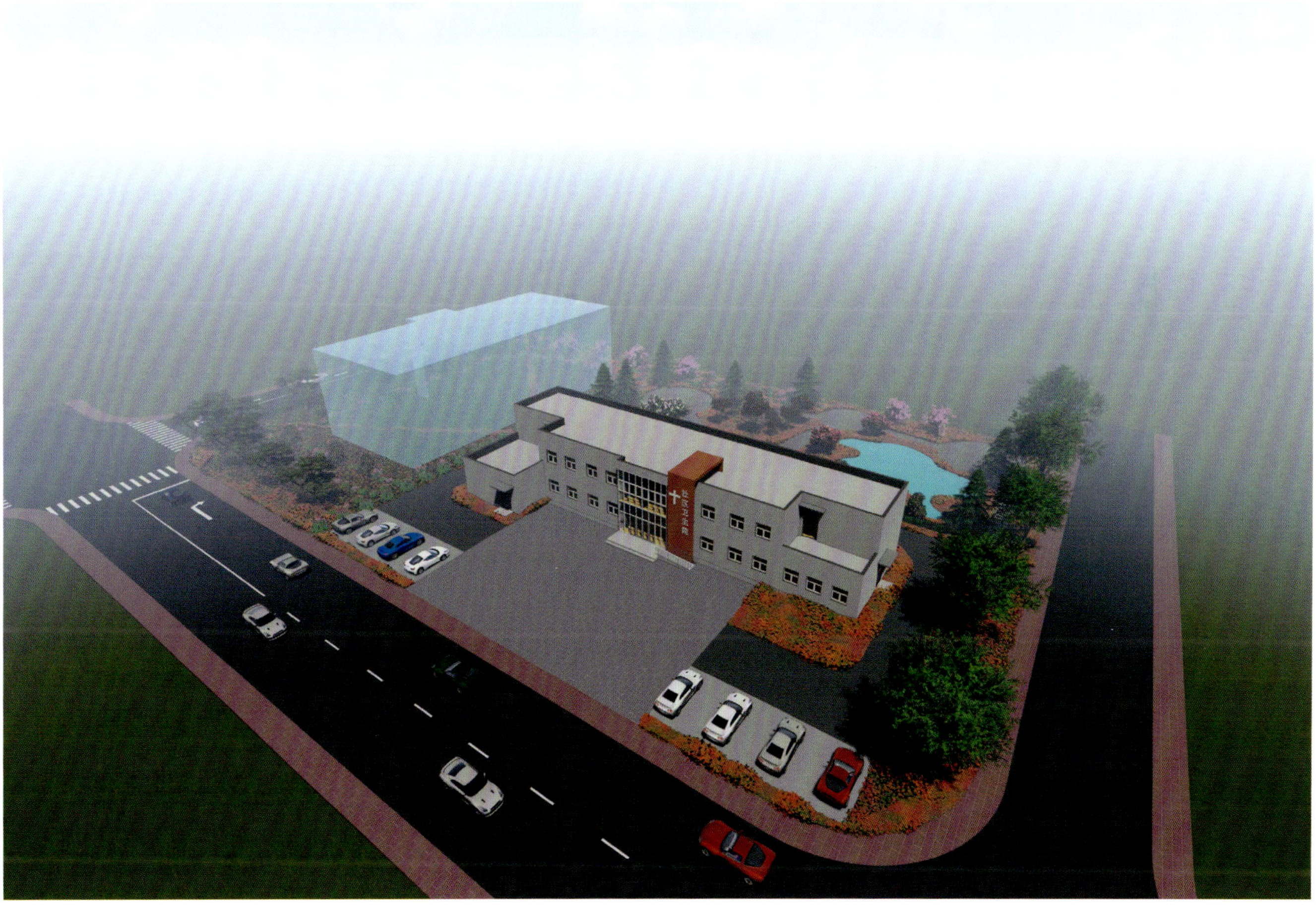

• 作品介绍

BIM 模型为 3D 模型，具有可视化的优点，因此可以十分直观、高效地进行方案的选择与优化。

本项目在优化完成的方案模型上进行建筑、结构的模型设计。依据结构计算书与相关设计规范，将完成的模型进行模型链、碰撞检查，确保模型的完整性与适配性。出施工图时，优化平立剖图、详图大样、设计说明，完成明细表统计。

● 交通组织设计

本项目拟扩建一小型社区卫生院，该项目建筑总层数为二层。

在总体规划设计中，将主出入口布置于道路宽度最宽的南侧，作为人行及车行主出入口；将次出入口布置于用地东侧，主要供车辆通行及后勤服务使用。

建筑坐北朝南，保证建筑本身具有最优的对外联系界面及日照朝向。建筑前设置入口广场，满足人行集散要求。北侧贴临水池区域设置室外景观游园，通过人行步道串联一个个的小型景观休闲广场，共同组成患者和医护人员游览和休憩流线。游园内部与外部区域通过树木进行软分隔，屏蔽了外部车道的干扰，确保了游园内部空间的静谧与安逸。

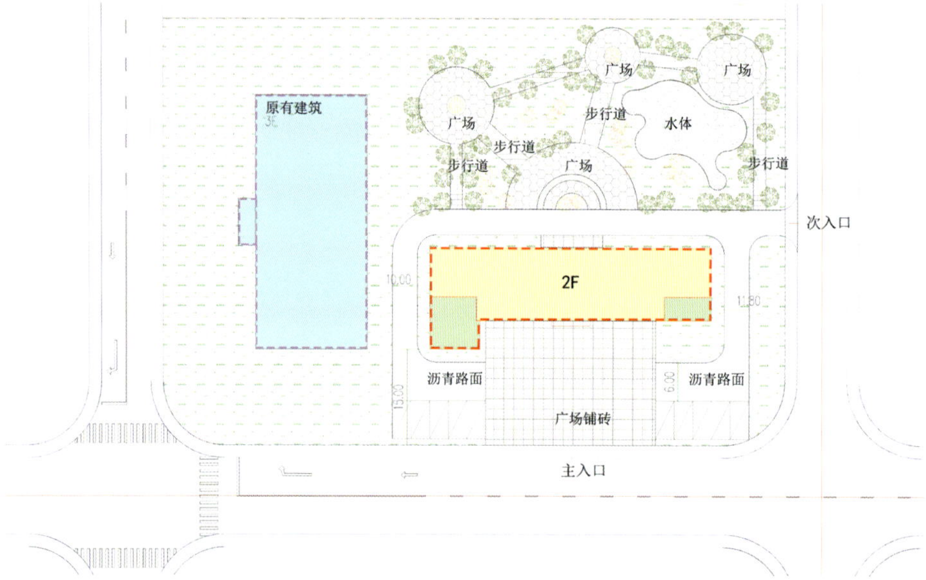

● 建筑功能分区

一层建筑平面空间布局清晰，功能简单明确。门厅居中设置，主入口围绕门厅区域设置急救区（包括急诊室、急救室、观察室、清创室）、挂号取药区（包含药房、挂号收费处）、输液区、卫生间、医生和护士的办公室等。各区域相对独立，又相互连通，满足应急急救需要。为急诊、挂号收费等提供便利的交通空间。

医生办公室及护士办公室设置在走道尽端，避免与主要区域产生流线交叉。

一层共设置四个出入口，人员从南侧主出入口进入社区卫生院，北出入口直通内院，西侧出入口为污物通道，东侧出入口为疏散口。二层病房区的污物通过左楼梯间直通室外。

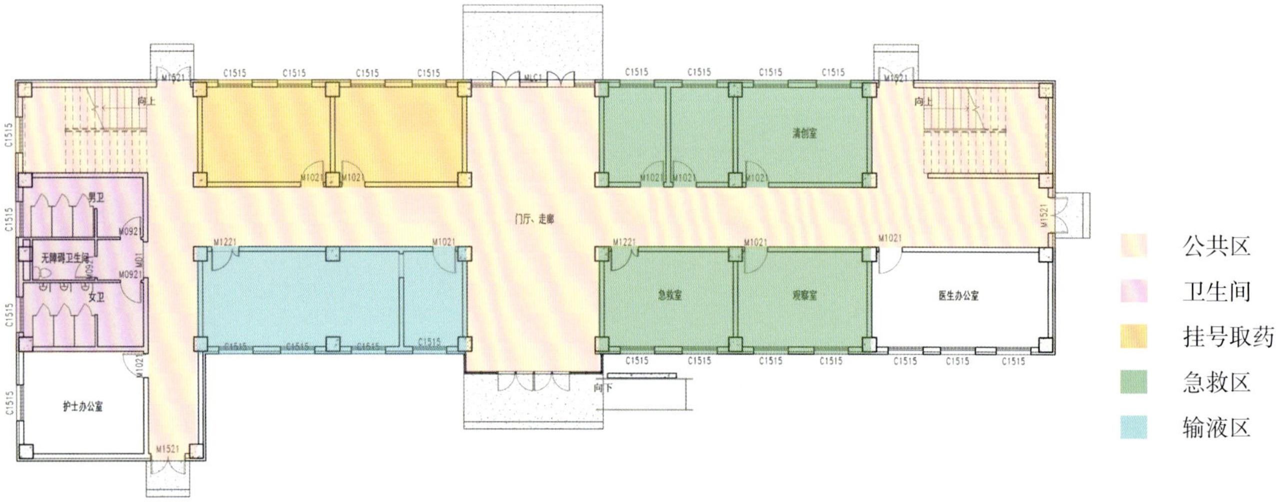

二层平面布局简单明确。房间沿走廊两侧依次布置，病房均为单人病房。中间区域设置治疗室、护士站、医生和护士的值班室。紧凑的房间功能布局，方便医护人员快速高效地应对病患。东南角及西南角设置了室外露台，日照充足，方便人们居高观景，享受大自然，写意悠然，尽情休憩。楼梯设置在走廊两侧的尽端，东侧为患者用楼梯，西侧为污物楼梯。

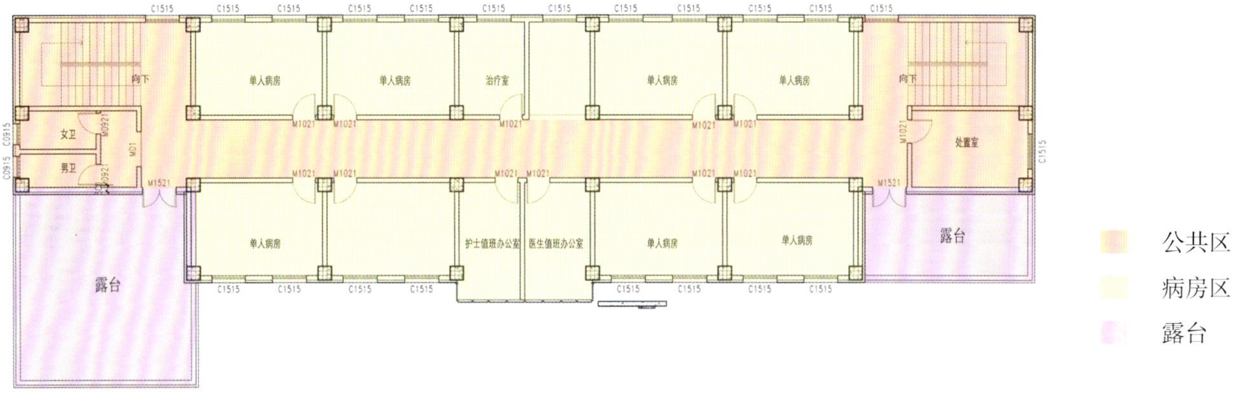

● 结构设计合理性

本项目为河北某居住区内一小型社区卫生院，建筑物高度为 7.2 m，为地上两层、局部一层设计，层高为 3.6 m。结构类型为钢筋混凝土框架结构，楼板采用现浇楼盖。本项目的抗震设防烈度为 7 度，设计地震分组为第二组，设计基本地震加速度为 0.1 *g*，场地类别为Ⅱ类，场地特征周期为 0.40。

结构选型：因建筑平面规整，体型简单，考虑房间的使用功能、面积大小等要求，采用框架结构；框架结构由梁和柱组成框架，共同抵抗使用过程中出现的水平荷载和竖向荷载，荷载由板传到梁，由梁传到柱，再由柱传给基础，受力明确；房屋墙体不承重，仅起到围护和分隔作用，用加气混凝土砌块砌筑而成。

框架具有能灵活地配合建筑平面布置的优点，利于安排需要较大空间的建筑结构。采用现浇混凝土框架，结构的整体性、刚度较好，能达到较好的抗震效果。

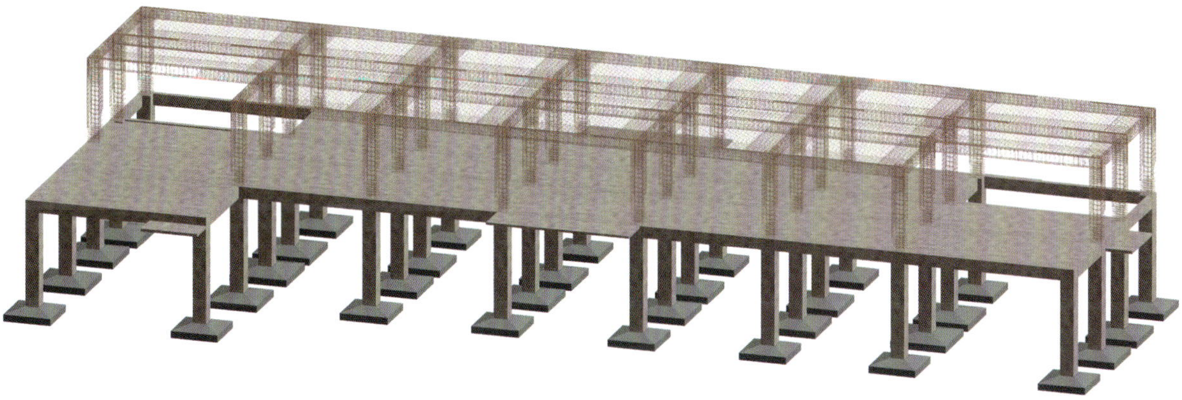

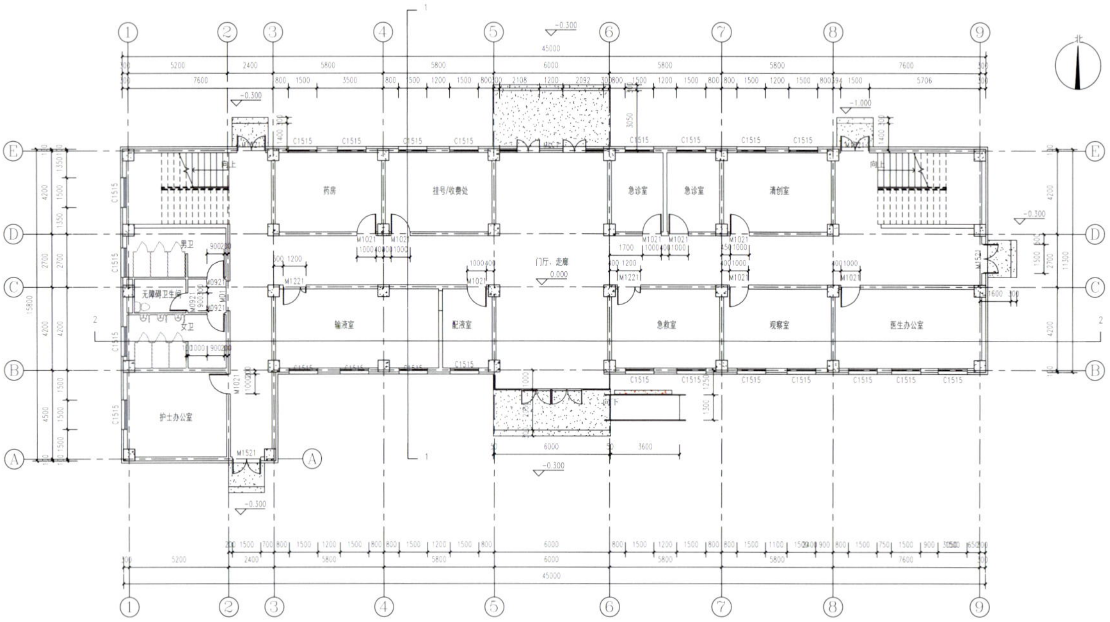
药房
挂号/收费处
急诊室
急诊室
清创室
门厅、走廊
输液室
配液室
急救室
观察室
医生办公室
护士办公室
男卫
女卫
无障碍卫生间

一层平面图

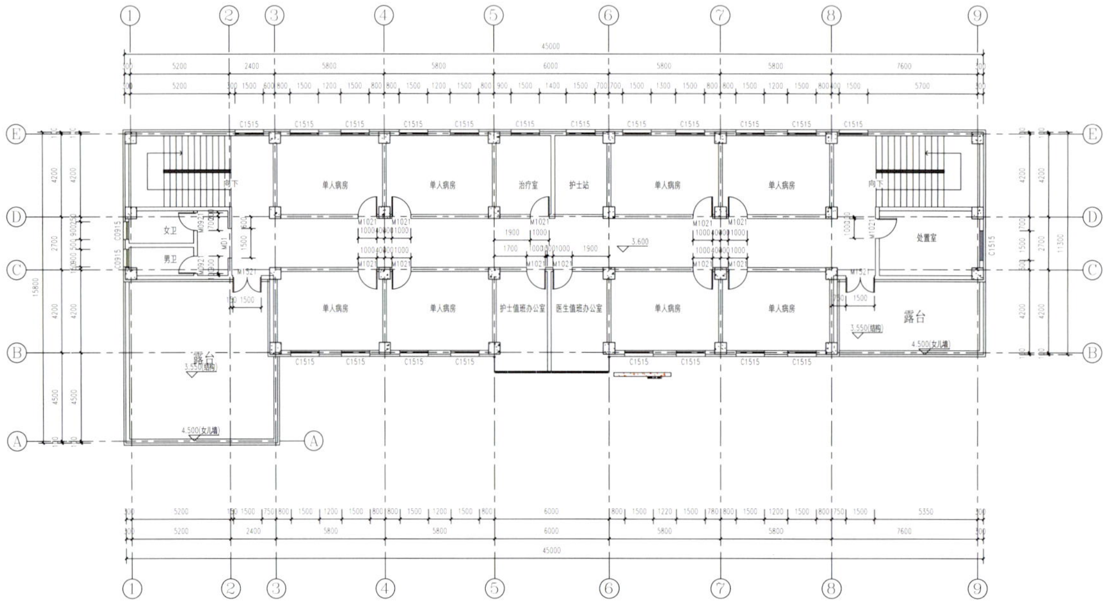
单人病房
治疗室
护士站
护士值班办公室
医生值班办公室
处置室
露台
女卫
男卫

二层平面图

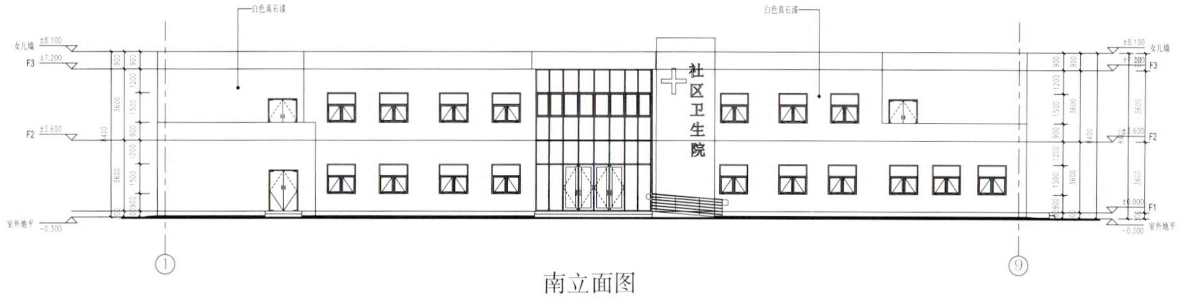

南立面图

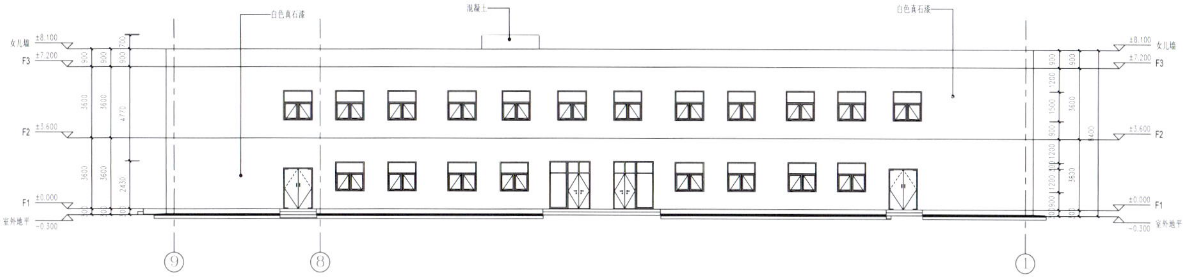

北立面图

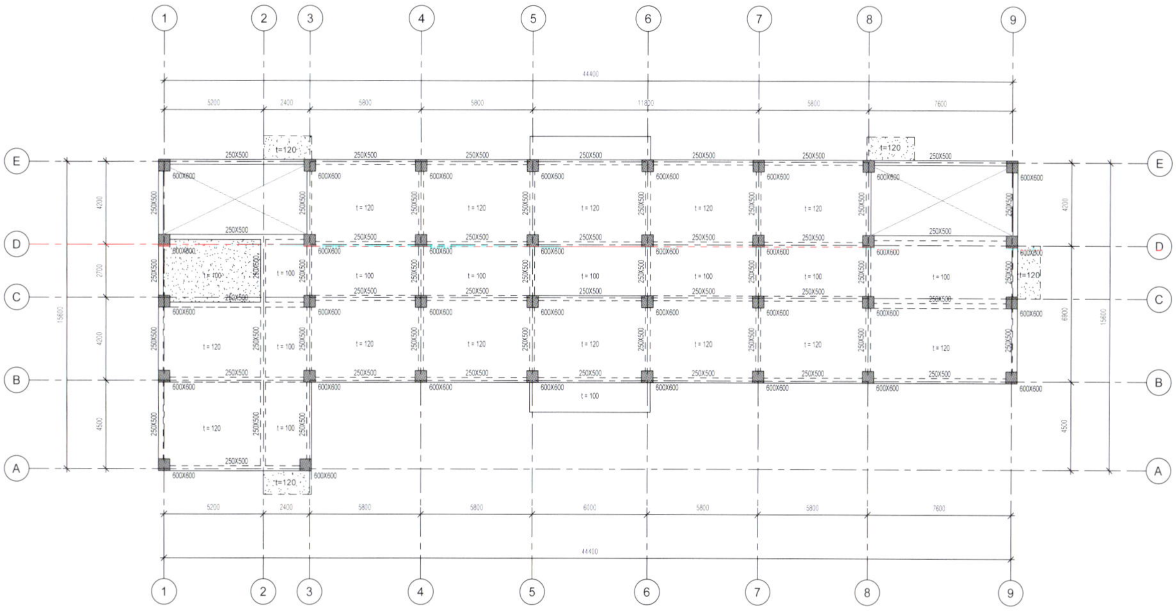

3.550 m 结构模板图

图书在版编目(CIP)数据

2020年第一届河北省“建勘杯”职业技能竞赛BIM正向设计获奖作品集萃 / 河北省工程勘察设计咨询协会,河北大成建筑设计咨询有限公司主编. -- 天津 : 天津大学出版社, 2021.12

ISBN 978-7-5618-7072-3

Ⅰ. ①2… Ⅱ. ①河… ②河… Ⅲ. ①建筑设计－作品集－中国－现代 Ⅳ. ①TU206

中国版本图书馆CIP数据核字(2021)第214777号

策划编辑 郭 颖
责任编辑 郭 颖
装帧设计 谷英卉

出版发行 天津大学出版社
地 址 天津市卫津路92号天津大学内（邮编:300072）
电 话 发行部:022-27403647
网 址 www.tjupress.com.cn
印 刷 北京华联印刷有限公司
经 销 全国各地新华书店
开 本 210mm×297mm
印 张 11
字 数 165千
版 次 2021年12月第1版
印 次 2021年12月第1次
定 价 178.00元